国家林业和草原局职业教育“十三五”规划教材

林下经济生产技

严绍裕　钱永平　主编

中国林業出版社
China Forestry Publishing House

内容简介

本教材从高等职业教育人才培养目标和教学改革的实际出发，实行项目化和任务驱动教学，以培养能直接从事林下经济生产、管理和技术推广的技术技能人才。全书共分林下种植技术、林下养殖技术、林下采集技术3个单元和林下药用植物生产、林下食用菌生产、林下花卉生产、林菜生产、林下禽类养殖、林下牲畜养殖、林下特种养殖、林下养蜂、野生菌类采集、竹笋采集、松脂采集11项生产技术，内容丰富、特色鲜明、实用性强，着重加强学生实践能力的培养，将高等职业教育"必需、够用、实用"的原则贯穿于教材编写全过程。该书既可作为高职高专生物技术、林业类和农业类有关专业的教学用书和基层林业技术人员的培训教材，也可作为林场、林下经济专业户和合作社等技术人员和经营者的参考用书。

图书在版编目(CIP)数据

林下经济生产技术 / 严绍裕，钱永平主编. —北京：中国林业出版社，2020.6（2025.1重印）

ISBN 978-7-5219-0490-1

Ⅰ.①林… Ⅱ.①严… ②钱… Ⅲ.①林区-间作-高等职业教育-教材 Ⅳ.①S344.2

中国版本图书馆CIP数据核字(2020)第030791号

中国林业出版社·教育分社

策划编辑：田 苗 曾琬淋

责任编辑：田 苗 曾琬淋

电话：(010)83143630 **传真**：(010)83143516

出版发行 中国林业出版社(100009 北京市西城区刘海胡同7号)
E-mail：jiaocaipublic@163.com
http://www.cfph.net

经 销 新华书店

印 刷 北京中科印刷有限公司

版 次 2020年6月第1版

印 次 2025年1月第4次印刷

开 本 787mm×1092mm 1/16

印 张 13

字 数 330千字(含数字资源)

定 价 42.00元

数字资源

《林下经济生产技术》
编写人员

主　　编　严绍裕　钱永平

编写人员（按姓氏拼音排序）

傅成杰（福建林业职业技术学院）

林国江（福建林业职业技术学院）

刘少彦（福建林业职业技术学院）

钱叶会（福建林业职业技术学院）

钱永平（福建林业职业技术学院）

严绍裕（福建林业职业技术学院）

俞　群（福建林业职业技术学院）

余燕华（福建林业职业技术学院）

詹振亮（福建林业职业技术学院）

张称称（福建林业职业技术学院）

前言

森林具有涵养水源、保育土壤、固碳释氧、防风固沙、保护生物多样性等多方面生态服务功能，同时也为人们提供了名贵中草药、森林食品、森林工艺品等健康的绿色产品，促进绿色经济增长。如何把森林资源的有效保护与林下资源的合理利用结合起来，促进林区经济发展，提升林农自我补偿能力，提高林业发展综合效益，实现林业可持续发展，已成为全国的重要议题，林下经济建设理念应运而生。近年来，以林下种植、林下养殖、相关产品采集加工等为主要内容的林下经济蓬勃发展，对促进农民增收和脱贫攻坚、调整农村产业结构、激活林区经济、推动地方经济发展起到了显著的作用。林下经济先是由民间进行探索试验，进而进入科学研究的视野，并被国务院列入扶持政策，再进入林业领域的最高法律——《中华人民共和国森林法》，呈现出强大的生命力，将迎来其应有的春天，必将急需大批懂技术、善经营、会创新、肯吃苦的林下经济技术技能人才。

根据《加快推进教育现代化实施方案(2018—2022年)》《国家职业教育改革实施方案》及《国务院办公厅关于加快林下经济发展的意见》等文件要求，本着落实产教融合、校企双元的育人要求，在汲取他人经验的基础上，结合多年来的教学与生产实践经验组织编写了本教材。作为一门实践性强的应用型专业课程的配套教材，本书编写从高等职业教育人才培养目标和教学改革的实际出发，教学内容翔实、新颖，知识结构科学、合理。编写中参考了国内外同类教材的经验，同时吸收了一些新知识、新技术，增加了新项目、新品种；突出了教材内容和生产实际的结合，理论知识和实训的结合，形成了涵盖专业能力培养所应知应会的知识和技能体系。全书共分林下种植技术、林下养殖技术、林下采集技术3个单元和林下药用植物生产、林下食用菌生产、林下花卉生产、林菜生产、林下禽类养殖、林下牲畜养殖、林下特种养殖、林下养蜂、野生菌类采集、竹笋采集、松脂采集11项生产技术，内容丰富、特色鲜明、实用性强，着重加强学生实践能力和创新创业能力的培养，将高等职业教育“必需、够用、实用”的原则贯穿于教材编写全过程。该书既可作为高职高专生物技术、林业类和农业类有关专业的教学用书和基层林业技术人员的培训教材，也可作为林场、林下经济专业户和合作社等技术人员和经营者的参考用书。

本书由严绍裕组织编写，负责起草编写大纲，选择教材内容，确定编写案例，对全书进行统稿。钱永平在本书统稿过程中，做了大量具体工作和组织管理工作。傅成杰负责绪论的编写，钱永平负责项目1的编写，严绍裕负责项目2、项目5、项目6、项目7、项目8、项目10、项目11的编写，张称称负责项目3的编写，余燕华负责项目4的编写，钱叶会负责项目9的编写，俞群、余燕华、詹振亮、刘少彦、林国江负责知识拓展等资料的收集工作，学生廖智宇协助制作生产技术流程图。本教材在编写过程得到福建省林业局林业改革与发展处、福建省林业科学研究院、福建林业调查规划院、三明市林业局、福安市林业局科技推广中心、福建林下经济专业合作社等单位的大力支持，编写中参阅和引用了许多国内外同行的资料，在此一并致以衷心的感谢！

由于编者水平有限，书中难免存在缺点和错误，恳请同行和读者批评指正。

编　者

2019年11月

目 录

绪　论

在全球气候变化的大背景下，森林资源利用的方式发生变化，发展林下经济是在重视生态效益的基础上充分发挥森林的经济效益和社会效益的必然选择。党的十八大以来，党中央、国务院高度重视林业，习近平总书记对生态文明建设和林业改革发展做出了一系列重要指示，特别指出，“林业建设是事关经济社会可持续发展的根本性问题”“发展林业是全面建成小康社会的重要内容，是生态文明建设的重要举措”。当前，林业建设以森林质量精准提升和森林多功能经营为发展战略，其中发展林下经济是其主要的经营模式之一。《林业发展“十三五”规划》中明确指出“大力发展林下经济，增加生态资源和林地产出”和“推动农村经济社会发展和产业结构调整，促进农民增收致富”；《福建省“十三五”林业发展专项规划》中要求“大力扶持发展林下经济”“坚持改善生态与改善民生相结合，促进绿色增长和农民增收”。可见，林下经济在当前林业建设中具有举足轻重的作用。

1. 林下经济的概念

林下经济是指以林地资源和森林生态环境为依托，以科技为支撑，充分利用林下自然条件，选择适合林下生长的微生物和动植物种类，合理开展种植、养殖、采集、森林旅游和林产品加工，从而实现农、林、牧资源共享，产业优势互补，生态、经济可持续循环发展的绿色、环保、健康、安全、节约型的立体式经济经营模式。林下经济是当前经济社会发展到特定阶段出现的一类开发利用森林的特殊形式，在这个过程中结合各地独特的森林和环境资源衍生出的各种非传统木质资源开发利用都统称为林下经济。国外没有对应的“林下经济”这一词，意思最为接近的是非商品林经济。

2. 林下经济的模式

(1) 林药模式

利用人工幼林或天然林(次生林)林分，在林下间种药用植物，如天麻、黄芩、旱半夏、桔梗、丹参、柴胡、防风、菊花、板蓝根、金银花、黄连、三叶青、金线莲、铁皮石斛、七叶一枝花、黄花倒水莲等。间种年限一般为2~3年，个别种类(如黄连、天麻)可间种5~8年。

(2)林菌模式

利用林荫下空气湿度大、氧气充足、光照强度低、昼夜温差小的小气候环境，在郁闭的林下发展食用菌，如种植香菇、黑木耳、红菇、灵芝等。

(3)林花模式

在林下、林边或林缘种植花卉，如薰衣草等。

(4)林菜模式

在光照强度较大的林分中，种植无公害绿色蔬菜，如黄花菜、大蒜、洋葱、大葱、黄姜等。

(5)林禽模式

利用林下的小动物、杂草和空间资源，放养或圈养(以放养为主)各类家禽，如鸡、鸭、鹅等，生产无公害禽类绿色食品。

(6)林畜模式

在林下放养或圈养牛、羊、兔等家畜或驯养野生动物，生产无公害畜类绿色产品。

(7)林下特种养殖模式

在林下环境中，模仿野生动物的自然生长环境，人工养殖棘胸蛙、中华大蟾蜍等，生产具有营养价值或药用价值的动物产品。

(8)林蜂模式

利用丰富的山地资源，在一定的空间位置上放置蜂箱，通过蜜蜂放飞方式，生产天然的蜂蜜。

(9)林下采集

对野生笋竹、油茶果、菇类等进行采集加工利用。

(10)林果模式

通过林地套种或林边、林缘种植蜜柚、雪柑、百香果、油茶等形式，发展高效益的水果产业。

(11)生态旅游

充分发挥林区山清水秀、空气清新和地热温泉众多的优势，发展森林旅游业和餐饮、住宿服务业，开发森林旅游产品，引导群众增收致富。

由于林果模式和生态旅游在“果树栽培技术”“生态旅游”等课程中已有详细介绍，因此本教材重点介绍林药模式、林菌模式、林花模式、林菜模式、林禽模式、林畜模式、林下特种养殖模式、林蜂模式、林下采集 9 种林下经济模式。

3. 发展林下经济的意义

发展林下经济，有利于缩短林业经营周期，增加林业附加值，促进林业可持续发展，实现农民增收、企业增效和生态发展的目标。

(1)发展林下经济是巩固林改成果，进一步深化林改的重要举措

集体林权制度改革是从集体林地的产权问题出发，明晰了林地林木的承包经营权，确立了承包经营权长期不变，使林农增收致富、林区经济迅速发展成为可能。林下经济发展

壮大，对于巩固和发展集体林权制度改革成果具有重要意义。实践证明，大力发展林下经济，有利于促进林业资源优势转化为经济优势，充分调动农民保护森林、发展林业的积极性。由此可见，发展林下经济是推进集体林权制度改革的重要措施，是巩固改革成果的重要手段。

（2）发展林下经济是转变林业经济增长方式，实现绿色增长的重要保障

当前林业发展的主题是“生态林业和民生林业”，发展林下经济有利于统筹生态林业与民生林业两个方面的要求。国家林业和草原局倡导把大力发展林下经济作为改善民生和改善生态的重要内容。发展林下经济不仅可提高林地综合利用效率和经营效益，改变林业单一的木材经营格局，促进林业可持续地发展，而且有利于实现“近期得利，长期得林”的良性循环，为保障国土生态安全，实现林业绿色增长提供重要保障。

（3）发展林下经济是促进林农增收，建设社会主义新农村的重要支撑

林下经济的大力发展，可以促进林、农、牧各业的协调发展，有效带动加工、运输、信息服务等多项产业的发展，解决农村剩余劳动力过剩的问题，促进林农增收。同时，将养殖场、养殖基地搬进林下，远离乡村，改变人畜混居的传统生产、生活方式，可有效减少病菌传染，改善居住环境，美化村容、村貌，加快“美丽乡村”建设，对构建环境友好型社会，推动“生产发展，生活富裕，乡风文明，村容整洁，管理民主”的社会主义新农村建设起到重要的支撑作用。

单元1

林下种植技术

学习内容

项目1　林下药用植物生产技术

任务1.1　金线莲生产技术

任务1.2　铁皮石斛生产技术

任务1.3　七叶一枝花生产技术

任务1.4　黄花倒水莲生产技术

任务1.5　栀子生产技术

项目2　林下食用菌生产技术

任务2.1　食用菌菌种生产技术

任务2.2　平菇生产技术

任务2.3　黑木耳生产技术

任务2.4　竹荪生产技术

任务2.5　灵芝生产技术

项目3　林下花卉生产技术

任务3.1　石蒜生产技术

任务3.2　蝴蝶花生产技术

项目4　林菜生产技术

任务4.1　黄花菜生产技术

项目 1　林下药用植物生产技术

学习目标

知识目标

(1) 掌握林下生产的主要药用植物的形态特征和生态学特性。

(2) 掌握林下药用植物生产的主要技术流程和技术要点。

技能目标

(1) 会识别主要的林下栽培药用植物。

(2) 会根据林下栽培药用植物的生态学特性选择合适的林地环境。

(3) 会根据林下药用植物的生态学特性因地制宜地改造林下环境。

(4) 会根据药用植物的生长状况管理水肥。

(5) 会防治林下药用植物栽培过程中的病虫草兽害。

(6) 能处理采收后的林下药用植物。

任务 1.1　金线莲生产技术

任务目标

掌握金线莲种苗培育技术、林下栽培环境控制技术、林下种植养护技术、林下病虫害防治技术、林下采摘和采后处理技术；了解金线莲加工技术。

知识准备

金线莲是一种多年生珍稀中草药，主要分布于东亚及东南亚各国，在我国分布于南方各省份，在福建和台湾等地资源十分丰富，是一大宗的生物资源品种。相关药理研究发现，金线莲全草可入药，具有清热凉血、除湿解毒、滋阴降火和消炎止痛等功效，可用于治疗腰膝痹痛、吐血、血淋、遗精、肺结核、咳嗽、风湿性关节炎、跌打损伤、重症肌无力、慢性胃炎、肝炎、肾炎、膀胱炎、小儿惊风、妇女白带异常及毒蛇咬伤等症。金线莲主要活性成分为金线莲苷(kinsenoside)。另外，金线莲还含类黄酮、多糖、挥发性化合物、生物碱、萜类、甾体和丰富的苷类成分。在生物活性方面，金线莲主要具有降血糖、降血压、降血脂、抗炎、抗病毒、肝肾保护性、免疫调节、镇静和抗肿瘤等作用。金线莲为民间常用“药食两用”中药材，其保健作用得到越来越多人的青睐。金线莲经特殊的“食品化炮制”可做成药膳膏方，适用于亚健康人群、重病患者辅助治疗及病后康复，具有滋补保健疗效。此外，金线莲加上苦丁茶、罗汉果、甘草、杭白菊和山楂等常见食材调配口感，可开发出新一类降“三高”保健品及改善代谢功能障碍的固体饮品。

1. 形态特征

金线莲，又称金线虎头蕉、金蚕、树草莲、金钱子草、乌人参等，学名金线兰(*Anoectochilus roxburghii*)。陆生草本，高10~18cm，茎基部匍匐，淡红褐色，稍肉质，被柔毛。下部聚生2~4片叶，叶互生，宽卵形，长1.5~3.5cm，宽1~3cm，顶端急尖，基部近截形或圆形，叶上面为暗的天鹅绒绿色而具有金黄色的网状细脉，叶下面淡紫红色；叶柄长9~10mm，基部为阔而短的鞘。总状花序，具2~6朵疏散的花；花苞片淡红色，卵状披针形，长6~9mm；萼片淡红色，被短柔毛，中萼片卵形、舟状、顶端钝，侧萼片近长圆形、稍偏斜、较长而稍狭；花瓣白色，近镰刀形，与中萼片靠合成兜状唇瓣2裂；裂片舌状条形，长约6mm，宽约1.5mm，中部收狭成颈，颈长约6mm，两侧各具5~6条长4~6mm的流苏；距圆锥状，指向唇瓣。花期10~11月。

2. 生态习性

(1)气候条件

金线莲喜冬暖夏凉、潮湿、半阴环境，忌阳光直射，怕暑、怕寒，夏天夜温最好不要超过20℃，保持较高的空气湿度有利于其生长。因此，金线莲产地区域生态因子值范围为：最冷季平均气温6.6~22.9℃，最热季平均气温19.1~31.1℃，年平均气温14.7~26.2℃，年平均相对湿度40%~78%，年平均降水量1000~2500mm、年平均日照135~200W/m^2，因此我国南方各省份气候条件均适合金线莲栽培。

(2)土壤条件

金线莲对土壤环境要求较高。适合生长在土壤腐殖质含量高、通气透水条件好、pH为5.6左右的酸性土壤上。若个别土壤因子不满足条件，在宜林地选择时可以通过改造土壤环境达到栽培目的。

(3)光照条件

光照条件是金线莲生长好坏的重要因子。在郁闭度0.7左右的林分下，光质以漫射光为主，金线莲生长状况较好。人工补充蓝光可以有效地提高金线莲的品质，叶片数、茎粗、根重和全株干重都有不同程度的增长，其多酚和总酮等内含物含量增加明显。

3. 种苗选择标准

种苗来源差异也是影响金线莲品质优劣的原因之一。不同区域的种源内含物研究表明，栽培品种宜选择福建大叶金线莲、台湾金线莲、云南大圆叶金线莲、湖南郴州金线莲等。

种苗标准：①选苗时主要考虑苗的生长时间，生长期需达4~5个月，时间不够则组织幼嫩、节间白化，种后返苗期长、成活率低。②培养基中金线莲根的生长量。把瓶苗倒翻看金线莲根的生长情况，根长≥2cm，根透过培养基多，则苗壮，反之则苗弱。③种苗高8~12cm，叶平展、3~4片，茎秆粗度≥2.5mm，茎粗则苗壮，叶卷则返苗慢。④叶背颜色鲜红、色深则种后返苗快，反之则慢。⑤培养基表面无杂菌污染。若杂菌白色，即白霉，青绿色即绿霉，橘红色即黄曲霉，不宜选用。

任务实施

生产技术流程：

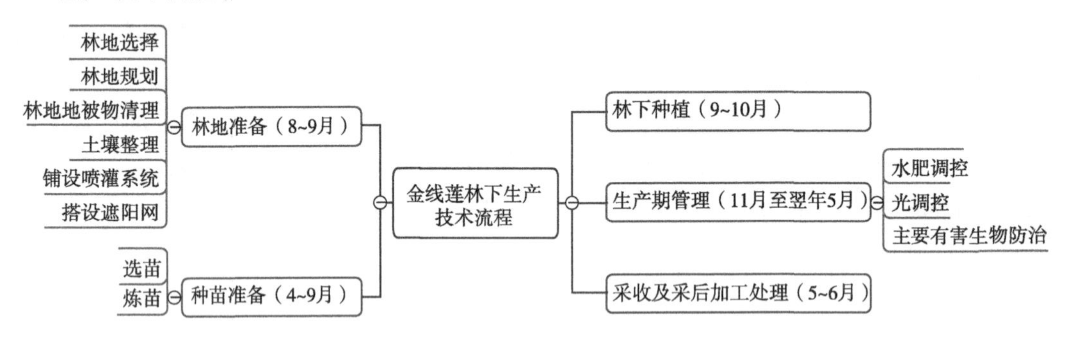

1. 林地准备

(1) 林地选择

金线莲生产的产地环境应符合《中药材生产质量管理规范(试行)》(局令第32号)，土壤应符合《土壤环境质量标准(试行)》(GB 15618—2018)中的土壤质量二级标准，空气应符合《环境空气质量标准》(GB 3095—2012)中大气环境质量二级标准，周围地表水应符合《国家地面水环境质量标准》(GB 3838—2002)，灌溉水应符合《农田灌溉水质标准》(GB 5084—2005)的要求。药用动物饮用水应符合《生活饮用水卫生标准》(GB 5749—2006)。

确定合适的栽培区域是中药生产质量管理的重要内容。金线莲生于阴湿的天然常绿阔叶林下或竹林下。根据金线莲的生长特点和土壤环境特点，选择生态环境优良、海拔200~1200m、林地坡度不大于25°的南坡，附近要有常年水量充沛、水质无污染的水源，林分郁闭度约为0.7。如果林分郁闭度较小，林下光照较强，应用遮阳网调整林分郁闭度至0.7左右。植被以阔叶林为主，在林下枯枝落叶层和腐殖质深厚的土壤上栽培有较高的成活率。

(2)林地规划

根据生产场地的地形规划金线莲种植区和生产管理区。用铁丝网和纱网将种植园围起来，以保证产品安全防盗，同时防止小动物闯入破坏金线莲。园区需要规划出主道、干道和支道，以及生产作业的小路网和埋设喷管系统的管道，以便于生产管理(图1-1-1)。

图1-1-1 林地规划

(3)林地地被物清理

由于金线莲喜阴，所以林地高大乔木应保留，林下灌木也应适当保留，使其林分郁闭度在0.7左右。对于林分乔木数量相对较少、林下灌木较多的林分，为了有利于林下栽培作业，应砍除部分灌木，若郁闭度达不到要求，则应适当遮阴，否则不利于金线莲生长(图1-1-2)。

图1-1-2 林地地被物清理

(4)土壤整理

林下腐殖质含量丰富的土壤，尽量保持土壤原生状态。根据地形条件，垂直于坡向整理成长度不等、宽1～1.2m的畦，畦高15～25cm，畦面略呈弧形，避免积水。畦四周挖沟，沟宽30～40cm，沟沟相通便于排水，每4畦相隔适当加宽(图1-1-3)。

图1-1-3 林地土壤整理

在土壤腐殖质相对不足的情况下，可以将表层富含腐殖质的土壤先集中起来，然后将清理出的杂灌用机械粉碎后，拌入适量的有机肥平铺在种植畦表面约5cm厚，再在上面铺一层事先收集的富含腐殖质的表层土壤约2cm厚。也可以加泥炭土+珍珠岩(配比2∶1)，有助于提高金线莲栽培的成活率。还可以加入适量比例的粉碎后的松木树皮。这样做的作用是：一是使土壤疏松透气和提高保水性能，二是增加土壤有机质含量，以提高养分持续供给能力，有利于金线莲的根系生长。

整理好后的土壤需要进行杀菌处理，常用的有43%戊唑醇乳油5000倍液，或代森锰锌2000倍液，或70%百菌清1000倍液，或1%高锰酸钾稀溶液等高效低毒低残留的化学试剂或农药。喷洒杀菌剂后应覆盖上薄膜密封7～10天，然后去除薄膜，以达到较好的杀菌效果。林下种植场地周围撒上一些生石灰，可以减少一些有害微小动物进入。

(5)铺设喷灌系统

金线莲需要的空气相对湿度为70%以上，但同时土壤水分含量不能过高，所以对喷灌系统雾化效果要求较高。生产上增加水压和用雾化效果好的喷淋头，根据供水量及供水管网面积，并参考地形情况决定增压泵功率大小，可以达到理想的雾化效果。

(6)搭设遮阳网

遮阳网宜用2.2m长的水泥桩柱或者木桩为支撑，挖穴40cm深，埋桩后压实，上牵拉铁丝，然后将遮阳网覆盖在上面。搭设遮阳网的目的是控制郁闭度达到0.7以上，或者控制林下光照为3000~4000lx的漫射光，所以要根据林下光照环境决定用何种型号的遮阳网(一般手机有检测光照强度的功能，下载相应的软件，即可随时监控光照强度情况，然后根据光照强度调控遮阳网)。

2. 种苗准备

(1)选苗

金线莲林下种植密度高，需苗量大，目前工厂化组培苗是最优选择。首先根据市场需求确定种苗品种，其次选择优苗、壮苗。

(2)炼苗

组培苗在林下种植前需要炼苗。将金线莲组培苗培养瓶放在室外通风处，温度15~25℃，避免阳光直射，为期3天，第四天开始拧松盖，为期4天，然后开盖7天(若开盖时气温>25℃，则开盖3天)，等金线莲组培苗逐渐适应自然环境，即叶色浓绿、生长健壮时，完成炼苗过程。

3. 林下种植

移植前，组培苗要经过“一洗、二漂、三淋、四消毒、五装”处理过程，具体做法是：将培养基与小苗一起轻轻取出，先用水洗净琼脂块，整齐地放入苗筐；再漂洗一下，接着用流水喷淋1~2min后稍晾干；然后再用多菌灵1000倍液消毒10min去除杂菌，稍晾干；杀菌后的组培苗装入灭好菌的干净纸箱或泡沫箱中，以免受到污染。每装一层，用干净的报纸隔开，装苗总高度不得超过40cm，以免下层组培苗受压后受损。整个操作过程注意不要使组培苗受伤。

移植前一天，土壤喷施一次水，使土壤水含量为50%~60%，阴干待植。将处理好的金线莲组培苗单株种植，种植株行距为(3~5)cm×(3~5)cm，深1.5~2.0cm，种好后浇足定根水。

4. 生长期管理

(1)水肥调控

根据其不同生长发育期的需水规律及气候条件、土壤水分供应状况，适时灌溉和排水，保持土壤良好的通气状况。

夏季晴天每两天于傍晚后喷淋；春、秋季每7~10天于傍晚后喷淋；旱季和高温季节，可根据土壤干旱程度适当增加喷淋次数，保持土壤相对含水量为60%~80%。夏季每天上午9:00前喷淋，冬季或早春应在午后气温较高时进行喷淋。雨季，金线莲种植园应以排水为主，防止地面积水(图1-1-4)。

由于选定的种植地土壤有机质含量丰富，所以基本不用施肥，但是腐殖质含量较少的土壤应适当补充施肥，施肥以有机肥为主，根据金线莲的生长发育特点施用少量的化肥。

图1-1-4　喷水调节林下相对湿度

(2)光调控

根据天气情况，随时监测林下种植地上的光照强度并控制在3000lx左右，高温强光时增强庇荫，以免金线莲暴露在强光下被灼伤。

(3)主要有害生物防治

药用植物病虫草害的防治应采取综合防治策略。按照“预防为主，综合防治”的植保方针，坚持“以农业防治、物理防治、生物防治为主，化学防治为辅”的治理原则。必须施用农药时，应按照《中华人民共和国农药管理条例》的规定，采用最小有效剂量并选用高效、低毒、低残留农药，以降低农药残留和重金属污染，保护生态环境。可具体参考《种植业生产使用低毒低残留农药主要品种名录(2016)》所列农药品种。

①主要病害防治　病害主要有茎腐病和炭疽病等。可采取以下措施进行预防：培育健壮无菌试管苗；定植前对土壤和环境消毒；合理布局，避开高温、高湿环境；及时清除病株；剪刀等用具必须严格消毒。发现病害及时选用对口农药防治。

茎腐病防治可用75%百菌清可湿性粉剂600倍液，或65%杀毒矾可湿性粉剂500倍液，或50%多菌灵可湿性粉剂600倍液喷洒。见零星病苗就应喷药以提高防治效果，每7~10天喷1次，连喷2~3次。

炭疽病防治可用波尔多液，或80%代森锌600~800倍液，或70%甲基硫菌灵800~1000倍液喷洒，每隔每7~10天喷1次，连喷2~3次。

②主要虫害及其他有害动物防治　用物理查杀和杀虫剂结合防治虫害：清洁种植畦及清除四周杂草、杂物；人工捕杀，用生石灰撒施在苗床周围或人工捕捉的方法防治蜗牛、蛞蝓和马陆等较大型的害虫；在蜗牛和蛞蝓等软体动物多发时，则撒施密达(6%四聚乙醛)防控；用73%克螨特3000倍液防治红蜘蛛，用10%吡虫啉5000倍液防治叶蝉。

小地老虎防治方法：种植畦四周设置围网；人工捕杀；使用糖醋诱杀液(糖：醋：酒：水为3：4：1：2，加入少量杀虫剂，如乐斯本或三唑磷)。

螨类害虫防治方法：及时清除虫害植株，集中处理，用肥皂泡水喷洒叶片两面，释放捕食螨进行生物防治。

斜纹夜蛾防治方法：清除杂草，翻耕晒土、撒石灰，破坏其化蛹环境；摘除卵块和群集为害的初孵幼虫，以减少虫源；使用糖醋诱杀液(糖：醋：水为3：4：5，加少量香蕉皮和敌百虫诱蛾)；用高效氯氰菊酯乳油1000倍液防治。

较大型动物如山鸡等，通过种植场周围的防护篱笆防护。

③除草　齐苗后，应及时人工去除杂草。

5. 采收及采后加工处理

采取时间：定植200~230天、株高10~12cm时即可选择晴天露水干后采收。年采收时间一般为3~5月、10~12月。

采收方法：单株全草人工采收，剔除病株。

采后处理：用高压喷淋水枪将植株清洗干净，风干、低温干燥或用红外烘干箱在60℃以下逐渐加温烘干，干品水分含量为10%~12%。

包装：包装前对产品进行紫外线杀菌处理，采用真空包装或充CO_2包装。

贮藏：应密闭贮存，注意防潮、防虫、防霉变，同时防止有毒有害物质污染，产品长期贮存时应放入冷藏库，库内温度控制在3~5℃。

思考与练习

1. 根据金线莲的形态特征和生态习性，分析以下问题：

(1)林下种植金线莲的林分条件、森林植物组成、森林郁闭度。

(2)林下土壤质地、腐殖质含量等。

(3)林下清理整地状况，林下光照条件。

(4)水供应条件。

(5)鸟兽危害等防护条件。

2. 根据金线莲栽培技术要点制定栽培管理规程。

任务1.2　铁皮石斛生产技术

任务目标

掌握铁皮石斛种苗培育技术、林下栽培环境控制技术、林下种植养护技术、林下病虫害防治技术、林下采摘和采后处理技术；了解铁皮石斛加工技术。

知识准备

铁皮石斛名吊兰花，属于附生兰科草本植物，是我国传统名贵中药，具有较高的药用和观赏价值。铁皮石斛始载于《神农本草经》，《本草纲目拾遗》等也有记载，为《中华药典》中收载的5种具有药用价值的石斛之一，其多糖含量可高达53.34%，高于其他品种石斛。全株药用，或以新鲜或干燥茎入药，有益胃生津、滋阴清热之功效，可延缓衰老并对癌症有辅助疗效。主治热病伤津、口干烦渴、胃阴不足、食少干呕、病后虚热不退、阴虚火旺、骨蒸劳热、目暗不明、筋骨萎软，已有1800余年的用药经验，国际药用植物界称其为“药界大熊猫”，民间称其为“救命仙草”。

铁皮石斛在我国分布较广，在秦岭、淮河以南的云南、广西、贵州、浙江、安徽、福建、四川、江西、广东、河南、湖南等省份均有野生铁皮石斛的报道。由于铁皮石斛对生长条件的要求十分苛刻，自身繁殖能力低，自然产量极为稀少，更因民间长期过度采挖，致使野生资源濒临绝种，已成为“珍稀濒危植物”。1987年国务院发布的《野生药材资源保护管理条例》将铁皮石斛列为三级保护品种，1999年在《中国植物红皮书》中被收载为濒危植物。近年来，在我国云南、浙江、湖南、广西、安徽等主产区大力发展人工种植，建立了一批规模较大的种植基地。

1. 形态特征

铁皮石斛，陆生，多年生草本。茎丛生，直立，上部扁平而微弯曲上升，具纵槽纹，长10~60cm；节略粗，基部收狭，节间长1.5~2.5cm。叶近革质，长椭圆形，长8~11cm，宽1~3cm，顶端钝，不等长的二圆裂，基部收狭，具关节，关节以下为鞘，叶鞘抱茎。花梗连子房长约4cm，基部有2~3枚筒状膜质的鞘。花排成总状花序、穗状花序或圆锥花序，稀为单生，总状花序自茎上部的节上生出，具1~2朵花；花大，直径4cm以下，下垂，白色，顶端带紫色；花瓣椭圆形，与萼片近等长，但较萼片宽，顶端钝；唇瓣卵圆形，比萼片略短，宽达2.8cm，不裂，边缘微波状，两面被毛，唇盘上具1个紫色斑块，基部旋卷抱蕊柱；蕊柱高仅7mm。花两性，左右对称，具苞片和小苞片；苞片膜质，卵形，长6~13mm；萼片通常5枚，多为分离，大小近相等或不相等，内面2枚较大，长约3.5cm，宽约1.2cm，中萼片长圆状椭圆形、顶端钝，侧萼片斜长圆形、顶端钝；萼囊短、钝，长约5mm，常呈花瓣状；花瓣3(~5)片，不等大，基部常合生，中央片常呈龙骨瓣状，顶端常有鸡冠状附物；雄蕊通常8枚，花丝常在下部合生成一开放的鞘，并和花瓣贴生；花药1~2枚；孔裂子房上位，通常2室，胚珠每室1个，稀多个。果为蒴果、坚果或核果；种子有毛或无毛，通常具种阜，有或无胚乳。花期4~5月。

2. 生态习性

(1)气候条件

铁皮石斛喜温凉、湿润、多雾、通风、透气、透水、昼夜温差大、夜间湿度高的环境，要求光照条件为自然透光度20%~50%，一般为漫射光、散射光，光照强度为1500~2000lx，光照过强或过弱均会影响铁皮石斛的产量和品质。铁皮石斛最主要的限制因子是温度，25℃左右为最适生长温度，通常超过35℃即停止生长，而温度过低则会被冻伤或冻死。适生于年平均气温18~22℃，极端最高气温<30℃，极端最低气温>2℃。无霜期200~300天，年平均降水量1000~2000mm；年日照时数>1600h，年平均风速<1.5m/s。

(2)立地条件

生长于海拔100~3000m，宜选择海拔400~1700m，坡度<45°的阳坡、半阳坡，通风的山地、丘陵、台地等。气候和空气条件适合的前提下，海拔范围可以适当放宽。铁皮石斛生长的小环境千差万别，有的生长于石壁上，有的附生于蕨类植物上，有的附生于树干上。

(3) 水分条件

铁皮石斛对相对湿度要求较高，需要稳定、充沛的水供应，提供高相对湿度环境。铁皮石斛喜湿而又怕水渍，最适空气湿度为 60%～80%，根部周围含水量宜在 30%左右，水分过多会导致烂根。铁皮石斛所需的高湿环境需要较高水压和雾化较好的喷雾装置来维持。

表 1-2-1 铁皮石斛种苗标准

株高规格	标 准
<5cm	不合格
5～8cm	二级苗
>8cm	一级苗

3. 种苗标准

定植到树上、石壁或大棚生产的铁皮石斛种苗平均株高应符合一定规格，才能在生产中保证品质和产量，具体标准见表 1-2-1 所列。

任务实施

生产技术流程：

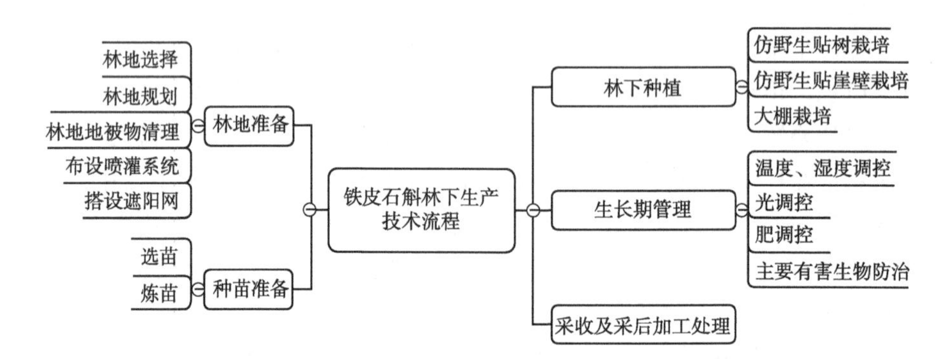

1. 林地准备

(1) 林地选择

铁皮石斛生产的产地环境应符合《中药材生产质量管理规范(试行)》(局令第 32 号)，土壤应符合《土壤环境质量　农用地土壤污染风险管控标准(试行)》(GB 15618—2018)中的土壤质量二级标准，空气应符合《环境空气质量标准》(GB 3095—2012)中大气环境质量二级标准，周围地表水应符合《地面水环境质量标准》(GB 3838—2002)，灌溉水应符合《农田灌溉水质标准》(GB 5084—2005)中的要求。

栽培区最好选在沟谷地带，选择林龄较大的森林，附近有充足的符合水质量标准的清洁水源。沟谷地带的空气相对湿度较大，林龄较大的森林容易形成较好的郁闭条件，充足的水源可以保证相对湿度较低时人工调节相对湿度至 80%～90%。崖壁附着栽培要求崖壁不高，环境相对湿度较大，最好是有苔藓着生，同样要有充沛的清洁水源用于调节空气相对湿度。

林缘大棚栽培的目的是满足铁皮石斛生长所需的温度、湿度和光照要求，不论大棚建设优劣，只要能满足生长季棚内温度 10～35℃、光照通过双层遮阳网调节至 3000lx 左右、湿度80%~90%即可。首先要选择通风、不易积水、相对平坦、光照充足的场地；其次根据栽培地气候特点安装一些设施，一般是一层薄膜、两层遮阳网(一层为固定遮阳网，另一层为活动遮阳网)、风机等，气候比较干燥的地区还要安装水帘。为了利于通风透气，大棚高度一般在4m左右，长宽不限，可根据场地和苗床宽度而定。

(2)林地规划

根据生产场地的地形，用铁丝网和纱网将种植园围起来，以保证产品安全防盗。栽培区根据地形规划出主道、干道和支道。规划出排水沟渠和埋设喷灌系统的管道，以便于后期生产管理。

(3)林地地被物清理

清理林地上的藤本、灌木和草本，保留林分郁闭度0.7~0.9。对于林木密度较小的林分，应在林地内搭建可以让铁皮石斛附生的木板架，以提高林地栽培密度，提高产量。

(4)布设喷灌系统

喷灌管网均匀地布设在栽培区内，喷头高度高于铁皮石斛定植的高度。为了使空气湿度达到较为理想的湿度状况，要求喷灌系统的雾化效果好，所以对喷头和压力有较高的要求，使得喷出的水完全雾化。

(5)搭设遮阳网

部分郁闭度不符合要求的林地，在林间合适的位置设置遮阳网，调节林下光照条件。

2. 种苗准备

(1)选苗

选择生长状况均一的铁皮石斛作为快繁和组培的原料。

①快繁　外植体消毒：选取生长旺盛、无病害的粗壮植株茎段，每一节为一段，剥去茎表皮，用去离子水洗净，放入超净工作台中。用75%酒精消毒30s，用5%的NaClO消毒8min，最后用去离子水洗净，切去边缘。外植体的培养：将处理过的茎段接入1/2MS+3%蔗糖+0.1%活性炭的培养基中，用不同激素进行处理，然后将其放入光照培养箱中培养70天左右。

②组培　外植体消毒：方法同上。愈伤组织的形成：将横切过的铁皮石斛带节茎段放入不同激素的1/2MS+3%蔗糖的固体培养基中并用不同激素进行处理。当诱导分化出的不定芽长到大约3cm时，将不定芽沿根部的愈伤组织切下，并转移到最佳生根培养基中，诱导其分化成不定根。

(2)炼苗

用组培获得的生长状况相同的幼苗必须经过炼苗才能定植。炼苗基质：水苔+直径为0.5~1cm的树皮屑。基质浇一次透水后移植定苗，每3天浇一次透水，炼苗温度控制在30℃以下，以25℃最好。经过炼苗，铁皮石斛定植后生长状况好，不容易出现烂根、枯死等症状。

3. 林下种植

林下铁皮石斛栽培技术主要有3种：仿野生贴树栽培技术、仿野生贴崖壁栽培技术和大棚栽培技术。

(1)仿野生贴树栽培

活树附生应选树干粗、树冠密、树皮厚且多纵沟纹、含水量多的附生树，选择常有苔藓植物生长的阔叶林，或以枫杨、枫香、板栗、松树、红豆杉等组成的针阔混交林或纯林，将林分的透光率调整至35%~40%。

贴树栽培操作：将选好的种苗根系用少许湿润青苔包裹，每丛水平间隔10~15cm，根系朝下，茎叶朝上，用5~8cm宽的麻布条或无纺布或草绳，圆弧或螺旋状将根系固定于树上。每层间隔30~50cm。绑树高度以0.5~2.5m为宜，太高不易操作和管理，太低则下雨时泥沙溅起易损伤植株。视树木大小和分枝多少确定贴树种苗数量(图1-2-1)。也可在适宜的生产环境中，用板皮模仿野生树木进行仿生生产铁皮石斛。

(2)仿野生贴崖壁栽培

选择沟谷地带长有苔藓的崖壁，用无纺布制成10cm×10cm的布袋，内装一定量的苔藓，然后装入铁皮石斛，3~5株为一丛，用钉枪固定在崖壁上。在崖壁上的栽培密度为水平间隔15cm，垂直间隔30~50cm(图1-2-2)。

图1-2-1　仿野生贴树栽培

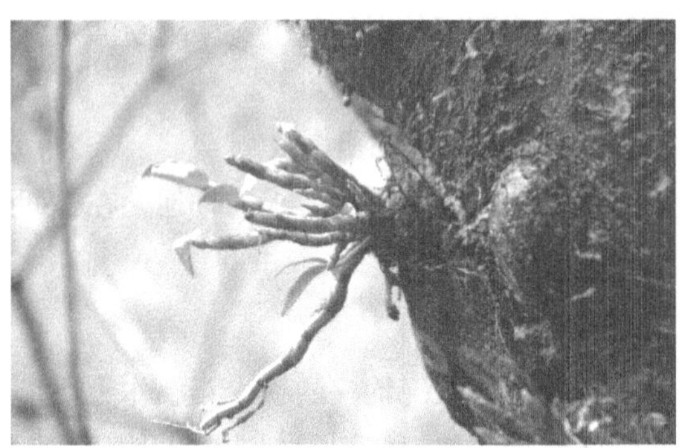

图1-2-2　仿野生贴崖壁栽培

(3)大棚栽培

大棚栽培可以采用3种方式：苗床定植、树桩定植、木板搭架定植(图1-2-3)。

图1-2-3　大棚生产铁皮石斛

苗床定植：在大棚中用木材、水泥柱或角铁搭苗床架，宽100~150cm，高50~80cm(利于通风和人工操作)，间距40~60cm。亦可安装活动苗床架以节约空间。用石棉瓦、塑料网或遮阳网铺建苗床底。苗床分两层铺设堆沤成熟的树皮基质，或树皮与陶粒、石子的混合基质，下层铺大颗粒基质以利于透气保湿，上层铺小颗粒基质以利于固定苗木根系，基质厚度8~10cm。将瓶苗洗净组培基质，消毒，摊晾至根系发白，按3~4株为一丛，丛距约9cm×9cm的方式栽植。

树桩定植：埋设树桩，树桩以杉木、马尾松等树皮粗糙的树种为宜。为了方便生产管理，树桩一般长2.5m，埋入地下40cm固定。将经过炼苗的铁皮石斛苗3~5株为一丛，根系用苔藓包裹起来后用无纺布或草绳或塑料绳绑扎在树桩上。

木板搭架定植：采取2m长的杉木边皮板材，在大棚里搭成“人”字形架，将铁皮石斛如前3~5株为一丛钉植在杉木边板上。

4. 生长期管理

(1)温度、湿度调控

铁皮石斛要求的相对湿度为80%~90%，在天晴中午时喷雾调节相对湿度，在干燥天气可以适当增加喷雾次数。大棚的温度调控在30℃以下，当温度超过30℃时，应用大功率的排气扇加强通风和喷雾，也可以在大棚入口处加上水帘，强化降温效果。

(2)光调控

铁皮石斛所需的光为漫射光，光强不宜过强，通过遮阳网达到调节目的。大棚中栽培铁皮石斛要在阳光强烈的中午使用双重遮阳网，加强遮阴效果。

(3)肥调控

定植30天后，每隔7~10天喷0.1%浓度的叶面肥，每隔15天喷杀菌药。春季气温回升至15℃后施用肥效为6个月的缓释肥，秋季每隔15天喷0.1%浓度的KH_2PO_4，冬季停止施肥。

(4)主要有害生物防治

铁皮石斛栽培过程中常见病害主要有黑斑病、炭疽病、叶斑病、软腐病、根腐病、灰霉病、白绢病、白纹羽病等，常见虫害主要有蜗牛、蛞蝓、蚜虫、斜纹夜蛾、蝶蛾幼虫、蚯蚓等。

①主要病害防治

黑腐病：又称疫病，病原菌为烟草疫霉菌(*Phytophthora nicotianae*)。铁皮石斛黑腐病是一种毁灭性的病害，一旦发生常造成严重的经济损失。病菌在病株或以卵孢子等在病残体及土壤中越冬，通过风雨或水滴滴溅传播，多雨、高湿(湿度85%~95%)时易发病且较为严重，气温低于25℃、连续阴天或阴雨后晴易流行该病。该病发生在8~10月，主要为害整个植株，黑褐色病斑首先出现在茎基部，呈水渍状。病斑向下扩展，造成根系死亡，引起植株叶片变黄、脱落、枯萎。如果遇到连阴雨气候条件，病斑沿茎向上迅速扩展至叶片。受侵染的叶部黑褐色，对着光呈半透明状。严重时整个植株像开水烫过似的，随后叶片皱缩、脱落，不久整个植株枯萎死亡。目前主要采用甲霜灵等苯酰胺类杀菌剂及代森锰锌·霜脲氰防治。应加强水分管理，控制荫棚内湿度；在梅雨季节要拉开荫棚周围的遮阳网，进行通风换气降湿，减少病害发生；发病严重的植株应该及时拔除并带出荫棚进行焚烧处理；药剂防治可用波尔多液或代森锰锌。

炭疽病：病原菌为胶孢炭疽菌(*Colletotrichum gloeosporioides*)。菌丝生长的适宜温度为20~30℃，最适为25℃；适宜pH为4~9，最适为6~7。分生孢子萌发的最低温度为15℃左右，适宜温度为20~30℃。病菌在病残体或病株内越冬，环境条件适宜时分生孢子便萌发，从气孔、伤口或直接穿透表皮侵入组织，潜育期10~20天，有潜伏侵染的特性。多雨、空气湿度高时易发病，且在植株上反复侵染。因此，梅雨季节或秋季多雨、暴风雨发生、盆中积水、株丛过大、分盆不及时等易发病。主要为害铁皮石斛叶片，也为害茎部，幼苗、成株均可得病。发病初期，叶面上有褪绿色小点出现并逐渐扩大，形成圆形或不规则病斑，边缘深褐色，中央部分浅色，上有小黑点出现，引起植株叶片枯萎脱落，严重影响植株生长。防治方法：在发病前用波尔多液或多菌灵预防，发病后使用甲基托布津、代森锰锌等农药防治。

叶斑病：也称黑斑病，病原菌为交链孢真菌细极链格孢菌（*Alternaria tenuissima*）。适宜菌丝生长的温度为5~35℃，最适温度为25℃；分生孢子萌发的温度范围为5~35℃，最适温度为25℃。黑斑病一般在3~5月发生，初为嫩叶上出现褐色小斑点，斑点周围黄色，逐步扩散成大圆形斑点，严重时在整个叶片上互相连接成片，直至全叶枯黄脱落。目前对于黑斑病，一般在发病前期或者雨季之前用多菌灵或代森锰锌预防，发病时使用戊唑醇或其他三唑类杀菌剂进行防治。

软腐病：病原菌为欧氏杆菌（*Erwinia carotovora* subsp.），主要通过土壤传播。病菌从移植及管理作业中产生的伤口及害虫食痕处侵染。多发生在夏初阴雨季节，雨水多、温度高、通风不良时容易发病。全株均可发病，病菌多从根部浸染，发病部位初为暗绿色水浸状斑点，迅速扩展呈褐色软化腐烂状，腐烂部位不时有褐色的水滴浸出，有特殊恶臭味。随雨水或浇水传播。目前采用0.5%波尔多液或200mg/L农用链霉素或甲基多硫磷等防治。发病严重时叶片迅速发黄，并有腐烂物质流失呈干腐状。要注意人工清除病灶，并用农用链霉素进行防治。

根腐病：病原菌为立枯丝核菌（*Rhizoctonia solani*）。如果成熟铁皮石斛植株叶片失色，有青色皱缩萎靡，叶尖焦枯，或新芽迟迟不发，生长异常缓慢，则有根腐病发生的可能，检查时如果发现根颈、根尖或其他部位出现环状或长环形褐色斑，且斑上有明显的充水腐烂迹象，略带白色或褐色附着物，即可确定患有根腐病，如果用力挤压褐斑，便会渗出水来。主要防治方法：用敌克松或粉锈灵溶液灌根，还可用卡霉通和绿邦98溶液灌根。

灰霉病：主要侵染叶片和嫩茎，叶片染病后病斑呈淡褐色至黑褐色小点，后病斑逐渐扩大，有时呈轮纹状，病健交界处常有褐色至深褐色的晕圈。病斑圆形或椭圆形，淡褐色至黑褐色，中间凹陷。深秋、冬季、早春发病后叶片常发黄或枯死、脱落。病斑中心常有灰褐色的霉层，为病原菌的分生孢子。湿度较高时会有水渍状湿腐。在灰霉病发病初期及时用50%氟啶胺悬浮剂2000~2500倍液喷在叶片的正、反两面，每间隔10天用药一次，每次药液用量在450kg/hm^2。

白绢病（*Sclerotium rolfsii*）：主要为害近基质的茎基部，夏季高温高湿或基质偏酸性时易发生。发病时，基质表面可见绢状菌丝，并在中心部位形成褐色小菌核，植株近基质的茎上会出现黄色至淡褐色的病斑，丝状物可在基质或茎叶部位蔓延，后期病斑呈褐色或黑褐色。该病可导致基部腐烂并向茎上部和叶扩展，感染部位腐烂变软，植株很快腐烂死亡。

白纹羽病（*Rosellinia necatrix*）：主要侵染铁皮石斛的根系。病原菌侵染根系后引起根系枯黄坏死，在根系及基质中形成大量的白色或略带棕褐色的菌丝层或菌丝索，结构比较疏松柔软。菌丝索可以扩展到基质中，变成较细的菌索，填满基质中的空隙。拔起发病的铁皮石斛植株可见白色菌丝将根系与基质缠绕成团。菌丝层上可生长出黑色的菌核。与健康的铁皮石斛植株相比，发病的铁皮石斛植株叶片不够鲜活，并呈现缺水状的轻度扭曲，叶片渐渐黄化，自下而上出现枯黄、脱落，枯黄的叶片常带有橘红色，新枝抽生减少或无抽生，茎基部呈现皱缩或干枯状。

白绢病和白纹羽病目前没有太好的防治方法，一般用多菌灵或代森锰锌预防，发病时使用氟啶胺、戊唑醇或其他三唑类杀菌剂进行喷洒。

②主要虫害及其他有害动物防治

蜗牛、蛞蝓：蜗牛喜欢在阴暗潮湿、疏松多腐殖质的环境中生活。最适合环境：温度16~30℃(23~30℃生长发育最快)，空气湿度60%~90%，土壤或基质湿度40%左右，pH为5~7。当温度低于15℃或高于33℃时休眠，低于5℃或高于40℃则可能被冻死或热死。因此，铁皮石斛种植场地是适合蜗牛和蛞蝓大肆活动和繁殖的场所，铁皮石斛生长季节也是适合蜗牛和蛞蝓大肆活动和繁殖的时期。蜗牛和蛞蝓昼伏夜出，特别是在雨后的傍晚或夜间大量出来爬行于石斛植株表面，咬食茎尖、嫩叶和暴露的根，形成孔洞、缺口或将茎苗弄断，严重影响铁皮石斛生长。此外，蜗牛和蛞蝓爬行时还留下白色的胶质和青色的绳状粪便，对铁皮石斛生长不利。在防治上，应及时清除荫棚内部杂草；可在苗床床脚垫上瓷碗，注入生石灰水防止害虫入侵苗床。

采用生石灰、人工捕捉、蔬菜诱杀等方法控制蜗牛、蛞蝓为害的，但效果均不够理想。将茶籽饼及其天然提取物茶皂素用于控制铁皮石斛栽培过程的蜗牛和蛞蝓为害，取得较好效果。茶籽饼可以在发生前与基质、基肥混合在一起使用。目前已开发出60%茶皂素粉剂，在蜗牛和蛞蝓发生前和发生时使用。茶籽饼和茶皂素结合使用可以取得较好的防效。将60%茶皂素粉剂250g用50L水稀释成透明溶液，然后将1瓶(100mL)专用植物油(增效作用)倒入上述溶液充分混匀，可用于喷施600m^{2}左右铁皮石斛。使用时期掌握在发生初、盛期，喷施时间应选择在晴天或阴天傍晚蜗牛爬出为害时，药液要均匀喷湿基质表面和整株，正、反面都要喷湿，要使药液直接接触到蜗牛虫体。间隔5~7天后再行喷施，共喷施2~3次。

蚜虫：和其他兰科作物一样，蚜虫也是铁皮石斛生长过程中的主要害虫，以成蚜、若蚜为害植株的叶、芽等幼嫩器官，吸取大量液汁养分，致使植株营养不良；其排泄物为蜜露，会招致霉菌滋生，并诱发煤污病和传染兰花病毒等。蚜虫繁殖迅速，1年可产生数代至数十代。蚜虫为害主要发生在4~6月气候温暖时。蚜虫分为有翅蚜和无翅蚜，对于有翅蚜可使用商品化的黄板进行诱捕，对于短翅的蚜虫大约10m左右放置一块黄板，对于长翅的蚜虫大约15m放置一块黄板，在发生前防治，黄板的下沿高于作物的顶部10cm。对于有翅和无翅蚜都可以采用天然除虫菊素进行防治。天然除虫菊素是由除虫菊花中分离萃取的具有杀虫效果的活性成分，包括除虫菊素Ⅰ、除虫菊素Ⅱ、瓜菊素Ⅰ、瓜菊素Ⅱ、茉莉菊素Ⅰ、茉莉菊素Ⅱ。具体防治方法为：将1.5%的天然除虫菊药物稀释600~800倍进行预防喷洒。在虫害发生初期，稀释400~600倍喷雾防治。虫害发生严重时，稀释400倍喷雾，间隔3天，连续喷洒3次，防治效果可达70%。

斜纹夜蛾：斜纹夜蛾幼虫是铁皮石斛的常见害虫，幼虫食叶、花蕾、花及果实，严重时幼芽全都被吃光，并排泄粪便造成污染和腐烂。一般春末夏初气温22~32℃时均可繁殖。多在傍晚出来为害。幼虫繁殖速度快，为害时间集中在7~10月。目前，化学防治主要使用敌百虫、甲氨基阿维菌素苯甲酸盐、联苯菊酯、氯氰菊酯和毒死蜱。替代的方式可以结合物理与生物方法进行。物理防治方法主要是在大棚外使用频振式杀虫灯，每2~3.3hm^2使用1盏，设置高度距田埂地面1.5m诱杀效果好。灯光要固定住，不能随意摆动而影响诱杀效果。如果不是光控灯，需要有专人开、关灯，每1~2天收集诱虫袋里诱杀到的成虫，或经常清刷掉灯上粘到的虫体，以利于提高防治效果。生物防治方法主要是在大棚外使用性引诱剂，在大棚内可使用糖醋罐或者食诱商品进行诱杀。

蝶蛾幼虫：可在荫棚周围装上防虫网，防止成虫产卵。危害严重时，可选用核型多角体病毒、阿维菌素等进行防治。

蚯蚓：种植一年后基质开始出现蚯蚓。蚯蚓会加快基质的分解，使疏松的基质"泥土化"，不利于透气、透水，影响植株生长。可用水熬制茶麸汤，水开后熬制0.5h，然后以1∶100的比例兑水浇在苗床上进行防治，每隔2~3个月浇1次。

③除草　杂草是许多病原菌或虫害的卵和幼虫的寄主，及时除去杂草，有利于降低病虫害发生的概率。

④生理性病害　铁皮石斛在生长过程中，因温度、湿度、肥、水、光照、施药、土质等因素处理不当，会出现肥害、药害、水害、光害、冻害、干旱等情况，导致黄叶、叶枯、萎蔫、脱落、基部变软、根部发黑、腐烂、生长缓慢甚至植株死亡等现象。这些生理性病害通常只有病状而无病症，发病时间较为一致，常成片发生，无发病中心，相邻植株病情差异不大，若采取相应的措施，植物一般可恢复健康。实际生产中，应根据具体的生理病状和病因，采取相应措施进行挽救。如叶先端变黑，应减少施肥，避光；叶尖干枯，需加大遮阴度；叶枯、生长缓慢、烂根，应减少浇水，更换腐烂的基质；叶枯萎、生长缓慢但根完好，应增加浇水次数，提高空气湿度；叶萎蔫、基部变软，应控制水分，使植株保持干燥；花芽脱落，应提高温度和提供适宜的光照强度；植株生长瘦弱、叶片较薄，需白天增加光照强度，夜间保持基质干燥；出现药害，应马上停止施药，用大量水浇植株和基质等。

5. 采收及采后加工处理

铁皮石斛加工后的产品通常称为枫斗。枫斗的加工工序：①整理。将鲜石斛洗净，去除叶、杂质和病虫害条。②烘焙。将石斛茎置于炭盆上低温烘焙，使其软化并除去部分水分，便于卷曲。③卷曲。将软化好的石斛进行分剪，短茎无须切断，长茎剪成5~8cm的短段。趁热将已经软化的石斛茎用手卷曲，使其呈螺旋形团状，压紧。④加箍。取韧质纸条将卷曲的石斛茎箍紧，使其紧密、均匀一致。⑤干燥。将加箍后的石斛茎置于炭盆上低温干燥，或用烘箱低温干燥，待略干收紧后重新换箍（二次定型），或经3次及3次以上的换箍，直至完全干燥。⑥去叶鞘。手工方法，将枫斗放于棉布袋中，两人一组各手拎一头，来回拉动，使其叶鞘脱落；机器方法，用枫斗抛光机直接去叶鞘。

干条加工：去除杂质的根、叶，于50~60℃的烘箱中烘干至含水量≤12.0%。

干花加工：去除杂质的花梗、枯花，于50~60℃的烘箱中烘干至含水量≤12.0%。

思考与练习

1. 根据铁皮石斛的形态特征和生态习性，分析以下问题：
(1)简述天然铁皮石斛的生长环境特点和如何人工模仿铁皮石斛的天然环境。
(2)简述适合铁皮石斛生长的水分条件及如何人工调节林下湿度环境。
(3)如何营造适宜铁皮石斛生长的林下光环境？
(4)如何防止鸟兽危害铁皮石斛？
2. 根据铁皮石斛栽培技术要点制定栽培管理规程。

任务1.3 七叶一枝花生产技术

任务目标

掌握七叶一枝花种苗培育技术、林下栽培环境控制技术、林下种植养护技术、林下病虫害防治技术、林下采摘和采后处理技术；了解七叶一枝花加工技术。

知识准备

七叶一枝花分布于北半球温带和亚热带地区，我国福建、四川、贵州、云南、西藏等省份有分布。不丹、尼泊尔、越南也有。七叶一枝花根状茎供药用，有清热解毒、消肿散结、镇惊止痛等功效。七叶一枝花味苦，微寒，有毒，伏雄黄、丹砂、硼砂及盐。主治惊痫，摇头弄舌，热气在腹中，癫疮阴蚀；下三虫，去蛇毒；生食一升，利水；治胎风手足搐；去疟疾寒热。

1. 形态特征

七叶一枝花属于百合科植物中的自养类型，多年生宿根草本植物。根状茎匍匐状，细长或粗壮，肉质，棕褐色，密生多数环节。茎单一、直立，高30~100cm，基部有膜质鞘1~3枚。叶轮生于茎顶部，叶片卵状长圆形，顶端渐尖或急尖，基部钝圆，叶柄长3~6cm，略带紫红色。七叶一枝花的叶片数目通常随根茎年龄的增加而增加，到开花年龄，叶数趋于稳定。第一至第二年的是一片心形叶，第三年的叶片有2片和3片的，第四年有4~5片叶，第五年有4~6片叶，第六年后，植株达到开花年龄，叶片数目开始固定下来(图1-3-1)。花两性，单朵顶生于叶轮之上，花梗为茎的延续部分，梗长达10cm或更长；花被片离生，宿存，2轮排列，每轮4~6(~10)枚，少有3枚的；外轮花被片叶状，绿色，卵形至披针形，长4~7cm，开展；内轮花被片条形或钻状，常比外轮花被片长；雄蕊与花被片同数，雄蕊8~12枚，1~2轮，花丝扁平，花药条形，基部着生，与花丝近等

图 1-3-1　七叶一枝花植株形态

长或稍长于花丝；药隔凸出于花药顶端，凸出部分 0.5~1(2)mm，有时不明显；子房近球形或圆锥形，顶有 1 盘状花柱基，具5~6 棱，4~10 室，有时子房3 室，花柱短或较细长，具 4~10 分枝。蒴果或浆果，光滑或具棱，成熟时绿带紫色，3~6 瓣开裂；种子红色，多数。花期为 4~6 月，果期 8~10 月。

2. 生长特性

每年立春前后随着气温的升高开始萌发、出苗；夏、秋是生长发育旺盛时期，茎叶繁茂并开花结果；立冬以后随着气温下降，茎叶开始枯萎，果实成熟，根茎大量贮存营养，停止生长进入休眠越冬；如此周而复始，根茎增长缓慢。

七叶一枝花 4~5 月出苗，茎柱状，通常单一，但也有两株或 3 株的。营养生长发育了 5~6 年后，才进入生殖生长期，开始开花、结果。此时的七叶一枝花地上茎增高、加粗，叶数增多，花、果出现，当年的根茎段也有显著增粗。这个时期是七叶一枝花生长发育的旺盛期。七叶一枝花地上茎抽出时，花芽已在茎顶端长成，包藏于未展开的叶丛内，2~3 天后，花部露出，花梗伸长，叶、花展开。9~11 月种子陆续成熟，蒴果开裂，种子外种皮由淡红色转变成深红色，成熟后自然脱落。

3. 生态习性

(1) 气候环境

七叶一枝花分布范围广，海拔可达 1900m，常生于常绿阔叶林下。年平均气温为 10~13℃，无霜期 240 天以上。因此适生地范围大，但是对光照、温度、湿度、土壤的组合要求相对独特，所以能长得好的并不多见。要求种植区年降水量 850~1200mm，降水集中在 6~9 月，空气湿度在 75%以上，土壤夜潮，能满足七叶一枝花生长发育对土壤含水量的需求。

(2) 土壤环境

以有机质含量较高、土层深厚的阔叶树或针叶树林地为宜。七叶一枝花喜湿润、荫蔽的环境，宜栽培在土层深厚、疏松肥沃、有机质含量较高的砂质土壤中，或富含腐殖质的酸性红壤土或腐殖土，且具有良好的排水性。土壤条件达到上述标准的土地，要求地势平坦，有自然灌溉条件，排水方便，避免雨季积水，以减少病害发生。土壤板结、贫瘠的黏性土及排水不良的低洼地都不利于七叶一枝花的生长，不宜选用。

(3) 光环境

在种植七叶一枝花时，遮阴度应在 60%~70%，散射光能有效促进七叶一枝花的生长。根据光响应曲线推算，七叶一枝花叶片光合作用的光补偿点为 350lx，光补偿点与喜阴植物相当。在 30 000lx 光照强度以下，随着光照强度增加，叶片的光合速率迅速升高。光照强度超过30 000lx时，光合速率仍不断缓慢升高，甚至高达120 000lx，也无光抑制现象，未测到光合饱和点。七叶一枝花的光环境要求较为宽松，但是强光有利于其生长。

(4)温环境

七叶一枝花在11~15℃随温度上升光合速率缓慢增加，15℃以上时随温度上升光合速率迅速增高，20℃时光合速率最高，25~35℃时光合速率随温度上升显著下降，最适温度为16~28℃。七叶一枝花光合作用对低温的适应能力高于对高温的适应能力。七叶一枝花的光合作用的最适温度与喜阴草本植物和高山植物相比偏高，与喜光草本植物相比偏低。对高温的适应能力高于高山植物，对低温的适应能力不及高山植物。

(5)空气相对湿度

七叶一枝花对水分的要求较高，既不能干旱，又不能受涝，适于高湿度的环境，在相对湿度20%~80%时，随着湿度升高而光合速率增加，最适湿度条件在75%以上。自然条件下，光合作用进行的多数时间达不到最佳湿度条件。对湿度的这种特殊要求可能就是造成自然环境中七叶一枝花生长极为缓慢的原因之一。

总之，七叶一枝花有宜阴畏晒、喜湿忌燥的习性，在生长过程中，需要较高的空气湿度和荫蔽度。七叶一枝花在强光、高湿的中温环境生长较好，但是强光和高湿是比较矛盾的，因此自然环境中七叶一枝花生长缓慢。

任务实施

生产技术流程：

1. 林地准备

(1)林地选择

选择地势平坦、土壤疏松、保湿、遮阴、灌溉方便、排水良好、富含腐殖质、有机质含量较高的肥沃壤土或砂质黑壤土或红壤土，在这样的地块中种植七叶一枝花产量高、品质好，切忌在贫瘠易板结的土壤中种植。

(2)林地规划

林下栽培七叶一枝花重点是调整光照、水环境，因此林地要建好光照调节、空气湿度调节管网设备，并规划好生产管护等道路网，同时要注意规划防止动物侵扰的防护网。

(3)林地整理

由于富含有机质的土壤有利于七叶一枝花生长和提高品质，清理林下杂灌后，土壤应施用一定数量的有机肥，以增加土壤有机质含量。将腐熟的农家肥均匀地撒在地面上，每亩施用2000~3000kg，再用牛犁或机耕深翻30cm以上，暴晒1个月，以消灭虫卵、病菌，然后细碎耙平土壤。每10m²用6kg石灰消毒，土壤翻耕耙平后开畦。根据地块的坡向、山势作畦，以利于雨季排水。为了便于管理，畦面不宜太宽，按宽1.2m、高25cm作畦，畦面呈龟背形，四周开好排水沟，畦沟和围沟宽30cm，使沟沟相通，并有出水口，以便于后续的栽培种植和管护采收。

选好种植地后要进行土地清理。收获前茬作物后认真清除杂质、残渣，并用火烧净，以防止或减少翌年病虫害的发生。种植前10天，土壤喷洒0.1%高锰酸钾溶液消毒。

(4)搭建荫棚

七叶一枝花属喜阴植物，忌强光直射，在林地光照条件不理想的地方种植七叶一枝花需要搭建荫棚。应在播种或移栽前搭建好。按4m×4m打穴栽桩，可用木桩或水泥桩，桩的高度为2.2m，直径为10~12cm，桩栽入土中深度为40cm，桩与桩的顶部用铁丝固定，边缘的桩要用铁丝拴牢，并将铁丝的另一端拴在小木桩上斜拉打入土中固定。在拉好铁丝的桩上铺盖遮阴度为70%的遮阳网，在固定遮阳网时应考虑以后易于收拢和展开。在冬季风大和下雪的地区种植七叶一枝花，待植株倒苗后(10月中旬)，应及时将遮阳网收拢，第二年4月出苗前，再把遮阳网展开盖好。

2. 种苗准备

(1)组培繁殖

选择七叶一枝花根状茎上健壮、饱满的芽或茎、叶、种子等在流水下冲洗2h，然后转移到蒸馏水中浸泡30min后，放在滤纸上吸干水分，再浸入70%酒精中浸泡30~60s，用无菌水冲洗2~3次，用0.2%升汞+1滴洗洁精消毒8min，用无菌水反复冲洗。外植体的芽体要剥开(茎切成2cm左右的段，叶切成1cm×1cm大小)接种在加入1.5mg/L萘乙酸的MS培养基上。由于芽一年只有一个芽体，作为外植体成本很高，所以外植体以种子和根茎为好。

(2)根茎繁殖

根茎繁殖育苗有带顶芽切块、不带顶芽切块和分株繁殖3种方法，不管采用哪一种方法，其切口必须进行严格消毒处理，防止病菌从切口侵入感染，造成种块腐烂。其中，带顶芽切块繁殖的成活率最高、长势最好，目前生产上多采用此种方法育苗。带顶芽切块和不带顶芽切块的繁殖方法为：在秋、冬季地上茎倒苗后，采收时将健壮、无病虫害、完整无损的根茎按垂直于根茎主轴方向，在带顶芽部分节长3~4cm处切割，或按根茎的芽残茎、芽痕特征切成小段，每段保证带1个芽痕，其余部分可晒干作商品药材出售，切好后伤口蘸草木灰和生石灰，像播种一样条栽于苗床，并加盖地膜。为保证出苗整齐，带顶芽和不带顶芽的根茎要分开育苗，到第二年冬季即可移植。此法简便易行，出苗周期较短，缺点是药材消耗量大。在生产实践中，切块时带顶芽部分成活率为100%，不带顶芽部分成活率为92%；带顶芽切块的生长量是不带顶芽切块的1.5~2.5倍。目前在生产上主要以带顶芽切块繁殖为主。

(3)种子繁殖

七叶一枝花种子具有明显的后熟作用。七叶一枝花的种子大多在9~10月成熟后，种子的胚尚发育不全，需要一定的休眠期，萌发过程胚茎也需要一个休眠期，所以在自然情况下经过两个冬天才能出土成苗，种子发芽率较低。为增进种子萌发力，待蒴果开裂后外种皮由红色变成深红色时进行采收。把采收的果实洗去果肉，稍晾干水分，进行湿沙或土层积催芽。具体方法是：种子与沙(土)的比例为1：(2~5)，再施用种子重量1%的多菌灵可湿性粉剂并拌匀，装于催苗筐中，置于室内。催芽温度保持在18~22℃，每15天检查一次，保持沙的湿度在30%~40%(用手抓后紧握能成团，松开后即散开为宜)。第二年4月种子胚根萌发后便可播种。将处理好的种子按5cm×5cm的株行距播于做好的苗床上，苗床宽1.2m，高20cm，沟宽30cm。种子播后覆盖1：1的腐殖土和草木灰，覆土厚约1.5cm，再在墒面上盖一层松针或碎草，厚度以不露土为宜，浇透水，保持湿润。播种后当年8月有少部分出苗，大部分苗要到第二年5月后才能长出。种子繁育出来的种苗生长缓慢，3年后，种苗形成明显根茎时方可进行移栽。

播种后，在苗床上建简易塑料大棚，保持棚内温度在25℃左右，湿度75%；出苗后除去塑料大棚，换成遮阳网，网高以1.5m为宜。适时除草、浇水，保持土壤湿润。出苗第二年，到秋、冬倒苗后采挖，经切割处理后可作种苗，按20cm×20cm株行距移栽至大田。种子繁殖生长周期长，技术较复杂，优点是繁殖系数大，可大量提供种苗。

在种植时，应选择七叶一枝花的优良种子或根茎作为栽培种源。用组培苗或无性系苗种植，初期生长较快，但是后期生长不良，所以用种子培育的苗较为理想。

3. 林下种植

块茎切割无性繁殖是七叶一枝花的主要繁殖方式。块茎繁殖以秋播为宜，10月至11月上旬挖起地下块茎，选择植株健壮、无病害、完整无损的块茎，以节为基础切割，切口在相邻两节间中部。切割后，用草木灰或生石灰蘸满切口，将处理好的根茎切割面向下、未切割面向上，均匀播种于苗床上。将配好的覆盖土盖在根块上，厚度为3~5cm。根茎切块繁殖方法分为带顶芽切块和不带顶芽切块两种。带顶芽切块繁殖的方法为：倒苗后，取根茎，按垂直于根茎主轴方向，以带顶芽部分节长3~4cm处切割，伤口蘸草木灰或生石灰，随后按照大田种植的标准栽培。种植行间距为50~70cm(图1-3-2)。

图1-3-2 林下生产七叶一枝花

4. 生产期管理

根据七叶一枝花的生长特性，应以林下种植或采用遮阳网遮阴种植为主。栽培管理要点如下：

(1)遮阴

七叶一枝花喜生长于树林阴湿处，属喜阴植物，喜散射光，忌强光直照，可选择竹林区，竹林经人工适当砍伐，是自然的荫棚，林下种植或采用搭荫棚、遮阳网遮阴。应在出苗后或移植后立即搭设荫棚，棚架高度2~2.5m。出苗或移栽后当年透光率要在20%，第二年透光率要在30%，4年以后透光率保持在40%~45%。

(2)施肥

移栽前用农家肥作基肥，基肥占总肥量的70%~80%，每年出苗后追施腐熟农家肥一次，不用或少用化肥。

(3)保湿

七叶一枝花喜生长于阴湿地，畦面及土层应保持湿润，旱季要及时浇水，雨季要及时疏沟、排水，以防田间积水，诱发病害。

(4)病虫害防治

①立枯病　幼苗移栽后3个月左右，在郁闭度过大的林下便可发现立枯病。苗高达30~40cm时，在中部茎秆上便出现枯萎，两天便倒伏，直到上部茎叶枯死，但地下块茎部分仍然成活，只是生长缓慢，当年不能结种子。主要防治方法：加强田间管理，进行土壤消毒，对遮阴强度大的树枝进行清除，适当增加光照，改善生长环境，并对病株进行喷洒代森锌药液。

②菌核病　菌核病是土壤传播的真菌病害，每年5月多雨高温时发病，为害其茎，产生褪色水浸状斑后逐渐扩大呈锈色斑，在高温条件下，病茎软腐，长出白色棉毛状菌丝，之后病部周围出现黑褐色颗粒状病原菌菌核，最后全株枯死倒伏。主要防治方法：加强清沟排水，降低湿度，及时拔除病株，在发病中心撒施石灰，或用农药硫菌灵或纹枯利连喷2~3次，严重时用百菌清喷雾。

③根腐病　根腐病是土壤传染的病害，主要症状为叶片垂萎发黄、根茎腐烂。防治方法：发病初期每亩用10%叶枯净+70%敌克松+25%粉锈宁各1kg，拌细土150kg制成药土撒施，有较好的防治效果。可结合调节土壤湿度防治，发病时除去病株，用200倍生石灰水浇灌病区。

④虫害　蛴螬、地老虎、金针虫等主要为害植株根系；蚜虫、金龟子、蓟马类主要为害叶片等地上部分；种蝇等为害种子。可喷施除虫菊酯1000倍液2~3次，每7天1次。或者加强水肥管理、清洁林下卫生、实时松土除草也能在一定程度上防治害虫。

5. 采收及采后加工处理

七叶一枝花经栽培5年左右可采收，每年秋季的9月下旬至10月采挖块茎入药。

思考与练习

1. 根据七叶一枝花的形态特性和生态习性，分析以下问题：

(1)如何进行林地整理使其适合七叶一枝花的栽培？

(2)如何营造林下光环境使其促进七叶一枝花的生长？

(3)栽培过程中如何进行水分管理？

2. 根据七叶一枝花栽培技术要点制定栽培管理规程。

任务1.4 黄花倒水莲生产技术

任务目标

掌握黄花倒水莲种苗培育技术、林下栽培环境控制技术、林下种植养护技术、林下病虫害防治技术、林下采摘和采后处理技术；了解黄花倒水莲加工技术。

知识准备

黄花倒水莲药用价值主要在根部(图1-4-1)，含有皂苷、多糖、酯、酮、有机酸等活性物质，其根入药，性平，味甘、微苦，具有益气养血、健脾利湿、活血调经之功效，抗应激、降血脂、抗衰老等，对乙肝病毒具有体外抑制作用，可用于治疗病后体虚、腰膝酸痛、跌打损伤、子宫脱垂、急慢性肝炎，为瑶族、苗族、壮族等少数民族的常用药物。黄花倒水莲不仅可为药用，也可以作为观赏花卉植物开发利用。黄花倒水莲花期长，鲜花金黄色，花序倒垂，十分奇特美观(图1-4-2)。

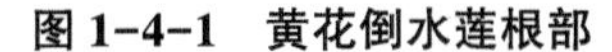

图1-4-1 黄花倒水莲根部

图1-4-2 黄花倒水莲的花

1. 形态特征

黄花倒水莲(*Polygala fallax*)为被子植物远志科远志属常绿灌木，又名假黄花远志、黄花参、倒吊黄、吊吊黄、念健、一身保暖、鸭仔兜等。通常高1.5~2m。枝灰绿色，被短柔毛。叶互生，纸质，柔软，长圆状披针形至披针形，长8~18cm或稍过之，宽4~6.5cm，顶端常渐尖，基部钝至近楔形，全缘或不整齐的微波状，两面均或多或少被短柔

图 1-4-3　黄花倒水莲植株

毛；中脉在上面压入，侧脉每边 7~9 条，稍疏离；叶柄长 5~12mm。夏季开花；花稍大，两侧对称，纯黄色，组成顶生、下垂的总状花序，长可达 30cm；萼片 5 枚，外面 3 枚不等大，长约 1.5cm，花瓣状，斜倒卵形；花瓣 3 枚，侧生的 2 枚长圆形，长约 10mm，龙骨瓣盔状，长约 12mm，顶部有一具柄、流苏状分裂的附属体：雄蕊 8 枚，合生成鞘状，长 10~11mm。蒴果阔倒心形至圆形，直径 1~1.4mm，有半同心状凸起的棱，无翅，被缘毛(图 1-4-3)。

2. 生态习性

(1) 气候条件

黄花倒水莲为我国特有物种，一般分布在海拔 300~1650m，生于山谷、山坡的潮湿疏林地中；喜亚热带温暖湿润的气候。

(2) 土壤条件

土壤以土层深厚、质地潮湿疏松、腐殖质丰富的壤土为宜。微酸性的砂壤土，忌贫瘠、板结、易积水的黏重土壤。黄花倒水莲具有很好的疏松土壤的作用，具有固氮功能。宜套种在常绿阔叶林、马尾松林和竹林下，选择郁闭度 0.2~0.7 的山坡、沟谷，腐殖质层深厚的地块。

(3) 水分及光照

黄花倒水莲喜湿，忌涝、忌干旱，需土壤含水率高，但同时土壤通气条件要好。光照条件以漫射光为主，忌强光照射。

任务实施

生产技术流程：

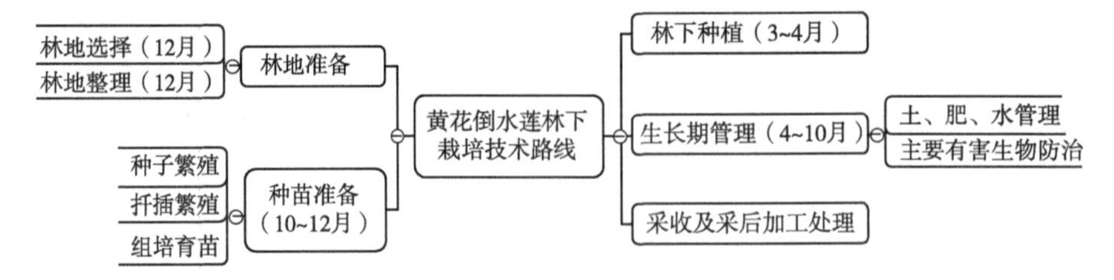

1. 林地准备

(1) 林地选择

宜种植在较湿润的林下坡地，不宜在山脊、旱坡、裸地和水田等地种植。山脊一般干旱、高温、风大，会导致叶片萎缩、花变异、不结果。黄花倒水莲根系较浅，如种植在荫蔽条件的裸地，或者种后铲除根部周边杂草等植被，植株便会因干旱而不能生长。水田容易积水，土壤通透性欠佳，没有荫蔽，难成活。宜在郁闭度0.2~0.7的林下种植，在此范围内，郁闭度越小，阳光照射时间越长，植株生长发育越快，即发芽早、开花早、落叶早。如果种植在郁闭度超过0.7的密林下，生长不良；当郁闭度≥0.9时，生长停滞，部分死亡；郁闭度<0.2，叶片老化快，落叶早、花期早；当郁闭度<0.1时，在较强阳光照射下，会造成部分枝叶干枯。

套种于常绿阔叶林下时，选择郁闭度0.2~0.7的山坡、沟谷，腐殖质层深厚、疏松肥沃、微酸性的砂壤土，忌贫瘠、板结、易积水的黏重土壤。在阴雨天气移植，种植密度根据山坡陡缓、树林结构等情况综合考虑，缓坡按株行距50cm×150cm穴栽定植。种植后淋足定根水。

杉木人工林林下栽培地应选择向阳、土壤肥沃疏松、通透性好、排水效果优的地块、坡度在25°以下。选地后采取挖穴方式，敲碎土块，整细耙平。整地后，每亩施农家有机肥800~1200kg，或施用有机肥200~400kg。

(2)林地整理

清杂、清灌，整地时每亩可施入农家土杂肥2000kg翻耕入土，耕细整平，起畦。畦高20cm，畦宽1m，畦间人行道宽30~40cm，以方便出入管理。在经过一段时间的翻晒之后，一般选用0.1%的高锰酸钾溶液对地表土表面进行消毒。

2. 种苗准备

黄花倒水莲的常规繁殖方法有种子繁殖和扦插繁殖2种，以种子繁殖为主。在生产上，林下种植多采用实生苗。试验表明，采用实生苗栽植，植株长势和药材产量均比扦插苗高。扦插苗主要用于盆栽和绿地栽植(图1-4-4)。

图1-4-4 黄花倒水莲种植育苗

(1)种子繁殖

①种子采集 选取本地生长健康、无病虫害、长势粗壮的母株结的球果，在接近成熟时进行采摘、晒种，并选出饱满、优质的种子进行播种。黄花倒水莲的种子逐批成熟，所以采收种子时应注意此特点，成熟一批采集一批。未成熟的种子容易发霉变质，发芽率极低。种子刚成熟，果皮尚未开裂，种子转黑褐色，此时既容易采收，发芽率也高。果皮裂开的过熟种子，容易脱落，发芽率也很低。选择三年生、生长健壮、无病虫害的黄花倒水莲植株为采种母株。9~11月，当果荚大部分由青转为淡黄褐色，种子变坚硬，颜色变为淡棕色，果荚尚未开裂时进行采收。将果荚置于阴凉通风处摊开晾干，待果荚裂开，适度用力搓揉果荚，过筛筛除果荚。种子不耐贮藏，要即采即播，即11月播种较好。如果第二年春播，可用沙藏法处理种子，翌年3月再播种。

②种子育苗　苗圃地宜选择向阳、排水条件良好、土质疏松的地块，用遮阳率75%左右的遮阳网搭建荫棚，棚高1.8~2.2m，搭荫棚遮阴能有效提高产苗量和促进苗木高生长。或选择土层深厚、质地疏松潮湿、荫蔽的常绿阔叶林下坡地进行育苗。苗圃地要轮作，最多连作1次，避免根腐病为害。

播种育苗以高床为佳，可采用条播、撒播、点播。在播种前7天用0.1%高锰酸钾溶液喷洒土壤进行消毒。条播是在畦面上按行距20cm，播种沟宽3~4cm、深1~2cm开好播种沟，将种子均匀播于沟内；撒播是将种子直接均匀播于整好的畦面上，播种量25kg/亩，播种后薄撒一层过筛的细土，以不见种子为好；点播则挖穴，将种子均匀撒入穴内，每穴播种子四五粒，播后覆土1~2cm，浇水，保持土壤湿润。苗地土壤湿度要适中，播种后畦面表土(与种子接触的土壤)以手抓成团、手松则散为宜。种子最好在播种前经过50℃的温水浸泡5h，其发芽率较高，或者用100mg/L GA_3 浸种6h。如果撒播的是蒴果，在保湿较好的情况下，果皮可以裸露1/3。畦面拱盖薄膜，拱高50~60cm。

③苗期肥水管理　播种后约20天发芽，出苗后，做好苗木除草、施肥、病虫防治等工作。苗期要经常除草，力求除早、除尽。30天苗高5~8cm时结合中耕除草进行间苗，将过密苗带土移植至稀疏的苗地即可，株行距10cm×20cm左右。基本齐苗并长出3~4片叶后适时追肥，可喷淋0.1%复合肥水溶液。一般6月苗木长至5~10cm高时追肥1次，8月底再追肥1次。苗高10~15cm左右时，除去拱盖的薄膜。如果苗期管理精细，第二年4月即可出圃定植。一般实生苗1年后苗高15~30cm，2年后苗高40~70cm，大多数是种植二年苗。

(2)扦插繁殖

①插穗选择　选择1~2年生的枝条(可剪取苗木上段枝条)，剪成长10~15cm(每个插穗上有3~4个芽，顶芽要完好健壮)的插穗，捆成小把，将基部置于0.05mL/L ABT 3号生根粉溶液中浸泡2~3h后扦插。经处理的插穗生根时间显著缩短，成活率几乎达90%；如不作处理，穗条易腐烂，存活率很低。老树枝条扦插发根少、开花早、老化快，不宜采用。

②整地、扦插　一般在12月至翌年4月进行。苗圃整地方法与种子繁殖相同。插穗处理后，在事前准备好的苗床畦面上按株行距5cm×10cm斜插入土，留1个芽露出地面，压紧，浇透水。畦面拱盖薄膜，拱高50~60cm。扦插期间要加强肥水管理。插穗成活后做好除草、施肥和病虫害防治工作。

③苗期管理　既要经常保持苗圃土壤湿润，又要避免过湿，以手抓有湿痕但可出水为宜。扦插后30天左右开始生根、萌芽。成活后，应注意除草。

(3)组培育苗

取带腋芽幼嫩茎段作为外植体，用饱和洗涤液浸泡处理10min，用软毛刷轻轻刷洗茎段表面，然后用流水冲洗30min，置于超净工作台上，剪成带1~2个节间的茎段，再用0.1% $KMnO_4$ 处理5min，用无菌水冲洗3次，滴干水分后移到接种室中的超净工作台按以下程序进行表面消毒处理：用75%酒精浸泡20s，用0.1%升汞溶液浸泡15min，然后用无菌水重复冲洗3~4次，将消毒好的茎段切成1~1.5cm的小段，分别接种到预先准备好的培养基上培养。诱导培养基用常规的MS培养基，添加1.5mg/L 6-BA，0.1mg/L NAA进行诱导和增殖；然后采用 MS 培养基+0.2mg/L NAA+0.5mg/L IBA 进行诱导不定根和生根培养。

一般出苗后培育 12 个月以上，当大部分苗高 30~40cm 即可出圃定植。出圃后按苗木大小分级。目前还没有统一的分级标准，此处分为弱小苗(≤15cm)、小苗(15~30cm)、中等苗(30~40cm)、大苗(40~60cm)、特大苗(≥60cm)5 个等级，以中苗移植效果最好(图 1-4-5)。

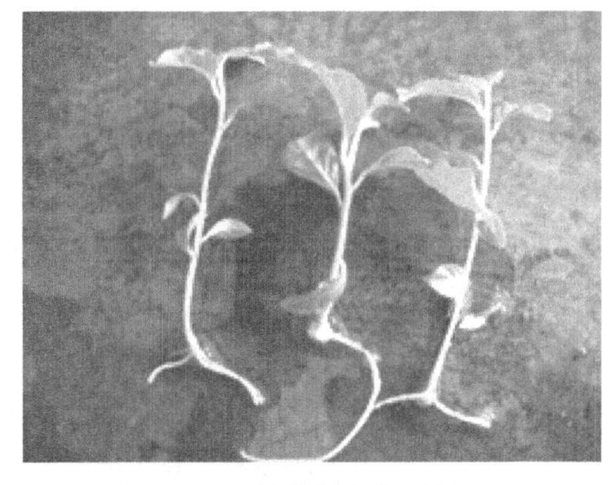

图 1-4-5　黄花倒水莲组培苗

3. 林下种植

在阴雨天移植，种植密度根据山坡陡缓、树林结构等情况综合考虑，林下栽培一般以株行距 50~80cm 为宜，缓坡也可以按株行距 50cm×150cm 穴栽定植。定植后淋足定根水。

为了实现效益最大化，可在阔叶林(高 3m 以上)下套种黄花倒水莲，其间再套种生境相同或相似的草珊瑚或黄精等中草药，在空间上形成 3 层的乔木-小乔木-灌木(或草本)林木结构。

4. 生长期管理

(1)土、肥、水管理

种植前期确保土壤湿润。在多雨季节做好排水，避免积水。适当间伐小乔木(或灌木)和疏除杂草，不要除尽，保留部分植被。有条件的每年可施 1~2 次农家肥、草木灰。

(2)主要有害生物防治

在常绿阔叶林下种植黄花倒水莲，一般较少发生病虫害，但若管理不当，也会发生。病害主要有根腐病、炭疽病，虫害主要有尺蠖、蓟马、白蚁、天牛。

①根腐病　发病早期，根茎变褐、腐烂；叶柄基部变褐色，呈星斑点状腐烂，有时呈棱形或椭圆形，最后导致整株死亡。防治方法：及早拔除病株；发病初期用 40%多菌灵 800 倍液进行喷灌，隔 7~10 天喷一次，连喷 2~3 次；或用 10%石灰水对病穴消毒，可达到良好的防效。为确保药材质量，病害防治应以预防为主，加强抚育管理，多施有机肥，尽量不用农药。如果病害发生严重，防治时坚持绿色食品的农药使用准则，保证药材重金属含量、有机氯含量不超标。

②炭疽病　炭疽病用 40%多菌灵悬浮剂稀释 20 倍或 40%托布津悬浮剂稀释 20 倍喷雾防治。

③尺蠖、蓟马　用 25%灭幼脲胶悬剂稀释 200 倍喷雾或 1.8%阿维菌素乳油稀释 100 倍喷雾。

④白蚁　在杉木人工林地上生产黄花倒水莲时，杉木易遭受白蚁为害，同时为害黄花倒水莲，可以使用 40%辛硫磷 1500 倍液来直接淋根。黄花倒水莲幼苗阶段，很容易遭到蟋蟀的侵害，特别是蟋蟀在晚上出来后，将杉树苗接近地面的地方咬断，可用炒过的麸皮

加入1%敌百虫、酸醋、啤酒、黄砂糖在搅拌之后，选取晴朗的天、傍晚前放在林地上直接进行诱杀。

⑤天牛　以人工诱杀为主，即设置诱虫灯或糖醋液诱杀成虫。

5. 采收及采后加工处理

一般立秋后的晴天采摘成熟叶片，用通透性较好的箩筐或布袋装好，采回后加工，经过杀青、揉捻、发酵、炒干等工序制成黄花远志茶。摘叶过程不要损伤树皮。茎宜于春、夏采收，切段晒干。根秋、冬采收，要选晴天、土壤较干燥时采挖，然后切片晒干。因黄花倒水莲为浅根系树种，采挖时可用小锄头从下方小心挖起，抖去泥土，防止挖破、挖断和折断。晒干的根、茎、叶分别包装，置于通风阴凉的室内贮藏。也可在秋、冬季采收全株。采叶后连根挖起，把地上枝茎与根部分开，枝茎切片晒干，根条冲洗干净后切片或切段晒干。

思考与练习

1. 根据图1-4-6简述黄花倒水莲野外生态环境特点。

2. 根据人工栽培的药用黄花倒水莲，分析以下问题：

(1) 简述黄花倒水莲的种苗来源及其特点。

(2) 简述黄花倒水莲栽培管理技术要点。

(3) 简述黄花倒水莲病虫害防治方法。

图1-4-6　黄花倒水莲野外生长环境

任务1.5　栀子生产技术

任务目标

掌握栀子种苗培育技术、林下栽培环境控制技术、林下种植养护技术、病虫害防治技术、采摘和采后处理技术；了解栀子加工技术。

知识准备

栀子生于海拔10~1500m处的旷野、丘陵、山谷、山坡、溪边的灌丛或林中。在国外分布于日本、朝鲜、越南、老挝、柬埔寨、印度、尼泊尔、巴基斯坦以及太平洋岛屿等地，野生或栽培。本种作盆景植物，称“水横枝”，花大而美丽、芳香，广植于庭园供观赏。干燥成熟果实是常用中药，其主要化学成分有去羟栀子苷，又称京尼平苷(geniposide)、栀子苷(gardenoside)、黄酮类栀子素(gardenin)、山栀苷(shanzhiside)等；能清热利尿、泻火除烦、凉血解毒、散瘀。叶、花、根亦可作药用。从成熟果实可提取栀子黄色素，着色力强、颜色鲜艳，具有耐光、耐热、耐酸碱性、无异味等特点，在民间作染料应用，在化妆品等工业中用作天然着色剂原料，同时是一种品质优良的天然食品色素，没有人工合成色素的副作用，可广泛应用于糕点、糖果、饮料等食品的着色上，且具有一定的医疗效果；花可提制芳香浸膏，用于多种花香型化妆品和香皂、香精的调和剂。全国种植面积约 20 万亩，其中湖南、江西两省种植最多，且栀子的质量最好。

1. 生物学特性

栀子(*Gardenia jasminoides*)别名为黄果子、山黄枝、黄栀、山栀子、水栀子、越桃、木丹、山黄栀等。直立灌木，高 0.3～3m；嫩枝常被短毛，枝圆柱形，灰色。叶对生，革质，稀为纸质，少为 3 枚轮生，叶形多样，通常为长圆状披针形、倒卵状长圆形、倒卵形或椭圆形，长 3～25cm，宽 1.5～8cm，顶端渐尖、骤然长渐尖或短尖而钝，基部楔形或短尖，两面常无毛，上面亮绿，下面色较暗；侧脉 8～15 对，在下面凸起，在上面平；叶柄长 0.2～1cm；托叶膜质。花芳香，通常单朵生于枝顶，花梗长 3～5mm；萼管倒圆锥形或卵形，长 8～25mm，有纵棱，萼檐管形，膨大，顶部 5～8 裂，通常 6 裂，裂片披针形或线状披针形，长 10～30mm，宽 1～4mm，结果时增长，宿存；花冠白色或乳黄色，高脚碟状，喉部有疏柔毛，冠管狭圆筒形，长 3～5cm，宽 4～6mm，顶部 5～8 裂，通常 6 裂，裂片广展，倒卵形或倒卵状长圆形，长 1.5～4cm，宽 0.6～2.8cm；花丝极短，花药线形，长 1.5～2.2cm，伸出；花柱粗厚，长约 4.5cm，柱头纺锤形，伸出，长 1～1.5cm，宽 3～7mm；子房黄色，平滑，直径约 3mm。果卵形、近球形、椭圆形或长圆形，黄色或橙红色，长 1.5～7cm，直径 1.2～2cm，有翅状纵棱 5～9 条，顶部的宿存萼片长达 4cm，宽达 6mm；种子多数，扁，近圆形而稍有棱角，长约 3.5mm，宽约 3mm。花期 3～7 月，果期 5 月至翌年 2 月。栀子在南方四季常绿。3 月下旬叶腋间开始萌发新枝，部分老叶也在此时脱落，4 月中旬至 5 月上旬孕蕾，5 月下旬至 6 月中旬开花。7～9 月枝条生长旺盛，6～10 月果实逐渐膨大，10 月中下旬果实逐渐成熟(图 1-5-1)。

图 1-5-1　栀子

2. 生态习性

(1) 气候条件

栀子喜温暖湿润气候，不耐寒冷，生长适温为 18～28℃。一般栽培于温暖地区海拔

1000m 以下山区丘陵地带的疏林下或林缘空旷地。在向阳暖和的地方栽培，生长壮、结实多。适于我国南方地区林下栽植。

(2) 土壤条件

栀子适宜生长在疏松、肥沃、排水良好、轻黏性的酸性土壤中，土壤以排水良好、微酸性至中性的夹沙泥或黄泥土较好，过于干旱地区及涝渍地均不宜种植。

(3) 光照条件

栀子喜阳光但又不能经受强烈阳光照射，苗期需遮阴，进入结果期后喜温暖湿润、阳光充足的条件；在开花着果的 4~6 月，天气晴暖，光照充足，坐果率提高，反之，坐果率会受到影响。

(4) 水分条件

栀子成株较耐旱，但种子播后及幼苗期必须有充足的水分。栀子喜空气湿润，生长期要适量增加浇水。通常表土发白即可浇水，一次浇透。夏季燥热，每天需向叶面喷雾 2~3 次，以增加空气湿度，帮助植株降温。但花现蕾后，浇水不宜过多，以免造成落蕾。冬季浇水以偏干为好，防止水大烂根。

任务实施

生产技术流程：

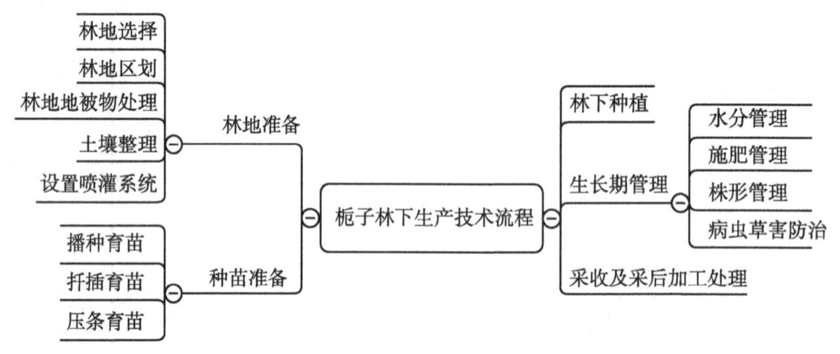

1. 林地准备

(1) 林地选择

根据栀子的生态习性选择合适的栽培区域是栀子生产的重要内容。栀子生于海拔 10~1500m 处的旷野、丘陵、山谷、山坡、溪边的灌丛或林中。根据栀子的生态习性及适于生长的土壤特点，选择生态环境优良、林分郁闭度 0.3~0.5、林地坡度不大于 25°的向阳坡，土壤为疏松透气、富含腐殖质的壤土，土层厚度在 40cm 以上，附近有水源及交通便利的林地。

(2) 林地区划

根据设计规划要求进行栽培地的区划。区划时还应因地制宜，并在满足栀子生长的前提下尽量地尽其力、节约用地。

(3) 林地地被物清理

由于栀子喜光并耐一定的荫蔽，所以林地的高大灌木应予以保留，但林下的灌木、残桩等要进行清除，使林分郁闭度在0.3~0.5。若乔木过于稀疏，郁闭度达不到要求，可以进行遮阴。若树林郁闭度过高，则可适当间伐林木，以满足栀子对光照的要求。

(4)土壤整理

选择土层深厚、土质疏松透气、土壤富含有机质、水源丰富、排水条件良好的地块作为栽植地。栽植前要深翻土壤30~40cm，每亩圃地施腐熟有机肥500~1000kg、过磷酸钙10~15kg，使肥料和土壤拌和均匀。育苗时可作苗床，一般筑成高20~25cm、宽1.0~1.2m的苗床，苗床之间开好排水沟。育苗前一周要对土壤进行消毒，预防土壤中的病虫害发生，一般用2%的硫酸亚铁或3%的生石灰水溶液进行土壤消毒，有条件的也可用高温消毒的方式进行土壤消毒。

(5)设置喷灌系统

栀子喜空气湿润，但土壤又不能长期积水，不然容易烂根。在栀子生产地预埋设喷灌系统，有利于在干旱季节对栀子进行水分补充。另外，夏季高温时可利用雾化喷头在栀子的叶片上及周围空气中喷水，有保持空气湿润及降温的作用。喷灌系统的供水管网面积和栀子栽植地面积相一致，合理规划喷灌系统管线布置，选择适宜的喷头，充分发挥灌溉系统的补水功能。

2. 种苗准备

(1)播种育苗

①种子处理　果实采集尽量在优质的母树上进行，采集果实大、肉质厚，充分成熟的果实。将采集的鲜果连壳晒至半干留用，播前拨开果皮，取出种子，浸泡在清水中24h，揉搓后去掉漂浮在水中的杂物及不饱满种粒，将饱满种粒捞出沥干水分，以备消毒、催芽和播种。播种前可对种子消毒及催芽，常用的方法是将种子放入0.5%的高锰酸钾溶液中浸种2h，捞出种子，用清水冲洗两遍，滤干水后再将种子放入35℃左右温水中24h，之后取出种子滤干水即可播种。

②播种时间　栀子适宜播种的时间是春季，在南方一般2月下旬至3月下旬播种比较适合，这个时候播种，当年生苗木可出圃。

③播种方法　栀子可采用条播或撒播的方式进行育苗。播种量一般为每亩2~3kg。播种时种子要撒放均匀，撒种后要覆一层薄土，以不见种子为度。温度偏低的早春进行播种时可覆盖稻草或薄膜进行保温、保湿。播种后要对苗圃地进行均匀浇水，保持土壤湿润，但不能积水。

(2)扦插育苗

①扦插时间　栀子扦插育苗可以选择在春季(2月下旬至3月上旬)及秋季(10月至11月上旬)进行，这个时间段的温度适宜栀子扦插，能够保证栀子扦插的成功率。一般春季扦插所育苗木当年即可出圃，秋季扦插所育苗木需翌年方可出圃。

②插穗选择及处理　应选择生长健壮、无病虫害、优质高产、观赏价值高的母树，一般采集1~2年生、粗0.6~1cm的枝条，最好是根颈部或者主干上的萌蘖枝。制穗时要选择枝条中下部，去除梢部未木质化的部分，截成10~15cm长。一般枝条上截口平，离上

芽0.5~1cm，下截口呈45°斜面。每个插穗上要有2~3个健康的芽点，插穗上部可带1~2片叶，若叶片过大，则可剪去一半，然后每50枝捆成一把。为了促进插穗成活，可用生根剂进行处理。

③扦插方法　扦插时可按株行距10cm×15cm进行扦插，扦插前可用小木棍打引孔，然后将插穗插入引孔内，深度为插穗的1/3~1/2，压紧插穗四周土壤。扦插后要浇透水，保持苗床湿润，但不能积水。为了保持空气湿度，可以往四周空中喷水或盖薄膜，阳光大时可结合盖遮阳网。一般扦插后60天可生根发芽。

(3)压条育苗

压条可在“清明”前后或梅雨季节进行。选3年生母株上一年生健壮枝条，将其拉到地面，刻伤枝条上的入土部位，如能在刻伤部位蘸200mg/kg氨乙酸粉剂，再盖土压实，则更容易生根。1个月左右生根后即可与母株分离，到第二年春天带土移栽。

3. 林下种植

移植前先准备好种植地并做好清理工作，然后按1m×1.5m的株行距进行挖穴，种植穴规格要求40cm×40cm×30cm，底平壁直。种植前可在穴底施加有机肥或复合肥，并与土混拌均匀，保证土壤肥力。

移植比较适合的时间是春季或秋季。若温度稍高，可在阴天或傍晚进行栽植。移植前可对栀子幼苗进行适度修剪，去除部分枝叶，以减少苗木水分的消耗。可裸根移植或带土球移植。裸根移植时要用黄泥浆蘸根，以保护根系，避免根系失水严重。种植时要保证苗木根系舒展，压实土壤，使土壤与根系紧密接触，栽植深度一般与原土痕持平或深3~5cm。种植后要浇足定根水，以保证苗木成活。

4. 生长期管理

(1)水分管理

根据栀子不同发育期的需水规律及气候条件、土壤水分供应状况，适时灌溉和排水，保持土壤良好的通气状况。

在栀子的营养生长期，在夏季干旱高温时每天浇水2~3次，一般在9:00之前或17:00之后进行，确保栀子幼苗对水分的生理需求。在花果期可适当减少浇水次数，但要确保花果的正常生长发育。在春、秋季可每5~10天浇水一次。在雨季时要注意排水，防止地面积水，避免涝害。

(2)施肥管理

每年的12月至翌年2月可对栀子进行施肥，此次施肥以有机肥或长效的复合肥为主，以满足栀子生长对肥料的需求。5~6月，栀子的开花期，可以在阴天或早、晚，用0.15%硼砂加0.2%磷酸二氢钾溶液喷洒叶面，以提高栀子的开花和坐果率。采果后，可每株施加腐熟的有机肥1~2kg、硼磷肥0.3kg，促进恢复树势，增强植株越冬抗寒的能力。

(3)株形管理

栀子移植成活一段时间后，可在离地20~25cm处剪截主干。待夏梢抽发，每株可选生长健壮、分布均匀的主枝留3~4个。到翌年夏梢抽发后，在每个主枝上培育出3~4个副枝，逐步将树冠培育成饱满的圆冠状。定植后的两年内，应对主干、主枝进行抹芽、除萌，剪除下部萌蘖及花芽，第三年可适当留取花果。为方便果实采收，栀子树高应控制在2.0m以下。

待栀子植株成形以后，每年的修剪工作主要是疏除不良枝（包括病虫枝、交叉枝、枯枝、平行枝、下垂枝、徒长枝、逆枝等），使植株内部枝条分布均匀、内疏外密，以利于通风透光，减少病虫害发生。

（4）病虫草害防治

采用“预防为主，综合防治”的措施。一是农业防治。栽植时选择无病虫的健壮苗木，及时防除田间杂草以减少虫源，增施有机肥，合理配施氮、磷、钾肥，合理修剪枝叶等。二是化学防治。严格控制用药安全间隔期，冬季喷施石硫合剂400倍液，可有效减少翌年病虫害发生；开花结果后至幼果期，可喷施1次啶虫脒，防治蚜虫、象甲等害虫。

①主要病害防治　栀子主要病害有褐斑病、炭疽病、煤污病、根腐病、黄化病等，病害全年都可能发生，严重时植株落叶、落果或枯死。在病害发生初期或发生期施用多菌灵、退菌特等可有效地防治病害。

褐斑病：是栀子培育过程中的重要病害，主要为害栀子的叶片和嫩果。叶片病害起于叶尖和边缘，受害后，叶片开始由绿变黄，接着变为褐色，最终导致落叶和落果现象。主要防治方式为：在发病初期喷洒1∶1∶100的波尔多液或50%的硫菌灵1000~1500倍液，每隔10天喷1次，连喷2~3次。

炭疽病：防治可用波尔多液，或80%代森锌600~800倍液，或70%甲基硫菌灵800~1000倍液喷洒，每隔7~10天喷1次，连喷2~3次。

煤污病：发生与分泌蜜露的昆虫关系密切，喷药防治蚜虫、介壳虫等是减少发病的主要措施。防治时适期喷洒40%氧化乐果1000倍液或80%敌敌畏1500倍液。防治介壳虫还可用松脂合剂、石油乳剂等10~20倍液。据广东的试验，在喷洒杀虫剂时加入紫药水10 000倍液防效较好。对于寄生菌引起的煤污病，可喷用代森铵500~800倍液或灭菌丹400倍液。在植物休眠期喷3~5波美度的石硫合剂，消灭越冬病源。

根腐病：防治可用杀菌剂噁霉灵进行全面叶面喷施。对于病害比较严重的植株，配合使用药液进行灌根，间隔3~5天连续喷施和灌根2~3次，即可控制病害不再蔓延。缓苗期叶面喷施功能液肥和灌施生根剂，可促进作物尽快生根，恢复生长。

黄化病：由多种原因引起，故须采取不同措施进行防治。缺肥引起的黄化病，根据所缺元素的不同会表现出不同的症状。缺氮时单纯叶黄，新叶小而脆；缺钾时老叶由绿色变成褐色；缺磷时老叶呈紫红或暗红色。对以上诸种情况，可追施腐熟的人粪尿或饼肥。缺镁时黄化病由老叶开始逐渐向新叶发展，叶脉仍呈绿色，严重时叶片脱落死亡，可喷洒0.7%~0.8%硼镁肥防治。缺铁时症状表现在新叶上，开始时叶片呈淡黄色或白色，叶脉仍是绿色，严重时叶脉也呈黄色或白色，最终叶片会干枯而死，可喷洒0.2%~0.5%的硫酸亚铁溶液进行防治。浇水过多、受冻等，也会引起黄叶现象，所以在养护过程中要特别加以注意。

②主要虫害防治　主要虫害有栀子翼蛾、栀子尖蛾、介壳虫、蚜虫、茶小蓑蛾等。

栀子翼蛾：主要为害枝条和树干，严重时可以导致树木死亡。同时对花蕾和果实也有严重影响，导致落花、落果，降低产量。主要防治方法：加强管理，对于受害枝条及时剪除、烧毁；在繁殖期应采用药物控制，5 月和 8 月各喷施 1 次栀子专用杀虫剂 DP-1 号 3000 倍液，以杀灭成虫和卵粒。

栀子尖蛾：会对栀子树的根部造成危害，主要通过农业方式防治，即加强管理，去除杂草，合理施肥松土，增强透风采光。

介壳虫：背部表面附有一层蜡质，一般药物无法穿透，可用吡虫啉类或其改良剂进行喷雾灭杀。每周一次，一般需要 2~3 次才能灭杀彻底。

蚜虫：会对栀子的枝梢、叶片及主干造成严重影响。防治时要铲除四周杂草，喷洒氧化乐果消灭寄主上的蚜虫，减少虫源。化学防治可用 1.8%阿维菌素 3500 倍液，或 480g/L 毒死蜱乳油 1000 倍液；大面积发生时，使用 50%杀螟松乳剂 1000 倍液、2.5%溴氰菊酯乳剂 3000 倍液，或 40%吡虫啉 1500~2000 倍液等。尽量选用低毒、高效、残留少的药剂，并多种药剂轮换使用，防止蚜虫产生抗药性。

茶小蓑蛾：又名车袋虫、皮袋虫等，被害的栀子叶片呈很多圆形的孔洞。成虫在化蛹前先吐一长丝，一端粘在栀子的枝或叶片上，使护囊悬垂在树丛中，再吐丝闭囊口。一般在 3 月气温较暖后开始活动，7~8 月为害严重。少量时可人工摘除，危害严重时可采用药剂防治，可在幼虫幼龄期喷 90%敌百虫 800~1000 倍液或 80%敌敌畏 1000~1500 倍液。另外，结合修剪，将虫口较多、被害严重的树枝剪去，集中烧毁。

③除草　除草的原则是“除早、除小、除了”。在栀子的幼苗期应尽量采用人工除草。待栀子幼苗长大成熟后可结合化学除草的方式进行清除杂草，一般根据杂草的种类选择合适的选择性除草剂对杂草进行清除，也可结合松土进行人工除草。

5. 采收及采后加工处理

(1) 栀子采收

栀子果实成熟期一般在霜降后立冬前，采收期一般在立冬之后 15 天内。若采收过早，尚未完全成熟，果皮青绿色，果实不饱满，则果实色素含量低，加工率偏低，影响产量和质量；若采摘过迟，则果过熟，干燥困难，加工时易腐烂变质，不易保存，影响产品质量，而且也不利于树体养分积累和安全越冬。因此，适时采摘是保证果实产量和质量的关键。一般在果皮由青转红至红黄色时，选择晴天或阴天采收为佳，加工出的产品质量好且加工率高。

(2) 采后加工

栀子鲜果加工方法有烘干法和晒干法。加工时，要剔除果柄及其他杂物，于汽锅炉上熏蒸 3min 或在沸水中煮至七八成熟，取出晒干或烘干。一般分 2 次干燥，中间回潮 1~2 天，才能使果实均匀干燥，以免发霉变质，降低产品质量，影响利用价值。经过烘干的栀子果实水分≤8.5%，筛选分级后方可包装入库。

思考与练习

1. 根据栀子的形态特征和生态习性，分析以下问题：
(1) 林下种植栀子的林分条件、森林植物组成、森林郁闭度。
(2) 林下土壤质地、腐殖质含量等。
(3) 林下清理整地状况、林下光照条件。
(4) 水供应条件。
(5) 防鸟兽危害等防护条件。
2. 根据栀子栽培技术要点制定栽培管理规程。

项目2 林下食用菌生产技术

学习目标

知识目标

(1)掌握林下食用菌生产基本技术。

(2)掌握林下食用菌生产的主要生产技术流程和技术要点。

技能目标

(1)会进行菌种生产基本操作。

(2)会根据食用菌的生态学特性选择合适的林地环境。

(3)会根据食用菌的生态学特性因地制宜地改造林下环境。

(4)会根据食用菌的生产要求进行食用菌生产管理。

(5)会防治林下食用菌生产过程中的病虫草兽害。

任务2.1 食用菌菌种生产技术

任务目标

掌握食用菌基本生产技术，能根据需要生产食用菌菌种。

知识准备

食用菌是指可供食用的大型真菌。我国已知的食用菌有720多种，能够进行人工培育的有70多种，目前进行较大面积生产的有20多种。它们分别隶属于144个属、46个科。

绝大多数食用菌和广泛栽培的食用菌都是担子菌亚门，在我国的有 40 余个科，大致可分为四大类群，即耳类、非褶菌类、伞菌类和腹菌类，如香菇、平菇、木耳、银耳等；只有极少数属于子囊菌亚门，分别属于 6 个科，如羊肚菌等。无论是野生的还是人工栽培的食用菌，都是由菌丝体和子实体两个部分组成的。菌丝体是分枝的丝状物(菌丝)的集合体，生长于基质内部，是食用菌的营养器官，其主要功能是分解基质，吸收营养和水分供子实体生长发育需要。子实体是能产生孢子的果实体，生长于基质表面，是食用菌的繁殖器官，其主要功能是产生孢子繁殖后代以及供人们食用。

1. 食用菌的生活条件

食用菌在生命活动中需要大量的水分，较多的碳素、氮素和磷、镁、钾、钠、钙、硫等主要矿质元素，以及铜、铁、锌、锰、钴、钼等微量元素；有的还需要维生素。生产中，只有满足对这些营养物质的要求，食用菌才能正常生长。

(1)食用菌对营养物质的需求

食用菌对营养物质的需求大致包括碳源、氮源、矿质元素及生长因素四大类。

①碳源　碳源是构成食用菌细胞和代谢产物中碳架来源的营养物质，也是食用菌生命活动所需能量的主要来源。食用菌的碳源物质有：纤维素、半纤维素、木质素、淀粉、果胶、戊聚糖类、有机酸、有机醇类、单糖、双糖及多糖类。

在母种培养基中，主要提供葡萄糖、蔗糖等简单糖类，以便于菌丝细胞直接吸收利用，提高菌丝细胞的生长速度。在原种、栽培种的培养基中，主要提供各种富含纤维素、半纤维素、淀粉、木质素的植物原料，如木材、木屑、稻草、棉籽壳、麦秸、玉米芯、豆秸等，以逐渐提高菌种分解大分子化合物、适应栽培料的能力。

以纤维素为主要碳源的食用菌主要有草菇和蘑菇，以木质化材料为主要碳源的食用菌主要有银耳、黑木耳、香菇和猴头菇。平菇既可以在多纤维素的原料上生长，也可在多木质素的原料上生长。

常见栽培食用菌的原料中，木材以含木质素为主，禾本科作物秸秆以含纤维素为主，棉籽壳既含木质素又含纤维素，因此适于栽培各种食用菌。

②氮源　氮源是指能被食用菌吸收利用的含氮化合物，是合成食用菌细胞蛋白质和核酸的主要原料。食用菌主要利用各种有机氮，也可以利用包括铵态氮、硝态氮在内的无机氮，但在无机氮作为唯一氮源时，菌丝生长较慢，并且有不出菇现象，这是因为食用菌没有利用无机氮合成细胞所必需的全部氨基酸的能力。

生产上常用蛋白胨、氨基酸、酵母膏、尿素等作为母种培养基的氮源，而在原种和栽培种培养基中，多由豆饼、黄豆汁、麦麸、米糠、薯类、禽畜粪等含氮量高的物质提供氮，用小分子无机氮或者有机氮作为补充氮源。

在食用菌的生长发育过程中，培养基中氮的浓度对食用菌的生长发育影响较大。不同的食用菌、不同的生长发育阶段对碳氮比的要求有一定的差异。一般说来，菌丝生长阶段要求含氮量较高，以碳氮比(15~20)∶1 为宜，若含氮量过低，菌丝生长缓慢；子实体发育阶段要求培养基含氮量较低，以碳氮比(30~40)∶1 为宜，含氮量过高，则抑制子实体的发生和生长。

不同培养原料的碳氮比不同，木屑、作物秸秆等含碳量较高，而常用辅料麸皮、米糠的含氮量较高。因此，要将不同的培养料合理地配合起来，才能使培养料的碳氮比达到要求。设计新的培养料配方，必须测算培养料的碳氮比，通常所用培养原料的碳氮含量已测算出，配制时通过计算即可得到该培养料配方的碳氮比，即用配方中各种物质的碳的总量除以其氮的总量。

③矿质元素　矿质元素是构成细胞的成分，并在调节细胞与环境的渗透压中起重要作用。

根据食用菌对矿质元素需求量的大小，可将矿质元素分为大量元素和微量元素。磷、钾、硫、钙、镁为大量元素，在食用菌生产中，可向培养料中施加适量的磷酸二氢钾、磷酸氢二钾、石膏、硫酸镁来满足食用菌的需求。微量元素包括铁、钴、锰、钼、硼等，在培养基中的浓度为1mg/L左右即可。一般天然培养基和天然水中的微量元素含量就足以满足食用菌的需求，不需要另行添加。如果是用蒸馏水配制合成培养基，可酌加硫酸亚铁、氯化铁、硫酸锰、硫酸锌、硫酸钴、钼酸铵、硼酸等。

木屑、作物秸秆及畜粪等生产用料中的矿质元素含量一般是可以满足食用菌生长发育要求的，但在生产中常添加石膏1%~3%、过磷酸钙1%~5%、碳酸钙1%~2%、硫酸镁0.5%~1%、草木灰等给予补充。

④生长因素　生长因素是一类微量有机物，包括维生素和核酸、碱基、氨基酸、植物激素等生长因子。这类物质用量甚微却作用很大，对食用菌的生长发育有促进作用，其中维生素类物质主要起辅酶作用。食用菌一般不能合成硫胺素（维生素 B_1），这种维生素对食用菌的碳代谢起重要作用，缺乏时食用菌发育受阻，外源加入量为0.01~0.1mg/L。许多食用菌还需要微量的核黄素（维生素 B_2）、吡哆醇（维生素 B_6）、生物素（维生素H）、烟酸（维生素PP）、叶酸等，由于天然培养基或半合成培养基使用的马铃薯、酵母粉、麦芽汁、麸皮、米糠等天然物质中各种维生素含量非常丰富，因此一般不需要另行添加。

（2）食用菌的营养类型

食用菌是异养微生物，菌丝细胞不含叶绿素，自身不能合成养料，只能从环境中摄取营养物质。根据自然状态下食用菌营养物质的来源，可将食用菌分为腐生型、寄生型、共生型3种不同的营养类型。

①腐生型食用菌　腐生型食用菌是能够分泌各种胞外酶和胞内酶分解已经死亡的有机体，从中吸收养料的食用菌。根据腐生型食用菌所分解的植物尸体不同和生活环境的差异，可分为木腐型（木生型）、土生型和粪草生型3个生态类群。木腐型食用菌主要生活在枯立木、树桩、倒木、断树枝上。不同的食用菌对树种的适应性也不同。大多数的食用菌适应范围比较广，如香菇能在麻栎、山毛榉科等200多种阔叶树木上生长；少数的适应范围较窄，如柱状田头菇，主要生长在茶及枫香等阔叶树上。土生型食用菌以土壤中的腐烂树叶、杂草、朽根为营养源，分布在林地、草原、牧场、肥沃的田野中，不同的食用菌有自己特定的生活场所。粪草生型食用菌多生活在腐熟堆肥、厩肥、腐烂草堆及有机废料上，如草菇多生于烂草堆上，粪鬼伞则多生于粪堆上。

当前，商业性栽培的食用菌几乎都是腐生型菌类，生产中常根据其野生生活环境和营养生理特点来选择培养料。一般来说，培养料越接近野生状况，食用菌的风味越接近野生采集的。

②寄生型食用菌　寄生型食用菌是生活在活的有机体上，从活的寄主细胞中吸收营养而生长发育的食用菌。食用菌中，整个生活史都营寄生生活的情况十分罕见，多是在生活史的某一阶段营寄生生活，而其他时期则营腐生生活，为兼性寄生。如蜜环菌，开始生活在树木的死亡部分，一旦菌丝进入木质部的活细胞后，便开始寄生生活。金针菇、猴头、糙皮侧耳都能在一定条件下侵染活立木。又如冬虫夏草，秋季寄生于蝙蝠蛾的幼虫体上，致使虫体死亡，然后营腐生生活，靠虫体营养完成生活史。

③共生型食用菌　共生型食用菌是能与高等植物、昆虫、原生动物或其他菌类相互依存、互利共生的食用菌。松口蘑、美味牛肝菌等菌根菌与高等植物共生，菇类菌丝包围在树根的根毛外围，一部分菌丝延伸到森林落叶层中，取代根毛，从土壤中吸收水分和养料供给菌丝体和植物，并能分泌物质刺激植物根系生根，菌根菌则从树木中吸收碳水化合物。银耳与香灰菌丝是真菌之间的共生现象，两者之间是偏利关系，因此称香灰菌丝为伴生菌。

2. 菌种制作技术

(1)菌种的分类

俗话说："三分种(种子)，七分种(种植)。"好种是保证丰产、丰收的基础。食用菌的菌种指人工培养进行扩大繁殖和用于生产的纯菌丝体。菌种质量的好坏直接影响栽培的成败和产量的高低，只有优良的菌种才能获得高产和优质的产品，因此生产优良的菌种是食用菌栽培的一个极其重要的环节。根据菌种的来源、繁殖代数及生产目的，把菌种分为母种、原种和栽培种。

母种：从孢子或组织分离培养获得的纯菌丝体。生产上用的母种实际上是再生母种，又称一级菌种。母种既可繁殖原种，又适于菌种保藏。

原种：将母种在无菌的条件下移接到粪草、木屑、棉籽壳或谷粒等固体培养基培养的菌种，又称二级菌种或瓶装菌种。原种主要用于菌种的扩大培养，有时也可以直接出菇。

栽培种：将二级菌种转接到相同或相似的培养基上进行扩大培育，用于生产的菌种，又称三级菌种或袋装菌种。栽培种一般不用于再扩大繁殖菌种。

(2)菌种生产的基本设备

①配料室设备　不同的生产规模，配料所需要的设备有所不同，但配料应在有水、有电的室内进行，其主要设备有以下几类：

衡量器具：配料室一般应配备磅秤、手秤、粗天平、量杯、量筒等，以供称(量)取用量较大的培养料、药品和拌料用水等。

拌料机具：拌料必备的用具有铁铲、铝锅、电炉或煤炉、水桶、专用扫帚和簸箕等。具有一定规模的菌种厂，还应具备一些机械设备，如枝丫切片机、木片粉碎机、秸秆粉碎机和拌料机等。

装料机具：采用手工装料，无须特殊设备，只要备一块垫瓶(袋)底的木板和一根"丁"字形捣木(供压料时用)即可。但具有一定规模的菌种厂，为了提高装料效率，应购置装料机。装料时，以玻璃瓶作容器的要压料和打接种穴，可用瓶料专用打穴器。以塑料袋作容器，制银耳和香菇栽培种，一般装料后随即要在袋壁打接种穴，可用塑料袋专用打穴器。

②灭菌设备　灭菌设备一般是指用于培养基和其他物品灭菌的蒸汽灭菌锅。灭菌锅是制种工序中必不可少的设备。灭菌锅消毒的原理，是利用水吸收一定的热量之后成为饱和蒸汽，在消毒灭菌时，饱和蒸汽在一定的温度和压力下拥有大量的热量，遇到冷的消毒物体时，冷凝而改变状态随之释放出大量的热量，使被消毒物体受热、受潮，在热和湿的作用下，可在较短时间内有效地将顽抗性的细菌芽孢及其他杂菌杀死，达到灭菌的目的。

A. 高压蒸汽灭菌锅：高压蒸汽灭菌锅是一个密闭的、能承受压力的金属锅，在锅底或夹层中盛水，锅内的水煮沸后产生蒸汽。由于蒸汽不能向外扩散，迫使锅内的压力升高，即水的沸点也随之升高，因此可获得高于100℃的蒸汽温度，从而达到迅速彻底灭菌的目的。高压蒸汽灭菌锅有以下几种类型。

手提式高压灭菌锅：此种灭菌锅的容量较小，主要用于母种斜面培养基、无菌水等灭菌，可用煤气炉、木炭或电炉作热源，较轻便、经济。

立式和卧式高压灭菌锅(柜)：这两类高压锅(柜)的容量都比较大，每次可容纳750mL的菌种瓶几十至几百瓶，主要适用于原种和栽培种培养基的灭菌，用电热作热源。

自制简易高压锅：菌种生产量较大的菌种厂可自制简易高压锅。采用10mm厚的钢板焊接成内径为110cm×230cm的筒状锅体，底和盖用15m厚的钢板冲成半圆形，否则平盖灭菌时棉塞易潮湿。锅口用紧固的螺丝拧紧密封，锅上安装压力表、温度计、安全阀、放气阀、水位计、进出水管等设备。以煤作燃料，用鼓风机助燃升温。将菌种袋(瓶)放入铁提篮内，吊入锅中，一般放4~5层，每锅装800~1000袋(瓶)，适合于专业菌种厂制作栽培种培养基的灭菌。

B. 土法灭菌锅：土法灭菌锅有多种类型，一般分为土法蒸锅和蒸笼等形式。

土蒸锅：用砖砌成灶，灶上用砖和水泥砌成桶状或方形蒸汽室，底部为大铁锅。可从侧面开门，也可以从顶盖进出。门上附有放温度计的小孔，铁锅上沿设有进出水管。每锅可装1200~1400袋(瓶)不等。土蒸锅形式简单，制作简易，可以就地取材，造价低廉，但杀菌时间较高压锅长。

蒸笼锅：蒸笼灭菌适宜于农村制种量小、条件差的单位。采用蒸笼灭菌时，密闭条件较差，由于锅内温度最高是100℃，所以灭菌时间从温度达100℃开始计时，需保持6~9h。

③接种设备　接种设备是指分离和扩大转接各级菌种的专用设备，主要有接种室、接种箱、超净工作台及各种接种工具。

接种室：接种室又称无菌室，是进行菌种分离和接种的专用房间。此室的设置不宜与灭菌室和培养室距离过远，以免在搬运过程中造成杂菌污染。生产量较大的菌种厂，应充分注意各个工作间的位置安排，总体布局参见图2-1-1。

接种室的面积一般5~6m^2，高2~3m即可，过大或过小都难以保证无菌状态。接种室外面设缓冲间，面积约2m^2。门不宜对开，最好安装移动门。接种室内的地面和墙壁要求光滑洁净，便于清洗消毒。室内和缓冲间装紫外线灯(波长265nm，功率30W)及日光灯各一盏。接种室具有操作方便、接种量大和接种速度快等优点，适宜于大规模生产。

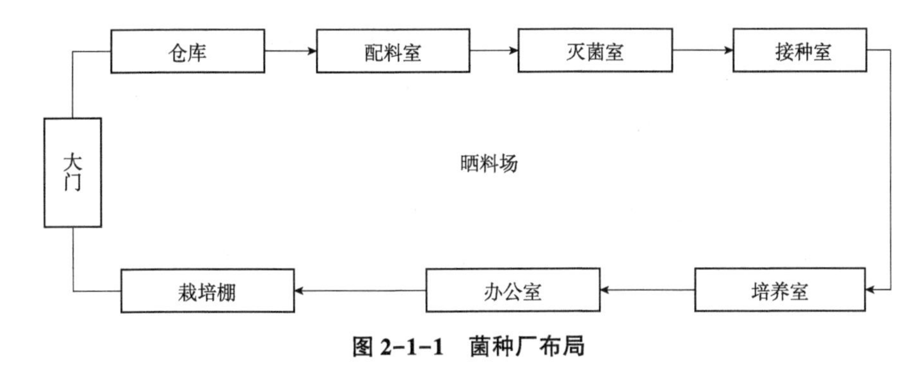

图 2-1-1 菌种厂布局

接种箱：接种箱是供菌种分离、移接的专用木制箱，实际上是缩小的接种室。接种箱有多种形式和规格，医药器械部门出售的接种箱结构严密、设备完善，但价格较高。目前多数生产者采用木材和玻璃自己加工制作成一人或双人操作箱。接种箱内顶部装紫外线杀菌灯和日光灯各一盏。箱前(或箱后)的两个圆孔装上40cm长的布袖套或橡皮手套，双手由此伸入箱内操作。圆孔外要设有推门，不操作时随即关门。箱体玻璃、木板均要注意密封，箱的内外均用油漆涂刷。接种箱结构简单、制造容易、造价较低、移动方便、易于消毒灭菌。由于人在箱外操作，气温较高时也能维持作业，适合于专业户制作母种、原种。

超净工作台：超净工作台是一种局部层流(平行流)装置，能够在局部造成洁净的工作环境。室内的风经过滤器送入风机，由风机加压送入正压箱，再经高效过滤器除尘，洁净后通过均压层，以层流状态均匀垂直向下进入操作区(或以水平层流状态通过操作区)，以保证操作区有洁净的空气环境。由于洁净的气流是匀速平行地向着一个方向流动，故任何一点灰尘或附着在灰尘上的杂菌均很难向别处扩散转移，而只能就地排除掉。因此，洁净气流不仅可以营造无尘环境，而且也可以营造无菌环境。使用超净工作台的好处是接种分离可靠、操作方便。

接种工具：接种工具是指分离和移接菌种的专用工具，样式很多。用于菌种分离、母种制作和转接母种的工具，因大多在试管斜面和平板培养基上操作，一般是用细小的不锈钢丝制成。用于原种和栽培种转接的工具，因培养基比较粗糙紧密，可用比较粗大的不锈钢制成。

④培养菌种设备　培养菌种设备主要是指接种后用于培养菌丝体的设备，如恒温培养室、恒温培养箱、摇床机等。

恒温培养室：恒温培养室用于培育栽培种或培育较多的母种和原种。恒温培养室的大小视菌种的生产量而定。室内放置菌种培养架。加温可采用电加温器或安装红外线灯加温，最好在电加温的电源上安一个恒温调节器，使之能自动调节温度。

恒温培养箱：在制作母种和少量原种时，可采用恒温培养箱，根据需要使温度保持在一定范围内进行培养。市售的恒温培养箱多为专业厂家生产的电热恒温培养箱，使用比较方便，但价格较贵，而且购买和运输多有不便，因此可以用木板自己制造。自制恒温箱用一只大木箱做成，箱的四壁及顶、底均装双层木板，中间填充木屑隔水保温，底层装上石棉板或其他绝缘防燃材料，箱内装上红外线灯泡或普通灯泡加温，箱内壁安装自动恒温器，箱顶板中央钻孔安装套有橡皮塞的温度计以测量箱内温度。

摇瓶机(摇床)：食用菌进行深层培养或制备液体菌种时，需设置摇瓶机。摇瓶机有往复式或旋转式两种。往复式摇瓶机的摇荡频率是 80～120 次/min，振幅(往复距)为 8～12cm。旋转式的摇荡频率为 180～220 次/min。旋转式的耐用，效果较好。

塑料袋：在食用菌生产中，进行熟料栽培或制作栽培种常常用到塑料袋。选择塑料袋的根据和鉴别塑料袋的一般方法为：

进行常压蒸汽灭菌，可用聚乙烯塑料袋，厚度 0.05～0.06mm(5～6 丝)为宜。其中高压聚乙烯塑料袋透明度高于低压聚乙烯塑料袋，但低压聚乙烯塑料的抗张强度是高压聚乙烯塑料的 2.2 倍(厚度相同时)，且低压聚乙烯能耐 120℃高温。食用菌生产中应首先选用低压聚乙烯塑料袋。进行高压蒸汽灭菌时，宜用聚丙烯塑料袋，厚度 0.06mm(6 丝)为宜。聚丙烯能耐 1500℃高温，但其冬季柔韧性差，低温时使用应小心。聚氯乙烯塑料有毒，不到 100℃就软化。熟料栽培或制种时不能使用聚氯乙烯塑料袋。

塑料袋鉴别可采用简便易行的灼烧法。取少量样品，用镊子夹住，点燃，仔细观察塑料燃烧时的易燃性、离火后的特征、火焰特征、软化拉丝现象等，即可鉴别样品种类(表 2-1-1)。

表 2-1-1 塑料燃烧特征

项目	聚丙烯(PP)	聚乙烯(PE)	聚氯乙烯(PVC)
燃烧状	易燃	易燃	难燃
离火后	继续燃烧	继续燃烧	熄灭
火焰特点	底部蓝色，顶部黄色	底部蓝色，顶部黄色	底部绿色，顶部浅绿色或黄色
燃烧现象	熔化淌滴，膨胀，有少量黑烟	熔化淌滴，无黑烟	软化，能拉白丝，冒白烟
燃烧气味	石油味	燃烧蜡烛的气味	盐酸样刺激气味

(3)培养基

培养基就是采用人工的方法按照一定比例配制各种营养物质以供给食用菌生长繁殖的基质。培养基必须具备 3 个条件：一是含有该菌生长发育所需的营养物质；二是具有一定的生长环境；三是必须经过严格的灭菌，保持无菌状态。

常见的母种培养基：

马铃薯葡萄糖培养基(PDA 培养基)：马铃薯 200g、葡萄糖 20g、琼脂 18～20g、水 1000mL。

马铃薯综合培养基：马铃薯 200g、葡萄糖 20g、磷酸二氢钾 3g、硫酸镁 1.5g、琼脂 18～20g、维生素 B_1 10mg、水 1000mL。

(4)菌种生产的流程

食用菌菌种的接种与培养是指在严格的无菌条件下大量培养繁殖菌种的过程。一般食用菌制种都需要经过母种、原种和栽培种 3 个培养步骤(表 2-1-2)。

表 2-1-2 菌种生产的流程

菌种	母种	原种	栽培种
又称	一级菌种、试管种、斜面种	二级菌种、瓶装种	三级菌种、袋装种、生产种
培养容器	试管	菌种瓶	塑料袋、菌种瓶

（续）

菌　种	母　种	原　种	栽培种
培养基	斜面	固体	固体
数　量	少	不多	多
转　接	1支转30支(再生母种)	1支再生母种转8瓶	1瓶转20袋(瓶)

3. 杂菌污染

(1)杂菌污染的原因

在制备原种及栽培种的过程中很容易感染杂菌，根据杂菌开始发生的部位，大致有以下几种污染原因：

①如果杂菌同时在培养基的上、中、下部发生，主要是由于培养基灭菌不彻底造成的。

②如果杂菌开始发生在接种块上，很可能是母种或原种已经感染了杂菌，或者是由于接种工具灭菌不彻底，把杂菌带入接种瓶内所造成。

③如果杂菌先在培养基表面发生，是由于接种过程中无菌操作不严格而引起的。

④如果杂菌是在接种后若干天才发生的，并首先发生在从瓶口往下生长的菌丝上，说明杂菌是从棉塞侵入培养基的。引起原因是培养室湿度过大，通风换气不良，棉塞受潮。

(2)杂菌污染的预防措施

防止菌种被杂菌污染，应当采取综合措施，并贯穿在整个操作过程中，环环扣紧，一抓到底。具体措施如下：

①搞好环境卫生　制种人员必须建立起正常的清洁卫生制度，不断清除污物，并加以药剂消毒，不让杂菌有滋生的余地。

②处理好原料　应严加管理，杜绝任意堆放原料，不加保护使上下受潮霉变、中间生虫、肮脏不堪的现象；木屑、草料、马粪等堆藏时，上、下要垫薄膜或油毛毡防潮，料面要遮盖，以防雨淋和杂物落入；米糠、麸皮、饼料易生霉菌，应密封贮藏。

③调整用水量和酸碱度　培养基的水分适当，酸碱度适宜，则发菌顺利，不易生杂菌。常见的问题是：用水不称量，酸碱度不测更无调节。应该经常检测含水量，随时调整pH。

④保护培养基　灭菌后的培养基应该加以保护。常出现的问题是：以为灭过菌，马虎了事，不遮不盖，污染严重。应该将出锅的培养瓶(袋)料加盖纱布或薄膜，入箱熏蒸前还要用新洁尔灭或来苏儿等药水擦洗，防止灰尘污染。

⑤严格执行无菌操作规程　接种工作技术性强，一要耐心，二要细致。经常出现的问题是：接种器械使用前不用酒精擦拭，使用后不清洗器械，依靠熏蒸消毒；部分人员用酒精擦拭接种器械后不使用火焰灼烧消毒。正确的做法是：对接种的一切用具及容器，能洗的要洗干净，能熏蒸的要熏蒸，能擦酒精的要擦酒精，能用酒精灯火焰烧的要用火焰烧。对大量的栽培种可以两人协作接种，把好火焰封锁关，一人持料瓶(袋)，一人专接种，不离开火焰周围无菌区，配合默契，动作敏捷。

任务实施

生产技术流程：

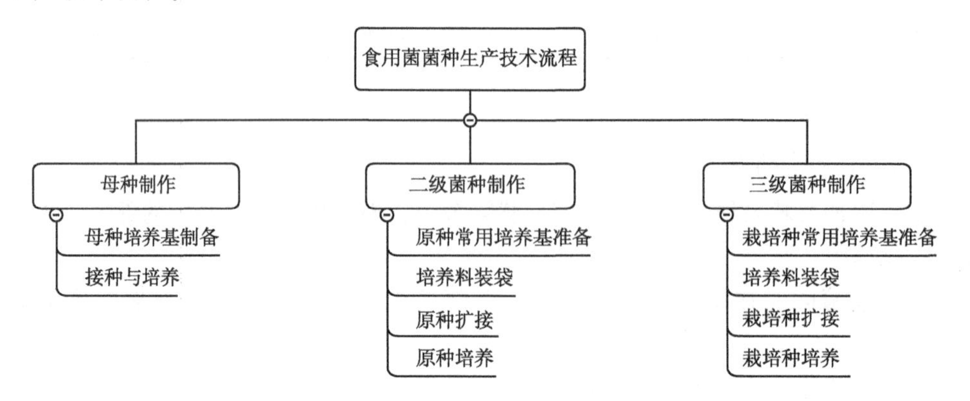

1. 母种制作

(1)母种培养基制备

①称取　用天平称取培养基各种成分的用量。

②配制溶液　为避免发生沉淀，一般是先加缓冲化合物，溶解后加入主要元素，然后是微量元素，再加入维生素等。最好是每种成分溶解后，再加入下一营养成分。若各种成分均不发生沉淀，也可以一起加入。

用马铃薯、玉米粉、苹果、米粉、木屑等作原料时，应先制取这些原料的煮汁，然后再把煮汁与其他成分混合。例如，PDA 培养基的配制：把选好的马铃薯洗净去皮，挖去芽眼，切成薄片或 1cm 大小的方块，称取 200g 放在容器中，加水 1000mL，加热煮沸 20～30min，至软而不烂的程度，用 4 层纱布过滤，取其滤液。在滤液中加入琼脂，小火加热，用玻璃棒不断搅拌，以防溢出或焦底，至琼脂全部溶化，再加入葡萄糖使其溶化，最后加水至 1000mL 即成。

③调 pH　一般用 10%HCl 或 10%NaOH 调 pH，用 pH 试纸(或 pH 计)进行测量。

④分装　培养基配制好后，趁热倒入大的玻璃漏斗中，打开弹簧夹，按需要分装于试管或锥形瓶内。

注意事项

①将漏斗导管插入试管中下部，以防培养基粘在试管口或瓶口。

②分装体积：试管以总容量的 1/5～1/4 为宜，锥形瓶以容量的 1/3 为宜。

⑤塞棉塞　这样既可过滤空气，避免杂菌侵入，又可减缓培养基水分的蒸发。制棉塞的方法多种，棉塞形状各异，总原则如下：用普通棉花制作；松紧适合；塞头不要太大，

一般为球状。

⑥灭菌　将包扎好的试管直立放入手提式高压灭菌锅内，盖上牛皮纸，在 121℃、103.4kPa 下灭菌 30min。

⑦摆斜面　灭菌后冷却到 60℃左右，从锅内取出，趁热摆成斜面。

制作斜面培养基：一般斜面长度达试管长度的 1/2～2/3 为宜，待冷却后即成斜面培养基。

制作平板培养基：灭菌后的培养基倒入无菌培养皿中（每皿倒入 15～20mL），凝固后即成平板培养基。

⑧无菌检查　取数支斜面培养基放入 28℃左右的恒温箱中培养 2～3 天，若无杂菌生长便可使用。若暂时用不完，用纸包好放入 4℃冰箱保存。

（2）接种与培养

从外地购进或分离获得的母种数量有限，不能满足生产的需要时，要对初次获得的母种进行扩大繁殖，以增加母种数量。

①母种扩大　把接种物移至培养基上，在菌种生产工艺上称为接种。条件：无菌操作（接种箱或超净工作台，酒精灯火焰周围 10cm）。将试管菌种接到新的试管斜面上扩大繁殖，称为继代培养或转管。

主要程序：消毒手和菌种试管外壁；点燃酒精灯；用左手的大拇指和其他四指并握要转接的菌种和斜面培养基，在酒精灯附近拔掉棉塞；在酒精灯火焰灼烧接种锄和试管口；冷却接种锄，取少量菌种（绿豆大小）至斜面培养基上；塞上棉塞，贴好标签。

整个过程要快速、准确、熟练。1 支母种大约可以转接出 30 支母种。

②母种培养　接种后要精心培养，创造有利于菌丝生长的各种环境条件（主要是温度、空气）。培养场所（培养室）要清洁，事先要杀虫、消毒；光线暗；空气清新；保持温度 20～25℃、空气湿度 60%～70%。将斜面朝下斜置、叠放于瓷盘中，放于培养箱中培养。每天都要检查菌丝生长情况，及时挑拣污染试管。

分离的母种一定要纯化后做出菇试验：将再生母种扩成原种、栽培种，使其出菇。看产量、质量、形态、长势、抗性如何，再决定是否取用。

纯化试管中的菌丝长至斜面 1/2 时，挑尖丝转接，培养成再生母种。

菌龄适宜菌丝即将长满斜面时（一般 7～10 天）终止培养，用于菌种保藏或繁衍原种。

2. 二级菌种制作

试管母种一般都不能直接用作栽培接种，而要经过移植驯化，使其适应栽培条件后方可采用。驯化后虽然可以用于栽培播种，但数量太少，不经济，还要采用同样的方法将原种扩接培养成栽培种，才能满足生产上的需要。

（1）原种常用培养基准备

木屑培养基：木屑 78%，麸、糠 20%，石膏 1%，糖 1%，水适量，适用于平菇、木耳、香菇、猴头菇的培养。

棉籽壳培养基：棉籽壳 78.5%，麸、糠 20%，石膏 1.5%，水适量，适用于平菇、猴头菇、金针菇、鸡腿菇的培养。

粪草培养基：稻草(切碎)78%，干粪20%，石灰、石膏各1%，水适量，适用于草菇、鸡腿菇、姬松茸的培养。

各种培养料应无霉烂、新鲜、干燥。各种培养基的含水量应保持在60%左右。

(2)培养料装瓶(或袋)

将培养料拌匀装入菌种瓶(或袋)内，装料松紧适宜、上下一致，装料高度以齐瓶(袋)肩为宜。然后用锥形木棒在瓶的中央向下插一个小洞，塞上棉塞。装好的料瓶(袋)要当天灭菌，以免培养料发霉变质。

(3)原种扩接(超净工作台内接种，由试管接到培养瓶或袋)

消毒手和母种试管外壁；点燃酒精灯；拔掉母种瓶棉塞，在酒精灯火焰上灼烧试管口和接种锄；将母种瓶固定，拔掉菌种瓶棉塞，待接种锄冷却后取2块1cm^2菌种至菌种瓶内；塞上棉塞，贴好标签。1支母种可以转接出10瓶原种。

(4)原种培养

①勿堆放过挤　根据气温，菌种瓶或菌种袋可单层或多层叠放，隔4~5天转动或调换位置，以利于受温一致，并避免培养料水分的沉积。

②常挑拣　及时去除出现杂色、黏液及菌种死亡的菌种瓶或菌种袋。

③逐渐降温　当菌丝长至料深的1/2时，降温2~3℃，以免料温升高，并有壮丝作用。

④注意菌龄　原种30~40天、栽培种20~30天菌丝长满，再继续培养7~10天是使用的最好菌龄。

3. 三级菌种制作

制作、培养栽培种时，若能选择优良菌种、正确配方、优质原料，严格灭菌，遵循无菌操作规程和科学培育方法，就能培育出优良的栽培种。

(1)栽培种常用培养基准备

木屑培养基：木屑78%，麸、糠20%，石膏1%，糖1%，水适量，适用于平菇、木耳、香菇、猴头菇的培养。

棉籽壳培养基：棉籽壳78.5%，麸、糠20%，石膏1.5%，水适量，适用于平菇、猴头菇、金针菇、鸡腿菇的培养。

粪草培养基：稻草(切碎)78%，干粪20%，石灰、石膏各1%，水适量，适用于草菇、鸡腿菇、姬松茸的培养。各种培养料应是无霉烂、新鲜、干燥。各种培养基的含水量应保持在60%左右。

(2)培养料装袋

将培养料拌匀装入菌种瓶(或袋)内，装料松紧适宜、上下一致，装料高度以齐瓶(袋)肩为宜。然后用锥形木棒在瓶的中央向下插一个小洞，塞上棉塞。装好的料瓶(袋)要当天灭菌，以免培养料发霉变质。

(3)栽培种扩接

原种瓶棉塞进行消毒处理；消毒手和原种瓶外壁；点燃酒精灯；拔掉原种瓶棉塞，在酒精灯火焰上灼烧原种瓶口和接种匙；将原种瓶固定，拔掉菌种瓶棉塞，将表面的老菌种块和菌皮挖掉，用接种匙捣碎菌种，取满勺菌种至栽培袋内。塞上棉塞，贴好标签。1瓶原种可扩增20瓶栽培种。

(4)栽培种培养

栽培种的培养方法与原种的培养方法相同。

小贴士

菌种培育中出现的异常现象及处理

制作、培养原种和栽培种时，因种种因素，会出现异常现象，如杂菌污染，菌丝不萌发、不生长或发生萎缩衰退等。发生异常现象，一定要尽快查明原因，及时采取有效措施加以解决。

(1)“断菌”

接种后，若菌种瓶内首先出现的是线状菌丝，在生长过程中某段发生“断裂”不相连现象，叫“断菌”。引起“断菌”的原因是：培养料发酵过热、含水量过高、培养期间持续高温等。基于以上原因，要不断地调节培养料的温度与水分含量达到正常的范围内，以杜绝“断菌”发生。

(2)“退菌”

在菌种瓶内的培养基上，已长好的菌丝萎缩衰退的现象叫“退菌”。其原因是培养料营养不足、料过干或过松，培养时温度过高、通风不良或遇虫害等，这些因素都会造成“退菌”现象的发生。改善上述不良因素条件即可防止“退菌”的发生。

(3)菌丝徒长

在菌种培养过程中，往往产生菌丝徒长结块的现象，这是由于菌种本身的气生菌丝生长过于旺盛，培养料中碳氮比例不当，氮素过多，料过湿，以及培养室空气湿度过大所致。预防办法：移植母种时少挑些气生菌丝，多挑些基内菌丝，培养料中含氮素多的物质要少用，料要稍干，并降低室内湿度。

(4)“不吃料”

接种后有时菌丝出现“不吃料”现象。所谓菌丝“不吃料”，就是接入菌种瓶(袋)内的母种或原种块的菌丝不生长，有些菌种块上的菌丝虽然生长，但不往料内生长，以后逐渐萎缩变黄。此种现象发生的原因及预防方法是：

培养料过干，菌丝不能长进料内。预防的办法是：补加水分。

接种箱内消毒时，熏蒸药量过多或温度过高，致使菌丝受药害死亡。要求消毒用药必须按规定量，防止过量，接种箱在连续接种时，必须有一个通风冷却的间歇时间，防止箱内温度过高和氧气缺乏。

高压灭菌以后，菌种瓶(袋)内温度尚未冷却即接种，致使菌种块菌丝遇高温而死亡。预防方法是：高压灭菌后，菌种瓶(袋)必须在室内自然冷却至30℃以下。

接种工具未冷却或菌丝块靠酒精火焰太近，菌种菌丝被烫死或烧死。预防方法是：在接种时，接种工具在火焰上灼烧后伸入菌种试管、瓶(袋)内，应在管壁或瓶壁上冷却后再去取菌种，取出的菌种块不要靠火焰太近，要迅速通过火焰上方送入菌瓶(袋)内，以免菌丝被烧伤。

培养基配方不合理、配制不科学。如碳氮比不合理、pH不适、有不良气味等，致使菌种块不萌发或不吃料。因此，要选择科学配方，原料要新鲜无霉变，调整适宜的pH。

接入的母种或原种的菌丝体，因在不良环境条件下长期贮藏，已经衰老，生活力极差，失去生长能力。接种前必须仔细选择菌丝生长正常、活力强的母种或原种来接种。

菌种瓶(袋)内潜入螨类，咬食接种块，致使菌丝消失。应仔细检查菌种瓶(袋)内是否有螨类滋生并及时采取杀螨措施。

思考与练习

1. 什么叫食用菌菌种？它有哪些类型？
2. 为什么要繁殖一、二、三级的菌种？
3. 培养基有哪些类型？
4. 什么是无菌操作？

任务2.2 平菇生产技术

任务目标

了解平菇的品种特征；掌握平菇培养的培养料配方、栽培技术和病虫害防治技术。

知识准备

严格讲，平菇专指糙皮侧耳，但是平菇属中其他的种和品种也泛称为平菇。平菇属中有40多个种，其中可供食用的有10多个种。目前国内主要有以下几种：姬菇、漏斗状侧耳、糙皮侧耳、美味侧耳、肺形侧耳和金顶侧耳等。平菇具有适应性强、抗逆性强、栽培技术简易、生产周期短、经济效益好等特点，已发展成为世界性栽培菇类，是世界四大食用菌之一，总产量仅屈居双孢蘑菇之后，列为第二。因为其具有栽培原料广泛(凡是含有木质素、纤维素的原料，如稻草、麦秆、木屑、棉籽壳、玉米芯、甘蔗渣等皆可以用作栽培平菇的原料)，生物效率高(每100kg干料，经50~60天的培养，可产近100~150kg的鲜菇)，资金回收快(成本低、出菇快、产量高)等特点，是目前推广栽培最多的菌类。

平菇肉质肥嫩，味道鲜美，营养丰富。含蛋白质30.5%，是鸡蛋的2.6倍。富含人体所需的必需氨基酸。此外，还含有大量维生素，其中维生素C的含量相当于番茄的16倍。平菇能补脾健胃助消化，除湿邪，具有重要的保健作用。已被联合国粮农组织(FAO)列为解决世界营养源问题的最重要的食用菌品种。

1. 平菇的形态特征

平菇(*Pleurotus ostreatus*)属于担子菌亚门(Basidiomycotina)层菌纲(Hymenomycetes)伞菌目(Agaricales)侧耳科(Pleurotaceae)侧耳属(*Pleurotus*)真菌。平菇的形态结构可分为菌丝体(营养器官)和子实体(繁殖器官)两大部分。菌丝体是白色、多细胞分枝的丝状体。子实体丛生或叠生，分为菌盖和菌柄两个部分。菌盖直径5~20cm，呈贝壳形或舌状，褶长，延生，较密。子实体开始形成时，菌褶一直裸露在空气中，没有菌膜包围。菌褶似小刀片，由菌盖一直延伸到菌柄上部，形成脉状直纹。菌柄生于菌盖一侧(偏生或侧生)，白色，中实，柄着生处下凹。孢子圆柱形，无色，光滑，一朵平菇可产数亿个孢子。弹射孢子时呈烟雾状。

2. 平菇的生活史

平菇属于四极性异宗结合的食用菌。平菇的生活史与许多高等担子菌相似，由子实体成熟产生担孢子。担孢子从成熟的子实体菌褶里弹射出来，遇到适宜的环境长出芽管，初期多核，很快形成隔膜，每个细胞一个核。芽管不断分枝伸长，形成单核菌丝。性别不同的单核菌丝结合(质配)后，形成双核菌丝。双核菌丝在隔膜上有锁状联合。双核菌丝借助于锁状联合，不断进行细胞分裂，产生分枝，在环境适宜的条件下，无限地进行生长繁殖。双核菌丝经过一段时间的生长发育后达到生理成熟，遇到适宜的温度、湿度、光照、通风等条件则进行子实体发育。

子实体发育一般可分为原基期、桑葚期、珊瑚期、成形期4个时期。原基期：当菌丝长满培养料后，在适宜的温度、湿度、新鲜空气和光照等条件下，菌丝扭结成团，并出现黄色水珠，分化形成子实体原基，即呈瘤状凸起，这一时期称为原基期。桑葚期：子实体原基进一步分化，瘤状凸起表现出小米粒似的一堆白色或蓝色、灰色菌蕾，形似桑葚，称为桑葚期。珊瑚期：桑葚期经1~2天，粒状菌蕾逐渐伸长，向上方及四周呈放射状生长，表现为基部粗、上部细，参差不齐的短杆状，形如珊瑚。成形期：珊瑚期经2~3天形成原始菌盖，菌盖迅速生长，在菌盖下方逐渐分化出菌褶。由成形期发育成子实体需3~7天。平菇子实体的发育和温度关系密切。在前期菇柄生长快，后期生长慢，直至停止生长。菌盖前期生长慢，后期生长迅速。整个生长发育进程应科学管理，控制菌柄生长，促进菌盖发育，使菌盖厚、质量好。

3. 平菇对生活条件的要求

平菇生长的主要生活条件有营养、温度、水分与湿度、空气、光照、酸碱度等。

(1)营养

平菇属木腐生菌类。菌丝通过分泌多种酶，将纤维素、半纤维素、木质素及淀粉、果胶等成分分解成单糖或双糖等营养物，作为碳源吸收利用，还可直接吸收有机酸和醇类等，但不能直接利用无机碳。平菇以无机氮(铵盐、硝酸盐等)和有机氮化合物(尿素、氨基酸、蛋白质等)作为氮源。蛋白质要通过蛋白酶分解，变成氨基酸后才能被吸收利用。平菇生长发育中还需要一定的无机盐类，其中以磷、钾、镁、钙元素最为重要。适宜平菇的营养料范围很广，人工栽培时常用阔叶树段木和锯木屑作栽培料，近年来我国又用秸秆(大麦秸、小麦秸)，玉米芯、花生壳、棉籽壳等作为培养料，再适当搭配些饼肥、过磷酸钙、石灰等补给氮素和其他元素，能促使平菇很好地发育生长。

(2)温度

温度是影响平菇生长发育的重要环境因子，对平菇孢子的萌发、菌丝的生长、子实体的形成及平菇的质量都有很大影响。平菇孢子形成以12~20℃为好，孢子萌发以24~28℃为宜，高于30℃或低于20℃均影响发芽；菌丝在5~35℃均能生长，最适温度为24~28℃；形成子实体的温度范围是7~28℃，以15~18℃最为适宜。

平菇属变温结实性菇类，在一定温度范围内，昼夜温度变化越大，子实体分化越快。所以，昼夜温差大及人工变温可促使子实体分化。

平菇属的种类多，不同的种和品种对温度的要求不同，人们通常根据子实体的分化和发育期的温度要求，把平菇属的种类划分为3型：低温型，子实体分化最高温度不超过22℃，最适宜温度在13~17℃；中温型，子实体分化最高温度不超过28℃，最适宜的温度范围为20~24℃，如凤尾菇、佛罗里达平菇、紫孢平菇；高温型，子实体分化温度高达30℃以上，最适宜温度范围是24~28℃，如鲍鱼菇、红平菇。我国幅员广阔，在同一季节南北气温相差悬殊，各个地区可以在不同季节根据当地气温选择不同温型的平菇品种。

(3)水分与湿度

平菇耐湿力较强，野生平菇在多雨、阴凉或相当潮湿的环境下发生。在菌丝生长阶段，要求培养料含水量在65%~70%，如果低于50%，菌丝生长缓慢，而含水量过高，料内空气缺少，也会影响菌丝生长。当培养料过湿又遇高温时，会变酸发臭，且易被杂菌污染。菌丝生长期要求空气相对湿度为70%~80%。在子实体发育期，相对湿度要提高到85%~95%；相对湿度为55%时，生长缓慢；40%~45%时，小菇干缩；高于95%，菌盖易变色腐烂，也易感染杂菌，有时还会在菌盖上发生大量的小菌蕾。若平菇采取覆土措施，还要注意调节覆土含水量。一般从地下30~60cm挖来的泥土，只要不是刚下过雨，土壤湿度是符合上述要求的。经过晒干的泥土，分4~6次调足水分，要达到手捏扁时不碎、不粘手为宜。

(4)空气

平菇是好气性真菌，菌丝和子实体生长都需要空气。在正常情况下，空气中氧的含量为21%(体积比)，二氧化碳的含量为0.03%，当空气中二氧化碳的浓度增高时，氧分压势必降低，过高浓度的二氧化碳直接影响到平菇的呼吸活动，进而有碍生长发育。平菇在菌丝生长阶段可耐较低的氧分压，而在子实体发育阶段对氧气的需要急剧增加，空气中的二氧化碳含量不宜高于0.1%，缺氧时不能形成子实体，即使形成，有时菌盖上产生许多瘤状凸起，宜在通风良好的条件下培育。

(5)光照

平菇的菌丝体在黑暗中生长正常，不需要光照，有光线照射会使菌丝生长速度减慢，过早地形成原基，不利于提高产量。子实体分化发育需要一定的散射光，光线不足时，原基数减少；已形成子实体的，其菌柄细长，菌盖小而苍白，畸形菇多，不会形成大菌盖。直射光及光照过强，也会妨碍子实体的生长发育。

(6)酸碱度

平菇对酸碱度的适应范围较广，在 pH 3~10 范围内均能生长，但喜欢偏酸环境。平菇生长最适 pH 为 5.4~6，pH 5.5~7 时，菌丝体和子实体都能正常生长发育。平菇生长发育过程中，由于代谢作用产生有机酸和醋酸、琥珀酸、草酸等，使培养料的 pH 逐渐下降。此外，培养基在灭菌后 pH 也会下降，所以在配制培养料时以调节 pH 至 7~8 为好。为了使菌种稳定生长在最适 pH 内，在配制培养基时，常添加 0.2%的磷酸氢二钾(K_2HPO_4)和磷酸二氢钾(KH_2PO_4)等缓冲物质。如果培养过程中产酸过多，可添加少许中和剂——碳酸钙($CaCO_3$)，使培养基不致因 pH 下降过多而影响平菇的生长，在大量生产中也常常用石膏或石灰水调节酸碱度。

4. 平菇栽培的增产措施

(1)搔菌

第一潮菇采收后，会出现料面板结、透水透气性差、菌丝衰老、局部发黑等不良现象。这种现象在第二潮菇采收后尤为严重。应视不同情况，分别采用不同搔菌措施。料面板结、菌皮过厚的，可全面薄薄地刮去一层衰老菌皮；对菌皮虽然较厚，但较新鲜的，可用小刀或粗铁丝在表面纵横交叉地划出许多小沟。室外阳畦菌床，可在采收第 1~2 批菇后，用竹帚在床面来回打扫，把表面一层菌皮划破，露出底层菌丝；室内堆袋栽培，应将两端老菌丝全部刮去。不论用何种方法搔菌，在搔菌之后，都要将刮下的老菌丝扫除干净。将暴露的新菌丝按平，不要过早喷水，待菌丝恢复生长后再喷水。搔菌对原基分化有明显刺激作用，一般在搔菌后 7~10 天，即有菇蕾出现。

(2)覆土

当菌丝在料内长透之后，在床上盖一层(砂壤土、菜园土和水稻田土)，厚 1cm，一般可增产 10%。因覆土可减少热量和水分蒸发，防止料面干燥；覆土有养菌作用，在覆土保护下，表层菌丝老化慢；覆土对原基有保护作用，原基在土内形成，出土后已形成小菇，能避免外界所致之不良影响，减少死菇；覆土还可刺激菌丝提早出菇，并对平菇菌丝提供养分。

(3)覆盖草木灰

早春播种平菇，气温低，菌丝发育慢，易被杂菌污染。若在表面撒一层草木灰，由于草木灰有较强吸光、吸热作用，能加强畦床的温室效应，促进菌丝发育；草木灰还能为菌丝提供一定养分，并能成为抑制杂菌生长的一道屏障。早春播种用草木灰覆盖，可使出菇期提早 10 天，增产 20%左右。

(4)镇压

菌丝长满后，在床面上放上不大的石块、砖块、瓦片等重物，对菌丝施加重力刺激，会在镇压物的周围出现许多原基。

(5) 施肥

在采完第二批菇后，特别是越冬、越夏之后，培养料严重脱水，缺少养分，可以使用多种营养液，达到增产目的。

①常用的复合肥液

尿素、柠檬酸混合液：尿素0.5%、柠檬酸0.1%，用氢氧化钠调pH为7。于第一潮菇采收结束后使用，可增产24%左右。在第二潮菇以后使用效果不好，相反地会阻碍平菇生长。

蔗糖、碳酸钙、磷酸盐混合液：蔗糖1%、碳酸钙1%、磷酸二氢钾0.1%。在菌丝布满菌床、子实体发生前使用，有增产作用。

味精、蔗糖混合液：蔗糖1%、味精0.06%。在清理菇床后，以重水淋洒，能调整菇床培养基的碳氮比，诱发菌丝恢复生长，加快出菇。

合成营养液：蔗糖1%、碳酸钙1%、磷酸二氢钾0.1%、硫酸镁0.05%。于子实体形成前后各喷1次，有显著增产作用。

②常用的微量元素溶液

平菇菌床出现菌蕾后，喷施下列溶液：硫酸镁0.04%、硫酸锌0.04%、磷酸二氢钾0.04%、维生素$B_1$0.04%，或硫酸锌、维生素B_1混合液(均为0.04%)。能加快菌丝生长，使子实体成熟一致，菇形肥厚，菇体结实。

③常用的激素

植物生长激素：广东韶关市化工研究所生产的复合植物生长激素，含一定比例的植物激素、速效氮磷钾肥及多种微量元素。在出菇前后，用150倍稀释液喷施，分化期可提前45天，增产幅度在1倍左右。

乙烯利：用500mg/L的乙烯利在平菇的菌蕾期、幼菇期和菌盖伸展期喷3次，每次50mL/m^2，有促进现蕾和早熟作用，可增产20%左右。

2,4-D：用20mg/L处理幼小子实体，可使平菇增产30%~40%。

α-萘乙酸、30烷醇和速效肥液：用5mg/L α-萘乙酸、0.05mg/L三十烷醇和0.05%浓度的尿素、磷酸二氢钾混合液，在幼菇进入菌盖分化期后交叉喷洒，能显示出植物激素与速效肥之间的交互作用，促进提前成熟，而且肥大柄短，增产30%以上。

任务实施

生产技术流程：

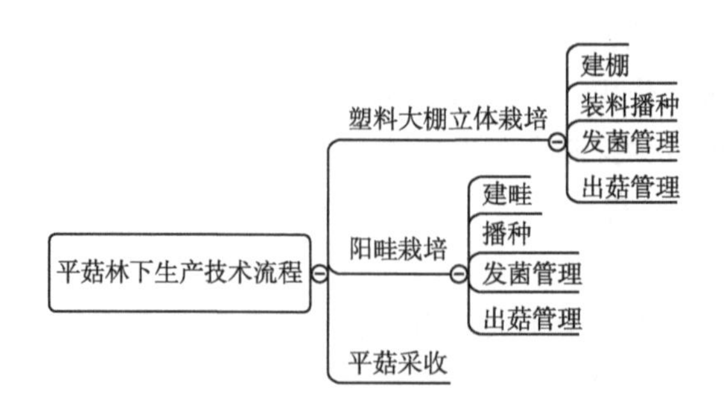

1. 塑料大棚立体栽培

(1)建棚

选择交通便利、靠近水源的地块作为建棚场所，要求坐北朝南，东西方向为好。棚宽8m，长度不少于40m。建棚时，可挖棚内的土，加入麦草和泥巴打成土墙。后墙高1.7~1.8m，前墙高1.3~1.4m，侧墙高2.4~2.5m。墙厚度底部为0.5m，上部为0.3m。墙四周距地面0.2m处每隔1.5~2m留一个直径0.3m的通风口，从顶部往下0.8m处每隔1.5~2m留一个直径0.2m的通风口，上、下层通风口呈“品”字形排列。墙打好后用泥巴泥平内面墙壁，使其光滑，然后用浓石灰水粉刷2~3遍。棚内地面整平夯实。

棚里埋两行立柱，北面的一行距北墙1m，每两根立柱间距2.4m；南面的一行距南墙3.4m，每两根立柱间距3.2m。立柱埋入土中0.8m，地上高度与侧墙同高。立柱上面架木棒，并用铁丝扎紧。北墙距立柱之间每隔0.8m放一根长1.6m的后柁，并用铁丝扎紧。

棚里两侧距侧墙1.3m处挖一道与侧墙平行等长、深1.5m、宽0.5m的沟，用8号铁丝拴住大石块放于沟内，填土夯实。上面留1m长的8号铁丝，便于和大棚上的铁丝接头。铁丝与铁丝之间的距离为0.35m，整个棚共21道铁丝，其中向阳面18根、后柁上3根。铁丝架好后用紧线机拉紧，与留在外面的铁丝接牢。两行立柱之间每隔1.1m扎一根小竹竿，上面覆盖薄膜和草苫即成。

(2)装料播种

一般可选用折幅25~28cm、厚4丝的塑料薄膜筒料，截成长45~50cm的塑料袋，一头扎紧，装入菌种(事先掰成花生米大小的菌块备用)，再装培养料。如此反复共装3层料、4层菌种，菌种用量占干料重的15%左右。放菌种时应四周多、中间少。装料应四周紧、中间松。装完料扎紧袋口。

(3)发菌管理

装袋后的主要任务是严格控制湿度，促进菌丝体的生长发育。当自然温度在20℃时，可以把菌袋放在室内通风良好的地方发菌，切忌雨淋。也可放于棚内让其发菌。先在棚内铺一层3~5cm厚的麦秸或稻草，然后撒一层生石灰粉。注意测定棚内温度，50℃时，可以把3行菌袋堆积排放在一起，垒成6~8层高的菌墙；20℃时，单行排放，可以排成3层高的菌墙或垒成花堆；22℃以上时，应单行、单排放，让其发菌。整个发菌期，温度最好控制在20℃以下，在此温度下，菌丝虽然生长缓慢，延长了发菌期，但能防止大多数杂菌的污染。同时低温发菌时，菌丝粗壮，有利于高产。

发菌期间棚内以保持干燥为好，空气相对湿度控制在80%以下。垒好的菌墙每隔5~7天翻堆一次，翻堆时要做到内外、上下变换位置。待菌丝发满，袋两头有黄水吐出，说明达到生理成熟，由营养生长转为生殖生长。此时可解开袋口，垒成单行菌墙，排成1~10层高。加大湿度，往墙上、地面上喷水，促其现蕾。在菌丝生长阶段不需要光线，但需加强通风换气，即使气温较低，也应于中午通风1h，否则易引起污染。

(4)出菇管理

现蕾后，开始时像一堆堆桑葚，此时称“桑葚期”。此时切忌往菇蕾上喷水。可往地面上、墙壁上喷水，以增加空气相对湿度，达到85%～90%即可。几天后长成如珊瑚状的菇蕾，称“珊瑚期”，此时湿度管理同上。再过几天形成菌盖，菌柄加粗、伸长，可往菌盖上喷少量雾状水。随着菇体的长大，加大喷水量。每天喷两遍水，最好在气温高时喷洒。采收后，应停止喷水1周，让菌丝恢复一段时间，待现幼蕾时管理同上。子实体生长期需氧气量较多，应加大通风量。但通风会减小空气相对湿度，因此应喷完水再通风。通风量过大会使菇柄长得短粗，不符合外贸出口的商品菇要求，因此须适当控制通风。光线能加深菇盖颜色，提高菇体的抗病能力，使菇柄长得短粗，对平菇生长有利。

采过1～2潮菇后，因袋内水分散失较多，这时应补水才能出菇。因菌丝致密，表面喷水不易浸透，可划破菌袋表皮，浸水后让其出菇。也可以脱去薄膜，用锥形木棍在菌柱两头和中间捅2～3个洞。用含水量65%的湿沙土加入2%～3%的石灰粉，排菌袋时加入菌袋间。捅完洞的菌袋单行排放(双行也可)，边排放菌袋边加入湿土，让湿土充实袋间空隙，袋两头空隙用泥巴泥实，防止湿沙土散落。菌墙的高度一般为1～1.5m。菌墙的顶部应多放些湿土，四周用泥巴围成高5～10cm、宽3～4cm的槽，形成一个长方形水池。每天喷水时，可往池内加入一定量的水，保持沙土湿润，这样，再不会出现菇体萎缩干枯现象。还可以把出2～3茬菇的菌袋脱去薄膜，进行畦栽。做法是：将脱去薄膜的菌袋从中间分成两段，垂直放于畦内，袋与袋之间留2～5cm的空隙，用湿润的土填充，菌袋上头露出覆土面1～1.5cm，经常喷水，几天后就可现蕾。

2. 阳畦栽培

室外阳畦栽培投资少，方法简单易行，管理方便，经济效益显著，是人们常用的栽培方式。

(1)建畦

选择背风向阳、靠近水源、交通便利、地势平坦、排水良好的地块作为栽培沟。畦要求坐北朝南，以东西方向为好。畦长5～10cm，宽0.7～1m，深0.35m。畦内挖出土打成墙，北墙高0.5m，南墙高0.35m，两头做成斜坡并留好通风口。畦与畦之间留0.8m宽的人行道(包括排水沟)，便于管理和排水。畦做好后，用浓石灰水粉刷四壁和畦底，要粉刷严密，防止消毒不彻底，引起杂菌污染。亦可做成南北向的平畦，即畦的墙同高。

(2)播种

播种前一天，畦内适量灌水，注意不要让水冲刷畦内的石灰层。播种的方式可采取层播或穴播。

层播的方法是放料前在畦底先撒一层菌种，占整畦用种量的10%，将用料量的50%放入畦内，撒上一层菌种，占整畦用种量的40%，再把另50%的料放入畦内，撒上余下的50%菌种，四周多放些，中间少放些。用手拌一下料面，让菌种和料充分接触，适当压实，整个畦内培养料呈鳌面状。最后覆盖报纸、地膜，喷洒一遍500～800倍的多菌灵溶液，支上支架，覆盖薄膜和草苫即可。每平方米用干料20kg，菌种用量占10%～15%。

穴播的方法是把料全部倾入畦内，打成鳌面状，适当压实，然后用直径3～5cm的木棍，一头削成圆锥体，在料面上打穴。穴距3～4cm，深10cm，呈梅花形。播种时菌种随掰随用，每穴放入一块拇指大小的菌种块。放完菌种后覆盖报纸、地膜，喷洒一遍 500~800 倍的多菌灵溶液，支好支架，覆盖薄膜和草苫即成。

另外，还可以采取层播和穴播结合的混播方法。

(3) 发菌管理

播种后如果温度适宜，一般 30 天就能发满菌丝。播种 2~3 天后，料温会迅速上升，每天要定时测量温度。超过 24℃时，应打开通风窗或揭开薄膜降低畦内温度。低于 10℃时，可揭开草苫让阳光照射薄膜，提高畦内温度。切忌料温超过 30℃，中午温度高时可打开通风口以利于通风换气和散热。晴天，畦上的草苫一定要压结实，防止刮翻使畦内温度增高，蒸死菌丝；雨天要及时卷起草苫，以防因草苫吸水过多压折支架。

播种 7~10 天后，可以揭去地膜，以利于通风换气。每天早晨和傍晚要揭开草苫和薄膜。喷一遍多菌灵 1000 倍液，多往四周和报纸上喷洒。同时，检查有无红、绿、黄、黑等杂菌感染。发现感染应及时用生石灰粉盖住或挖掉焚烧、深埋，防止扩散。

(4) 出菇管理

待料面有黄水吐出，说明已达到生理成熟，应让其出菇。此时应加大温差，加强散射光，促使菌丝体转化为子实体。料面上一旦发现有菇蕾形成，不需喷水。形成菌盖后，每天结合降温，喷水 2~3 次，喷水时要往墙四壁及空气中喷，让水珠徐徐下落。3~4 天后即可采收。

阳畦栽培如果采收一茬后遇到寒冷侵袭不再出菇，可多盖一些覆盖物防止发生冻害，待翌年春天再出菇。若是春季栽培，出菇一两茬后，遇到夏季高温，就应越夏。其技术要点为：拆除覆盖物，清扫料面，料面上撒一层石灰粉，挖取人行道的土覆盖到料面上，覆盖的土厚 35~40cm，呈鳌面状。人行道挖完形成的排水沟要沟沟相通，以雨过后没有积水为好。排水沟要呈倒梯形，防止塌方。

料面上土层较厚，为降低畦内温度，防止土壤板结和菌丝腐烂，增加土壤的通透性，可种植上玉米或绿豆等短日照作物，尽量密植。到 9 月下旬，采收完作物后，清理畦内的土，用水冲刷干净料面，支好支架，覆盖薄膜和草苫，恢复原状，照常管理，料面迅速现蕾，5~7 天即可采收。

3. 平菇采收

平菇的品种较多，采收的标准不尽一致。平菇子实体大多数丛生，单生的较少见。当丛生的平菇菌盖最大直径 8cm 时，即可全丛采下。如果菇体稀疏，也可采大留小，但一般不用此法，因为菌丝体与子实体之间的导管相通，菌丝受伤后会引起其他幼菇的死亡。

采收方法是：一只手摁住培养料，另一只手握住菌柄部位并将其旋转扭下，轻放于篮子里，勿使菌盖破裂，以免失去商品价值。也可以用利刃割取，即一只手握住整丛菇体，另一只手持利刃在菌柄基部的料面上割取。割取时，刀刃要紧贴料面，防止削断菌柄中部。

思考与练习

1. 平菇子实体主要有哪些特征？发育过程如何？
2. 平菇子实体生长期的管理要点是什么？应怎样进行通风和喷水？
3. 平菇发菌期的管理要点是什么？
4. 栽培 1000kg 干料的平菇，约需多少千克栽培种？

任务 2.3　黑木耳生产技术

任务目标

掌握黑木耳培养料配方、菌种栽培技术、林下种植技术、采后处理技术。

知识准备

黑木耳也称木耳、光木耳、云耳，分类上属担子菌纲银耳目木耳科木耳属。此属中有 10 多种，如黑木耳、毛木耳、皱木耳、毡盖木耳、角质木耳、盾形木耳等。这几种木耳唯有光木耳质地肥嫩、味道鲜美，有“山珍”之称。黑木耳的营养比较丰富。黑木耳中蛋白质含量远比一般蔬菜和水果高，且含有人类所必需的氨基酸和多种维生素。其中 B 族维生素的含量是米、面、蔬菜的 10 倍，比肉类高 3~6 倍。铁质的含量比肉类高 100 倍。钙的含量是肉类的 30~70 倍，磷的含量也比鸡蛋、肉类高，是番茄、马铃薯的 4~7 倍。黑木耳具有滋润强壮、清肺益气、补血活血的功效，可用于产后虚弱及手足抽筋麻木等症。同时，由于黑木耳是胶质菌类，子实体内含有丰富的胶质，对于人类的消化系统具有良好的清滑作用，可以清除肠胃中积败食物和难消化的纤维性食物。黑木耳中的有效物质被人体吸收后，还能起清肺和润肺作用，因而它也是轻纺工人和矿山工人的保健食品之一。我国黑木耳无论是产量或质量均居世界之首，远销海内外，在东南亚各国享有很高声誉，近年来，已进入欧美市场。

1. 生物学特性

黑木耳是一种胶质菌，属于真菌门，由菌丝体和子实体两个部分组成。菌丝体无色透明，由许多具横隔和分枝的管状菌丝组成，生长在朽木或其他基质里，是黑木耳的营养器官。子实体侧生在木材或培养料的表面，是黑木耳的繁殖器官，也是人们的食用部分。子实体初生时像一个小环，在不断的生长发育中，舒展成波浪状的个体，腹下凹而光滑，背面凸起，边缘稍上卷，整个外形颇似人耳，故此得名。

菌丝发育到一定阶段扭结成子实体。子实体新鲜时呈胶质状，半透明，深褐色，有弹性。干燥后收缩成角质，腹面平滑漆黑色，硬而疏，背面暗淡色，有短绒毛，吸水后可恢复原状。子实体在成熟期产生担孢子(种子)。担孢子无色透明，腊肠形或肾状，光滑，在耳片的腹面，成熟干燥后，通过气流到处传播，繁殖后代。

黑木耳是木腐型真菌，一定要在死亡的树木上才能生长发育。它的菌丝对树木里的纤维素、半纤维素的分解能力很强。

黑木耳的担孢子在条件适宜的情况下萌发成菌丝，或形成分生孢子并由分生孢子萌发再生成菌丝。这种由单孢子萌发生成的菌丝，有正、负不同性别之分，这种菌丝称为初生菌丝或一次菌丝。两个不同性别的单核菌丝顶端细胞接触相互融合后，形成一个双核细胞，双核细胞通过锁状联合发育成双核菌丝。一旦条件成熟，双核菌丝就会产生子实体原基。

2. 黑木耳对生活条件的要求

黑木耳在生长发育过程中，所需要的外界条件主要是营养、温度、水分、光照、氧气和酸碱度。这里影响较大的因素为水分和光照。

(1)营养

黑木耳生长对养分的要求以碳水化合物和含氮物质为主，还需要少量的无机盐类。黑木耳的菌丝体在生长发育过程中本身不断分泌出多种酵素(酶)，因而对木柴或培养料有很强的分解能力，菌丝蔓延到哪里，就分解到哪里，通过分解来摄取所需养分，供给子实体。选用木柴栽培木耳，特别是选用向阳山坡的青冈栽培木耳，可以不考虑养分问题，因为树木中的养分一般都较充足，完全可以满足木耳生长的需要。如果选用锯末或其他代用料栽培，要加入少量的石膏、蔗糖和磷酸二氢钾等，以满足黑木耳生长发育对营养的需要。营养添加分一次添加和二次补充，简称“先添后补”。

(2)温度

黑木耳属中温型菌类，菌丝体在15~36℃均能生长发育，但以22~32℃为最适宜。在14℃以下和38℃以上生长受到抑制，但在木柴中的黑木耳菌丝对于短期的高温和低温都有相当大的抵抗力。

黑木耳的子实体在15~32℃都可以形成和生长，但以22~28℃生长的木耳片大、肉厚、质量好。28℃以上生长的木耳片肉质稍薄、色淡黄、质量差。15~22℃生长的木耳片虽然肉厚、色黑、质量好，但生长缓慢，影响产量。培养菌丝需要温度高，子实体生长需要温度低一点，简称“先高后低”。

(3)水分

水分是黑木耳生长发育的重要因素之一。黑木耳菌丝体和子实体在生长发育中都需要大量的水分，但两者的需要量有所不同。在同样的适宜温度下，菌丝体在低湿条件下生长定植较快，子实体在高湿条件下生长迅速。因此在点种时，要求耳棒的含水量为60%~70%，代用料培养基的含水量为65%，这样有利于菌丝的生长定植。子实体的生长发育虽然需要较高的水分，但要干湿结合，还要根据温度高低适当给以喷雾。温度适宜时，栽培场空气的相对湿度可达到85%~95%，这样子实体的生长发育比较迅速。温度较低时，不能过多给予水分，否则会造成烂耳。培养菌丝阶段要相对干燥，子实体生长要湿润，即“先干后湿”。

(4)光照

黑木耳营腐生生活，光照对菌丝没有太大影响，在光线微弱的阴暗环境中菌丝和子实体都能生长。但是，光线对黑木耳子实体原基的形成有促进作用，耳芽在一定的直射阳光下才能展出茁壮的耳片。根据经验，栽培场地有一定的直射光时，所长出的木耳既厚硕又黝黑，而阴暗、无直射光的栽培场地，长出的木耳片肉薄、色淡、缺乏弹性，有不健壮之感。

黑木耳虽然对直射光的忍受能力较强，但必须保持适当的湿度，否则会使耳片萎缩、干燥，使生产停止，影响产量。因此，在生产管理中，最好给栽培场地创造一种“花花阳光”的条件，促使子实体迅速成长发育。在黑暗的情况下，菌丝可以形成子实体原基，但不开张。当有一定的散射光时，才开张，形成子实体，即“先暗后明”。

(5)氧气

黑木耳是一种好气性真菌，在菌丝体和子实体的形成、生长、发育过程中，不断进行着吸氧呼碳(二氧化碳)活动。因此要经常保持栽培场地(室内)的空气流通，以保证黑木耳的生长发育对氧气的需要，避免烂耳和杂菌的蔓延。菌丝生长需氧少，子实体生长需大量氧气，即“先弱后强”。

(6)酸碱度(pH)

黑木耳适宜在微酸性的环境中生活，以 pH 5.5~6.5 为最好。用耳棒栽培木耳一般很少考虑这一因素，因为耳棒经过架晒发酵，本身已经形成了微酸性环境。但在菌种分离和菌种培养及代料栽培中，这是一个不能忽视的问题，必须把培养基(料)的 pH 调整到适宜程度。代料栽培时，先调到适宜范围偏碱，通过自然发酵，即达最适宜程度。总之，要求“先碱后酸”。

任务实施

生产技术流程：

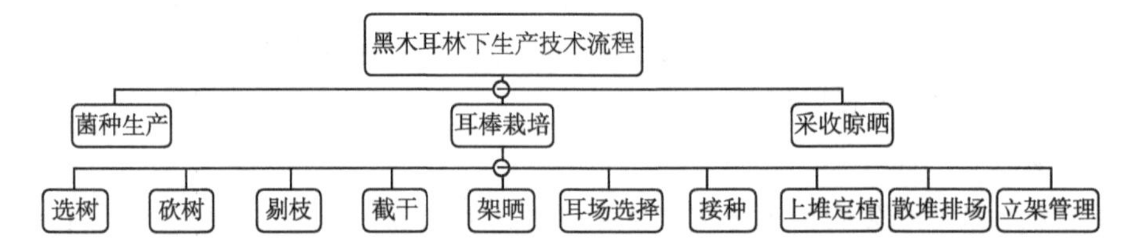

1. 菌种生产

在食用菌种的培养上，从黑木耳上和从耳棒中分离出来的菌丝称为母种，把母种扩大到锯木培养基上进行培养，产生的菌丝称原种，再把原种经过繁殖培养成栽培种用于生产。

生产种（栽培种）培养基，用于生产黑木耳。配方为：枝条（青冈栎枝条）70kg、锯末18kg、麦麸 10kg。

配制方法：枝条种先将枝条用 70% 的糖水浸泡 12h 后捞出木屑、麸皮，倒在一起搅匀，再把余下的 30% 蔗糖和石膏用水化开洒在上面，一边加水一边搅拌，封装、消毒、接种和培养的方法与生产原种相同。

2. 耳棒栽培

（1）选树

适合黑木耳生长发育的树种很多。但要因地制宜，选用当地资源丰富且容易长木耳的树种。除含有松脂、精油、醇、醚等树种和经济林木外，其他树种都可栽培木耳。目前通用的树种有栓皮栎、麻栎、槲树、棘皮桦、米槠、枫杨、枫香、榆树、刺槐、柳、楸、法桐、黄连木等，但以栓皮栎、麻栎为最好。

（2）砍树

历史习惯是"进九"砍树，即进入数九寒天方进行树木的砍伐。从树叶枯黄到新叶萌发前都可进行砍伐，因为这个时期正是树木休眠期，树干内的养分正处于蓄积不流动状态，水分较少，养分最丰富而集中。同时，此期间砍的树，树皮和木质部结合紧密，砍伐后树皮不易脱，利于黑木耳的生长发育。

砍伐树龄：生于阳坡的 7~8 年，生于阴坡或土质较差的 8~10 年，树干的粗细以10cm 左右为最好，长为 1m。一架 50 根。

砍伐方法：要求茬留低，比地面高 10~15cm；从树干的两面下斧，茬留成"V"字形切口，这样对于老树蔸发枝更新有利，既不会积水烂芽，也不会多芽竞发，影响树蔸更新。不要用皆伐，要使用择伐，这样既有利于保护幼树；又利于水土保持。

（3）剔枝

树砍倒后，不要立即剔枝，留住枝叶可以加速树木水分的蒸发，促使树干很快干燥，使其细胞和组织死亡，同时有利于树梢上的养分集中于树干。待 10~15 天后进行剔枝。剔枝时，要用锋利的砍刀从下而上贴住树干削平，削成"铜钱疤"或"牛眼睛"。注意不能削得过深，伤及皮层，削后的伤疤最好用石灰水涂抹，防止杂菌侵入和积水，并便于上堆排场。

（4）截干

为了便于耳棒的上堆、排场、立架、管理和采收，同时放倒耳棒时便于贴地吸潮，应把太长的树干截成长 1m 的短棒。截干时用手锯或油锯截成齐头，用石灰水涂抹截口，以防杂菌感染。

（5）架晒

架晒是选择地势高燥、通风、向阳的地方，把截好的木棒堆成 1m 左右高的"井"字形或鱼背形堆，让其很快地失水。在架晒过程中，每隔 10 天左右上下、里外翻动一次，促使耳棒干燥均匀。架晒的时间要根据树种、耳棒的粗细和气候条件等灵活掌握，一般架晒30~45 天，使耳棒比架晒前失去 30%~40% 水分，即可进行接种。

(6)耳场选择

排放耳架的地方称为耳场。耳场环境的好坏直接关系到黑木耳的生长发育和产量。一般最好选在背北面南避风的山坳，此外光照时间长，昼夜温差小，早、晚经常有云雾覆盖，湿度大，空气流通，最适宜黑木耳的生长发育。选场时，还应靠近水源，有利于人工降雨，坡度以15°~30°为宜，切忌选在石头坡、白垩土、铁矾土之处。

场地选好后，应先进行清理，把场内过密的树木进行疏伐，并割去灌木、刺藤及易腐烂的杂草，只留少量树冠小或枝叶不太茂密而较高的阔叶树，到夏季用以给耳架遮阴。栽培前在地上施以杀虫药剂，并用漂白粉、生石灰等进行一次消毒；冬季最好用柴草火烧场地。场地上生长的羊胡草、草皮、苔藓等不要铲除，以防止水土流失和保持耳场的湿润。

(7)接种

接种就是把人工培养好的菌丝点种到架晒好的耳棒上，使菌丝在耳棒内发育定植，长出子实体。这是黑木耳人工栽培最关键的一道工序。接种时，首先对耳场和耳棒进行消毒(用消毒药品或火烧均可)，对所用工具用酒精或开水消毒，人工可用肥皂水洗净双手。选择阴凉处进行接种，不要让阳光直射菌种，切忌下雨天进行接种。

接种时间：一般从2月到5月上旬，秋季在白露至寒露之间都可进行。接种时，视其不同种型选用不同工具。如枝条种、三角木种，可用砍花斧砍口，把锯末和枝条或三角木共同塞入砍口内，用斧背轻轻敲紧，以不脱落为原则；锯末种、颗粒种，可用10mm手电钻、打孔机或空心冲子打眼，把菌种塞入孔内，用树皮盖上，轻轻压紧。

点种的密度：一般行距6.7cm，株距8~10cm，排成“品”字形或交错成梅花形。耳棒的两端密度要大，让菌丝很快占领阵地，避免杂菌侵入。点种的深度以透过树皮进入木质部30%~40%为宜。

(8)上堆定植

上堆是为了保持适宜的温度和湿度，使菌丝很快在耳棒内萌发定植、生长发育，这是接种成功与否的一个重要步骤。其方法是：先选好上堆地点，把杂草清除，撒少许杀虫药剂或漂白粉，耙入土内，然后将接种好的耳棒平放推起，堆成“井”字形或鱼背形，堆高1m，用塑料薄膜严密覆盖，周围用土压住，撒一圈杀虫药，防止蚂蚁上堆取食菌丝。堆内温度应保持22~32℃，湿度保持60%~70%。如果温度过高，可将周围薄膜揭起通一次风，使温度降下。每隔10天左右进行一次翻堆，即上下、内外全面进行一次翻动，使堆内耳棒的温度、湿度经常保持均匀。第一次翻堆不必洒水，以后每翻一次洒一次水，若有机会接受雨水更好。约1个月即可定植(即菌种的菌丝侵入耳棒)。

(9)散堆排场

耳棒经过上堆定植后，菌丝已经长出耳棒，便可散堆排场。排场的目的，是让耳棒贴地吸潮，改变菌丝的生活环境，让其很快适应自然界，进一步在耳棒内迅速蔓延，从生长阶段转入发育阶段。排场的方法，是把耳棒平铺在地面上，全身贴地不能架空，每两根间距约3.5cm。场地最好有些坡度，以免下雨时场地积水淹了耳棒。每隔10天左右进行一次翻棒，即将原贴地的一面翻上朝天，将原朝天的一面翻下贴地，使耳棒吸潮均匀，避免喜湿的杂菌感染。约 1 个月耳芽大量丛生，这时便可立架。

(10) 立架管理

当耳芽长满耳棒后，说明菌丝的生长发育已进入结实阶段，这时正需要“干干湿湿”的外界条件，立架后可以满足它的需要，并可减少那些不适应这种条件的杂菌和害虫。立架的方法，是用一根长杆作横梁，两头用带杈的树丫撑住，然后把耳棒斜靠在横梁上，构成“人”字形，每两根棒间距 6~7cm。每架以 50 根棒计算产量。

上架后的管理工作是很重要的，“三分种，七分管”“有收没收在于种，收多收少在于管”。管理工作主要包括除长草、杂菌、害虫，调节温度、湿度、空气和光照。夏天中午要尽量避免强光直射耳架，冬季对始花耳棒要放倒，让其贴地吸潮、保暖，促使翌年早发芽、早结耳。

3. 采收晾晒

木耳片长大后，要勤收细拣，确保丰产丰收。春耳和秋耳要采大留小，让小耳长大后再采。伏耳要大小一齐采，因为伏天温度高，虫害多，细菌繁殖快，成熟的耳片会被虫吃掉和烂掉。最好在雨后天晴耳片收边时或早晨趁露水未干耳片潮软时采收。采回时应放在晒席上摊薄，趁烈日一次晒干，晒时不宜多翻，以免造成拳耳。如遇连阴雨天，首先应采取抢收的办法，把采回的湿耳片平摊到干茅草或干木耳上，让干茅草或干木耳吸去一部分水，天晴后再搬出去一同晒干。如果抢收不过来，可用塑料薄膜把耳架苫住，不使已长成的木耳再继续淋雨吸水，造成流棒损失。

思考与练习

1. 黑木耳上堆定植的要求是什么？
2. 简述黑木耳的采收时期和采收方法。

任务 2.4 竹荪生产技术

任务目标

掌握竹荪的生活习性、培养料配方，菌种制备技术，林下种植技术，以及采后处理技术。

知识准备

竹荪又名竹笙、竹菌、竹松、竹蓴、竹笋菌等，被人们称为“雪裙仙子”“山珍之花”“真菌之花”“菌中皇后”。竹荪营养丰富，香味浓郁，滋味鲜美，自古就被列为“草八珍”之一。竹荪干品中，粗蛋白质含量达 18.49%，纯蛋白质含量达 13.82%，矿质元素含量全面，其硫元素含量高，几乎是其他菌类的 7~15 倍，还含有 15 种氨基酸、维生素 B_2 和维生素 C 等。竹荪的药用价值也很高，能预防高血压、高胆固醇和肥胖病。把竹荪和糯米一起煮水饮服，有止咳、补气、止痛的功效，对艾氏瘤的抑制率可达 70%，用于辅助治疗白血病也有一定效果。将竹荪汤汁淋在鲜肉上或在吃剩的汤菜里放一支竹荪，即使是炎热的夏天也能保持 3~4 天不腐，还能保持肉的鲜味。

1. 形态特征

竹荪隶属于真菌门担子菌亚门腹菌纲鬼笔科竹荪属。这个属已发现的有 11 种，目前供人工栽培的主要有 4 种，即长裙竹荪、短裙竹荪、红托竹荪和棘托竹荪。

长裙竹荪子实体幼时卵状球形，后伸长，高 12~20cm(图 2-4-1、图 2-4-2)。菌托白色或淡紫色，直径 3~3.5cm。菌盖钟形，高、宽各 3~5cm，有显著网格，具微臭而暗绿色的孢子液，顶端平，有穿孔。菌幕白色，从菌盖下垂达 10cm 以上，网眼多角形，宽 5~10mm。柄白色，中空，基部粗 2~3cm，向上渐细，壁海绵状。孢子椭圆形。

图 2-4-1　长裙竹荪

图 2-4-2　竹荪幼菇(破口期)

短裙竹荪子实体高 12~18cm。菌托粉红色，直径 4~5cm。菌盖钟形，高、宽各 3~5cm，具显著网格，内含绿褐色臭而黏的孢子液，顶端平，有一穿孔。菌幕白色，从菌盖下垂达 3~6cm。网眼圆形，直径 1~4mm，有时部分呈膜状。柄白色或乌白色，中空、纺锤形至圆筒形，中部粗约 3cm，向上渐细，壁海绵状。孢子平滑，无色，椭圆形。

红托竹荪子实体高 20~33cm。菌托红色。菌盖钟形或钝圆锥形，高 5~6cm，宽 4~5cm，具显著网格；产孢组织暗褐色，端平，有孔口，具微臭。菌裙白色，从菌盖下垂 7cm，网眼多角形或棱角圆形，网孔 1~1.5cm。柄白色，圆柱形，中空，长 11~12cm，宽 3.5~5cm。孢子卵形至长卵形，壁光滑，透明。

棘托竹荪子实体高 8~15cm，菌形瘦小，肉薄。菌托粗糙、有凸起物，菌盖薄而脆，长裙、白色、有奇香。孢子无色透明，呈椭圆形，孢子群呈深黑色。

2. 竹荪的生活史

在适宜的生活条件下，竹荪的孢子萌发出菌丝，菌丝体由无数管状细胞交织而成，呈蛛网状。开始萌发出来的菌丝是单核菌丝，纤细；融合后形成双核菌丝，粗壮。双核菌丝进一步发育成组织化的索状菌丝，即三次菌丝。竹荪菌丝初期白色，经过较长时间培养以后，便具有不同程度的粉红色、淡紫色或黄褐色，这些色素受到变温、光照、机械刺激或干燥脱水后更为明显，是鉴别竹荪菌种的主要依据。

在适宜的条件下，伸长到地表面的索状菌丝的尖端逐步膨大成白色小球，这就是竹荪的子实体原基。经过 40~60 天，这些原基中处于生长优势的少数部分便继续长大成熟成鸡蛋或鸭蛋大的卵形菌蕾，破土分化成子实体。

竹荪的子实体分化形成，可分为 6 个时期：原基分化期，子实体是位于菌索先端的瘤状小白球，内部结构很简单，仅有圆顶形中心柱。球形期，幼原基逐渐膨大成球状体，开始露出地面，内部器官已分化完善，顶端表面出现细小裂纹，外菌膜见光后开始产生色素，在外菌膜与内菌膜之间充满透明的胶质体。卵形期，位于菌蕾中部的菌柄逐渐向上生长，使顶端隆起成卵形，裂纹增多，其余部分变得松软，菌蕾表面出现皱褶。破口期，菌蕾达到生理成熟后，如果湿度合适，从傍晚开始，经过一个夜晚的吸水膨胀，外菌膜首先出现裂口，露出黏稠状胶体，透过胶质物可见白色内菌膜，然后外菌膜撑破，露出孔口。菌柄伸长期，菌蕾破裂后，菌柄迅速伸长，从裂缝中首先露出的是菌盖顶部的孔口，接着出现菌盖，菌盖上附着在外层表面的是黄绿色或暗绿色的子实层。当菌柄伸长到 6~7cm 时，在菌盖内面的网状菌裙开始向下露出，菌柄继续伸长，菌裙向下撒开，遗留下来的膜质菌托包括外菌膜、胶质体、内菌膜和托盘。成熟自溶期，菌柄停止生长，菌裙已达最大限度，子实体完全成熟，随即萎缩。孢子液自溶。通常是在清晨 5:00~6:00 破口，9:00~10:00 停止生长，子实体完全成熟，午后子实体即开始萎缩。

竹荪的整个生活史就是这样由孢子→菌丝→菌索→子实体→孢子，周而复始，不断循环，一代又一代繁衍。

3. 竹荪对生长条件的要求

竹荪对生长条件的要求主要包括营养、温度、湿度、空气、光照、酸碱度和生物因素 7 个方面。

(1) 营养

竹荪属腐生真菌，对营养没有严格的选择性，可广泛利用多种有机质作为养料。野生竹荪发生的主要场所有楠竹、平竹、苦竹、慈竹、孟宗竹、绿竹、麻竹、刚竹、金竹等竹林，也常发生在青冈栎、甜槠等阔叶树混交林内，在农作物秸秆堆上甚至草屋顶上也能采集到竹荪。据试验，除了用竹子及其加工废料，还可大量利用阔叶树木段及其废料和农作物秸秆作栽培竹荪的培养料，以满足竹荪生长发育对碳素营养的需要。

培养基中的含氮量以 0.5%~1%为宜，氮素过高反而影响子实体的生长发育。在氮素含量不足的培养基中，可以用蛋白胨或尿素来补充。

除了碳和氮外，竹荪还需要磷、钾、镁、硫等矿质元素及其他微量元素，也需要微量的维生素，但这些微量元素和维生素在一般培养基和水中的含量已基本满足竹荪生长发育需要，一般不必另外添加。

(2) 温度

自然生长的竹荪发生时间是 4~7 月和 9~11 月。研究表明，竹荪是典型的中温性菌类，其菌丝生长温度范围在 5~30℃，16~18℃时生长显著加快，以 23℃为最佳。超过

26℃生长速度明显下降。子实体形成最适温度范围在16~27℃，生长最适温度为22℃。不同的竹荪品种对温度适应范围差异较大，如棘托竹荪对夏季的高温具有较强的适应能力，子实体生长适温为28~33℃。

(3)湿度

自然生长的竹荪一般是雨后2~3天大量发生，可见湿度对竹荪的生长发育影响较大。菌丝生长阶段，培养基的含水量要求控制在60%~70%；菌蕾处于球形和卵形期空气相对湿度以80%左右为宜；破口期空气相对湿度应提高到85%左右，菌柄伸长期空气相对湿度以90%为佳；菌裙开张期空气相对湿度提高到94%以上。

(4)空气

竹荪是好气性真菌，其菌丝和子实体生长均需要足够的氧气，在含水量偏高和土壤通透性差的情况下菌丝生长不良甚至窒息死亡。子实体生长阶段如缺氧则子实体原基很难形成。空气对竹荪栽培的成败和产量的高低影响极大。

(5)光照

竹荪属于异养作物，不需要直射阳光，对光照不太敏感，菌丝在没有光线的情况下生长良好，在强光下生长缓慢，产生色素，容易衰老，在直射阳光下还会死亡。菌蕾的分化和发育也不需要光刺激。在子实体发育阶段允许有微弱散射光照。

(6)酸碱度

自然界里，竹荪生长的土壤pH多在6.5以下，长过竹荪的基质pH都在5以下，证明竹荪菌丝生长的培养料pH以5.5~6为好，而生长过程中基质酸化，子实体生长时pH达4.6~5为好。

(7)生物因素

在自然条件下，竹荪的孢子传播有赖于蜂、蝇等昆虫媒介。在菌丝生长过程中，菌丝体能穿过许多微生物拮抗线而正常生长发育并照常形成子实体。这样的抗杂能力是其他食用菌难以达到的。由此推论，这些与竹荪同生共处的微生物能同时参与有机物的分解。这一现象在竹荪栽培实践中具有很大的意义。

任务实施

生产技术流程：

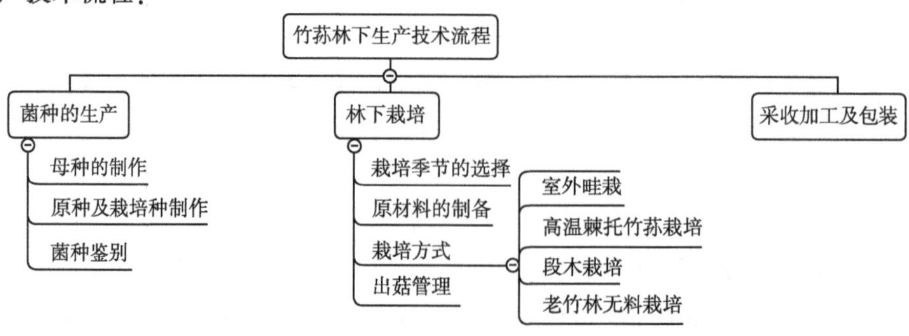

1. 菌种的生产

(1)母种的制作

用常规 PDA 培养基制作竹荪母种生长极其缓慢，生长势弱，各地都对竹荪母种培养基添加营养成分，其配方各不相同。添加成分比较普遍的有：蛋白胨 1%、磷酸二氢钾 0.2%、硫酸镁 0.5%，维生素 B_1 微量。还有用鲜竹水煮液、蕨根水煮液配方的，也有用松针粉、麦芽汁、豆芽汁、酵母浸膏配方的，制作者可根据自己的物质条件选配。

(2)原种及栽培种制作

主要原料有竹屑、木屑、竹木枝条，补助料有豆粉、糖、石膏、过磷酸钙、硫酸镁、磷酸二氢钾等。若用木屑、木枝则需选适合栽培竹荪的阔叶树。以枝条、竹木粒加竹屑混合料最好，这种培养基保水性好、透气性强，菌丝生长速度快而且健壮致密，耐保存，不易老化，栽培产量高。此外，还有竹木屑种、枝条种、农作物秸秆种。

生产原种和栽培种，只要购买竹荪原料，就可在林下自制。12 月下旬至翌年 1 月初，选择林下整理出一个堆料育种畦床。用杂木屑 80%、麦麸 20%作为竹荪菌种的培养料，加水 1.1 倍，然后装入编织袋内，经过常压灭菌 10h 后取出，然后拌入 1%石膏粉，堆至育种畦床上。采取 2 层料、1 层菌种播种法，最后一层料面再撒些菌种，每平方米畦床用干料 20kg，竹荪原种 3~4 瓶。栽培 $100m^2$，只需田头制种 $4m^2$。播种后用编织袋盖面，用稻草遮阳，最后用竹条拱罩薄膜。播种后每隔 3~5 天揭膜通风 1 次。培育 40~50 天菌丝布满料堆后，即成田头竹荪菌种。

(3)菌种鉴别

正常菌丝体初期白色，成熟菌种有色素。长裙竹荪多呈粉红色，间有紫色；短裙竹荪呈紫色。良好的竹荪种菌丝粗壮，呈束状，气生菌丝呈浅褐色。栽培种以枝条或颗粒为主的混合种最好，纯枝条、颗粒种其次，纯粉料种最差。

2. 林下栽培

目前，竹荪的栽培方法很多，室外栽培有露地畦栽、段木栽培等，室内栽培有箱栽、盆栽、床栽。其中，以室内盆栽和室外林地栽培效益最佳。

(1)栽培季节的选择

竹荪栽培一般分春、秋两季，以春播为宜。我国南北气温不同，应把握两点：一是播种期气温不超过 28℃，适于菌丝生长发育；二是播种后 2~3 个月菌蕾发育期气温不低于 10℃，使菌蕾健康发育成子实体。南方诸省份竹荪套种农作物，通常春播，惊蛰开始铺料播种，清明开始套种农作物；北方适当推迟。播种后 60~70 天养菌，进入夏季，5~9 月出菇，10 月结束，生产周期 7 个月左右。

品种不同，最适栽培季节有差异；栽培方式不同，最佳季节的选择也不一样；地理位置也是栽培季节的选择依据。一般而言，短裙竹荪、红托竹荪 3~4 月和 9~10 月下种最佳，长裙竹荪 4~5 月和 8~9 月下种最好，棘托竹荪则只有 5~6 月下种才能在当年取得效益。椴木栽培则宜冬天砍树春天接种。上述是接种后 3~4 个月便可收获的最佳季节安排。如果不在乎从种到收的时间长短，或采取一些保温调控措施，则一年中大多数季节都可下种。

(2)原材料的制备

现行栽培竹荪的原料分四大类。一是竹类：各种竹子的秆、枝、叶、竹头、竹根。二是树木类：杂木片、树枝、叶及工厂下脚料的碎屑。三是秸秆类：豆秆、黄麻秆、谷壳、油菜秆、玉米芯、棉秆、棉籽壳、高粱秆、向日葵秆及壳等。四是野草类：芦苇、芒萁、斑茅等。上述原料晒干备用，都可作竹荪培养料。棘托竹荪可以用针叶树下脚料栽培。原材料要充分干燥，不能霉烂变质。除段木栽培外，粗料要切短成条块，竹叶、豆秆要粉碎成颗粒碎料。

原材料的处理：根据不同的生产规模及栽培方式可分别采用不同的处理方法。

①大堆发酵法　适宜于较大生产规模或多个栽培单位(户)联合处理原材料。

配方：竹木枝条(切短)70%，碎竹枝叶 10%，木屑 10%，碎黄豆秆 5%，菜油饼 3%，过磷酸钙 2%。

处理：将竹木枝条用 3%石灰水浸泡 4~5 天后滤出，将其他原料拌匀后与枝条混合堆置成高 1~1.2m、宽 1.5m、长 1.5m 以上的堆，用草或麻袋覆盖。在配料时若含水量偏低，可用浸泡枝条的水补充。

堆置 1 周左右，料温升至 60~70℃时，内层出现大量白色放线菌并有冰片味时翻堆。以后每周翻堆 1 次，3~4 天后料温不再上升时即可使用。

②小堆发酵法　适用于规模不大的生产单位或几户联合处理原材料。

配方：竹木枝条(切短)50%，竹枝叶和豆秆碎料 23%，干牛、马粪 25%，过磷酸钙 2%。

处理：枝条浸泡和其他原料拌料与大堆发酵法相同，只是堆置的方法是堆成高 1m、底部直径 1.5~1.8m 的半球形堆，外用稀泥糊严保温，然后用木棍从堆的上部往底部插若干个直径 10cm 的通气孔。每周翻堆 1 次，共 4 次后培养料呈褐色，有放线菌和冰片味，无游离氨气味时即可使用。

③水煮法　配方与大堆或小堆发酵法相同。先将枝条用清水浸泡 2~3 天，然后加入碎料拌匀，再浸泡 1~2 天，连浸泡液一起放入锅内煮沸 30min，倒出冷却 24h 后沥干即可使用。

④石灰水浸泡法　粗料用 3%~5%石灰水浸泡 4~5 天，滤出后冲洗至 pH 7；碎料用 3%石灰水浸泡 2~3 天，捞出后冲洗至 pH 8；将粗、碎料混合使用。

⑤药物处理法　将粗、碎料混匀后浸入 50%多菌灵可湿性粉剂 1000 倍液或 0.5%甲基托布津溶液中，3~4 天后沥干使用。

以上处理以前两种最好，药物处理法最差。

(3)栽培方式

本节着重介绍几种有代表性的林下栽培方式，在此基础上栽培者可演变成若干种适宜自身条件的栽培方式。

①室外畦栽　竹林、阔叶树林或人工荫棚宜用此法。

场地选择：选土质肥沃、呈弱酸性、既有保湿条件又便于排水的斜坡地作栽培场，林冠郁闭度以 0.7 为宜，若达不到可人工疏密搭稀。

整地作畦：场地事先做好规划，留人行道，挖排水沟，清除枯枝石块，挖宽 60~

100cm、深20cm的畦；若竹林之内不便作规格的畦，可“见缝插针”，宽窄深浅不论。场地干燥，畦宜挖深；场地潮湿，宜挖浅或铺料下种于地面。畦底层铺5cm左右的腐殖土，四周和畦面撒石灰和杀蚁农药。

铺料接种：操作人员首先将手、用具和菌种瓶表面清毒，在畦内铺上3cm厚的料，然后撒第一层菌种，最后薄薄地撒一层料盖面即可，每平方米用料15~20kg，菌种3~5瓶。其中下面两层用一半菌种，上面一层用另一半菌种。下完种和料后再盖上1~2cm厚的腐殖土，土上盖3~5cm厚的松针及竹叶，再上面若气温低于15℃可盖薄膜，若高于15℃则最好盖上20cm厚的竹枝叶。此方式不宜用于棘托竹荪栽培。

②高温棘托竹荪栽培　本品种与其他3个品种生物学特性不同，栽培方法也有很大差异。

棘托竹荪耐高温，怕低温，所以栽培季节以春、夏为宜，4~5月下种，8~9月收获。

棘托竹荪对原料适应性更广，除其他竹荪的栽培原材料外，还可利用松、杉木屑，栽培过木耳的段木和栽培过平菇的下脚料也可用。

棘托竹荪需氧量大，不宜在室内栽培，培养料不能压得太紧。棘托竹荪直接生长在裸露的基质上，覆土会影响子实体的形成。

棘托竹荪栽培时用的竹木片需要砍伐一年以上的，不宜使用新鲜竹木。若用松木屑作培养料，则需先加油枯饼2%~3%、复合肥1%、石灰粉1%、过磷酸钙2%、水120%，拌匀发酵20~40天后再拌入经石灰水浸泡的竹木片，比例是竹木片60%，发酵木屑40%。

③段木栽培　选择上述适宜竹荪生长的树种，当年10月至第二年3月砍伐，自然干燥1~2个月后锯成1~1.2m的木段，用打孔工具打成株距6~8cm、行距4~5cm、深(皮下)1~2cm的孔，然后接入枝条种，“井”字形堆叠1~1.5m高，盖上树枝或竹枝叶，每月翻一次堆，3个月后埋入土中。场地要求与室外畦栽法相同。

④老竹林无料栽培　选20年以上的老竹林，最好是败退开花的竹林，在砍伐3年以上的枯竹蔸四周挖排水沟，然后用钢钎在距竹蔸10~20cm处向竹蔸方向斜向打洞，洞深15cm。先在洞底填入少量竹枝叶到洞深的一半，放入枝条种5~6颗(颗粒直径1~2cm)，用小棒捣紧，再用干竹枝叶将洞填满并覆上腐殖土即可。一年种，可多年采收。

(4)出菇管理

不同的栽培方式及不同的季节，管理的主要方向不同，但总的说来，管理就是注意温度、湿度、氧气、光照的调节。室外栽培主要是防止阳光直射，并经常铲除场地四周的刺藤、杂草，以利于透气和减少虫蚁。室内着重注意通风透气，气温高时可在场地四周及地面洒水降温，气温低时可盖膜保温，但气温回升则必须及时揭膜。竹荪对湿度极为敏感，培养料含水率低于50%，菌丝变色老化；高于70%，菌丝死亡自溶。在多雨季节，室外应搭遮雨棚，天旱时应喷水保持覆盖物的湿润。在蛋形幼菇形成后，应按竹荪的生理要求提高空气相对湿度。病虫害防治应从环境因子着手，如果出现杂菌，在竹荪未撒裙以前可喷洒金霉素水溶液，严重时可喷洒0.1%多菌灵液防治。若出现害虫，可人工捕捉，出现蚁害可喷施灭蚁灵、25%菊乐合酯2000倍液，也可用烧香的骨头诱杀。

播种后正常温度下培育25~33天，菌丝爬上料面，可把畦床上的盖膜去掉。菌丝经过培养不断增殖，吸收大量养分后形成菌索，并爬上料面，由营养生长转入生殖生长，很快出现菇蕾，并形成子实体。此时正值果树和套种的农作物枝叶茂盛时期，起到遮阳作用。出菇期培养料内含水量以60%为宜，覆土含水量不低于20%，要求空气相对湿度85%为好。菇蕾生长期，除阴雨天气外，每天早、晚各喷水一次，保持相对湿度不低于9%。菇蕾胀大，顶端逐渐凸起，继之在短时间内破球，迅速抽柄撒裙形成子实体。竹荪栽培十分讲究喷水，具体要求“四看”：一看盖面物。竹叶或秆、草变干时，就要喷水。二看覆土。覆土发白，要多喷、勤喷。三看菌蕾。菌蕾小，轻喷、雾喷；菌蕾大，多喷、重喷。四看天气。晴天、干燥天气蒸发量大，要多喷，阴雨天不喷。这样才能长好蕾，出好菇，朵形美。

3. 采收加工及包装

竹荪播种后可长菇4~5潮。一般是清晨5:00破口，9:00~10:00撒完裙并停止生长，10:00以后品质就开始下降，中午就开始萎蔫，所以最适宜采收时间是9:00~10:00，最迟10:00要采收结束。采收时应用锋利的小刀从菌托底均匀地切断菌索，然后用手将竹荪从基质中拔出，采下后马上剥离菌盖和菌托。装竹荪的篮子要用薄膜或纸垫上，以免擦伤竹荪。采收中要保持菇体干净和完整，不要弄破菌裙。被孢体和泥土污染的竹荪要用清水洗净。采后及时送往工厂脱水烘干。菌盖和菌托洗去孢子和泥土后单独加工(图2-4-3)。

图2-4-3 竹荪采摘(福建省泉州市德化县竹林下套种竹荪种植示范基地)

竹荪采收后要马上干制，干制的方法有日晒法和烘烤法，水洗过的竹荪不能立即烘干，否则颜色污暗。

暴晒：晴天采收的竹荪，利用阳光暴晒干制，既经济，又质量好。

烘烤：少量产品用红外线灯烘烤，效果与日晒无异；用取暖炉或鼓风干燥箱烘烤，质量亦佳；若用木炭烘烤，则必须去掉烟头，并用炭灰盖火，严防火苗烤焦竹荪；用煤火烘烤，则必须隔绝煤烟，火炉上方要用铁板或铁锅散热；用烤箱，下面要有进气孔，顶上要有排湿孔，烤箱开始烘烤温度从 40℃起，每隔 2h 上升 5℃，最高升到 60℃，直到烤干，烤筛必须在烤前洗净、晒干，薄涂一层无气味的熟植物油，以防竹荪粘在烤筛上。烤干的竹荪易碎，烤好后应连筛取出，略经回潮后方可分级包装。

分级：按大小、色泽、完整度分级。

一级：长 12cm，宽 4cm，色白，完整。

二级：长 10~11cm，宽 3cm，色稍黄，完整。

三级：长 8~9cm，宽 2cm，色黄，略有破碎。

四级：等外品，长 7cm 以下，色深，有破碎。

干品返潮力极强，可用双层塑料袋包装，并扎牢袋口。作为商品出口和国内市场零售的，则需采用小塑料袋包装，每袋有 25g、50g、100g、300g 不同规格，外包装采用双楞牛皮纸箱。

一般按等级包装，每 25g 或 50g 作一小扎，两端用红毛线扎紧；600g 装一小袋；两小袋装一中袋(即 1.2kg)，用聚乙烯塑料袋；四中袋装一纸箱，箱内衬一层防潮纸，然后用胶水纸封箱口。

竹荪品质娇嫩，保管不善和贮存过久都会导致色泽加深变黑，香气消失，风味大减，甚至生虫变质，所以应保存在通风、干燥、低温的地方，还应经常检查。若发现回潮变软，应及时摊晒或用文火烘干。

思考与练习

1. 简述竹荪的食药用价值。
2. 简述竹荪栽培的注意事项。
3. 简述竹荪采收和加工的方法与要求。

任务 2.5 灵芝生产技术

任务目标

掌握灵芝的生产技术，能结合实际进行灵芝生产。

知识准备

灵芝又称瑞草、灵芝草。我国现已知有灵芝属真菌66种，并将其分为3个亚属：灵芝亚属、粗皮灵芝亚属、树舌亚属。灵芝含有多种氨基酸、蛋白质、生物碱、香豆精、甾类、三萜类、挥发油、甘露脑、树脂及糖类、维生素 B_1、维生素C等。粗纤维含量比较丰富，子实体中高达54%~56%。《本草纲目》中记载："灵芝甘温无毒，利关节，保神，益精气，坚筋骨，好颜色。"常用于补肺肾、止咳喘、补肝肾、安心神、健脾胃等。灵芝能增强中枢神经系统的功能，改善冠状动脉血液循环，增加心肌血氧供应，强心、降压、降脂、护肝，提高机体免疫功能，促进外周血中白细胞增加，并有抗过敏、止咳、祛痰及抗辐射的作用。

灵芝分布在我国东北三省、安徽、江苏、浙江、广东、广西、贵州、云南、湖南、福建及台湾等地。野生灵芝资源有限，且不易被发现，利用人工接种，在人工控制的环境下，使灵芝更好地生长发育的栽培技术，是近40余年才发展起来的。主要的人工栽培方法有：室内人工瓶栽技术、室内人工袋栽技术、室外露地栽培技术、温室人工栽培技术。

图2-5-1　灵芝子实体

1. 形态特征

灵芝隶属于担子菌亚门层菌纲无隔担子菌亚纲非褶菌目(或多孔菌目)灵芝菌科灵芝属。灵芝的子实体由菌盖和菌柄组成，为一年生的木栓质。菌盖呈肾形、半圆形或接近圆形，红褐、红紫或紫色，表面有一层漆样光泽，有环状同心棱纹及辐射状皱纹(图2-5-1)。

2. 灵芝生长发育需要的条件

在灵芝生长发育过程中，所需的各种营养和环境条件是综合性的，各种因素之间存在着相互促进和制约的关系，某一因素变化就会影响其他因素。在灵芝栽培中，必须掌握好这些因素以提高产品的质量。

(1)营养

灵芝是以死亡倒木为生的木腐性真菌，对木质素、纤维素、半纤维素等复杂的有机物质具有较强的分解和吸收能力。灵芝本身含有许多酶类，如纤维素酶、半纤维素酶及糖酶、氧化酶等，能把复杂的有机物质分解为自身可以吸收利用的简单营养物质，如木屑和一些农作物秸秆、棉籽壳、甘蔗渣、玉米芯等都可以栽培灵芝。

(2)温度

灵芝属高温型菌类，菌丝生长范围15~35℃，适宜25~30℃，菌丝体能忍受0℃以下的低温和38℃的高温，子实体原基形成和生长发育的温度是10~32℃，最适宜温度是25~28℃。实验证明，在25~28℃温度条件下子实体发育正常，长出的灵芝质地紧密，皮壳层良好，色泽光亮；高于30℃子实体生长较快，个体发育周期短，质地较松，皮壳及色泽较差；低于25℃时子实体生长缓慢，皮壳及色泽也差；低于20℃时，在培养基表面菌丝易出现黄色，子实体生长也会受到抑制；高于38℃时，菌丝即将死亡。

(3) 水分

水分是灵芝生长发育的主要条件之一，但不同生长发育阶段对水分要求不同。在菌丝生长阶段，要求培养基中的含水量为65%，空气相对湿度在65%~70%；在子实体生长发育阶段，空气相对湿度应控制在85%~95%，若低于60% 2~3天，刚刚生长的幼嫩子实体就会由白色变为灰色而死亡。

(4) 空气

灵芝属好气性真菌，空气中CO_2含量对其生长发育有很大影响，如果通气不良，CO_2积累过多，会影响子实体的正常发育。当空气中CO_2含量增至0.1%时，促进菌柄生长，并抑制菌伞生长；当CO_2含量达到0.1%~1%时，虽子实体生长，但多形成分枝的鹿角状；当CO_2含量超过1%时，子实体发育极不正常，无任何组织分化，不形成皮壳。所以在生产中，为了避免畸形灵芝的出现，栽培室要经常开门、开窗通风换气，但是在制作灵芝盆景时，可以通过对CO_2含量的控制培养出不同形状的灵芝盆景。

(5) 光照

灵芝在生长发育过程中对光照非常敏感，光照对菌丝体生长有抑制作用，菌丝体在黑暗中生长最快。虽然光照对菌丝体发育有明显的抑制作用，但是对灵芝子实体生长发育有促进作用，子实体若无光照难以形成，即使形成了生长速度也非常缓慢，容易变为畸形灵芝。菌柄和菌盖的生长对光照也十分敏感，光照强度为20~100lx时，只产生类似菌柄的突起物，不产生菌盖；300~1000lx，菌柄细长，并向光源方向强烈弯曲，菌盖瘦小；3000~10 000lx，菌柄和菌盖正常。人工栽培灵芝时，可以人为地控制光照强度，进行定向和定型培养出不同形状的商品药用灵芝和盆景灵芝。

(6) 酸碱度

灵芝喜欢在偏酸的环境中生长，要求pH范围3~7.5，以pH 4~6最适宜。

3. 常见的灵芝栽培品种

(1) 赤芝

为灵芝属中的代表种，菌盖褐色、稍内卷，菌肉黄白色。菌柄侧生，颜色与菌盖相同，子实体蜂巢状，菌盖下面有菌管层。

(2) 紫灵芝

菌盖及菌柄均有黑色皮壳，菌肉锈褐色，菌管硬，与菌肉同色，管口圆。

(3) 薄盖灵芝

又称薄树芝，其子实体皮壳深紫红色，菌盖比前两种薄，近菌管处浅褐色，菌管为肉桂色。成熟的菌盖肉卷明显，菌盖背面菌管近白色。木栓质含量少，孢子含量高，药用成分高，药效好。

任务实施

生产技术流程：

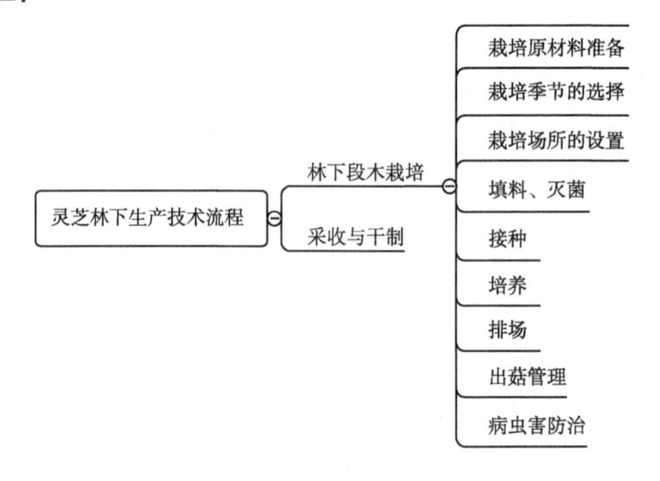

1. 林下段木栽培

(1)栽培原材料准备

适宜栽培灵芝的树种有壳斗科、金缕梅科、桦木科等树种。一般段木以树皮较厚、不易脱离、材质较硬、心材少、髓射线发达、导管丰富、树木胸径 8~13cm 为宜。在落叶初期砍伐，最晚不超过翌年惊蛰。

(2)栽培季节的选择

灵芝属于高温结实性菌类，10~12℃时，可以制作菌筒，短段木接种后要培养 60~75 天才能达到生理成熟。

(3)栽培场所的设置

室外栽培最好选择土质疏松、地势开阔、有水源、交通方便的场所作为栽培场。栽培场需搭盖高 2~2.2m、宽 4m 的荫棚，棚内分左、右两畦，畦面宽 1.5m，畦边留排水沟。若条件允许，可用黑色遮阳网覆盖棚顶，遮光率为 65%，使棚内形成较强的散射光，使用年限长达 3 年以上。

(4)填料、灭菌

生产上大多选用 15cm×55cm×0.02cm、20cm×55cm×0.02cm 和 24cm×55cm×0.02cm 3 种规格的低压聚乙烯塑料菌筒，以便适合不同口径的短段木栽培使用。将截短后的短段木套入菇筒内，两端撮合，弯折，折头系上小绳，扎紧。使用直径大于段木直径 2~3cm 的塑料筒装袋，30cm 长的段木每袋一段，15cm 长的段木每袋两段，亦可数段扎成一捆装入大袋灭菌。

进行常规常压灭菌 97~103℃，10~12h。

(5)接种

制作方法与黑木耳、平菇接种方法相同，采用木屑、棉籽壳剂型菌种较好。段木接种时，以菌种含水量略大为好。冷却后先选择短段木塑料筒，用气雾消毒盒熏蒸消毒。30min 后将塑料袋表层的菌种皮弃之，采用双头接种法。两人配合，一人将塑料扎口绳解开，另一人在酒精火焰口附近将捣成花生仁大小的菌种撒入，并立即封口扎紧。另一端再用同样的方法接种，随后将塑料袋分层堆放在层架上。接种过程应尽可能缩短开袋时间，加大接种量，封住截断面，减少污染，使菌丝沿着短段木的木射线迅速蔓延开来。

(6) 培养

冬天气温较低，应采用人工加温至 20℃ 以上，培养 15~20 天后即可稍微解松绳索。短段木培养 45~55 天满筒，满筒后还要再经过 15~20 天才进入生理成熟阶段，此时方可下地。

(7) 排场

将生理成熟的短段木横放埋入畦面，段木横向间距为 3cm。这种横放方法比竖放出菇效果更好。最后全面覆土，厚度为 2~3cm。连续两天大量淋水。每隔 200cm 用竹片竖起矮弯拱，离地 15cm，盖上薄膜，两端稍打开。埋土的土壤湿度为 20%~22%，空气相对湿度约 90%。

(8) 出菇管理

子实体发育温度为 22~35℃，入畦后保持畦面湿润，以手指捏土粒有裂口为度，宁可偏干些。5 月中下旬幼菇陆续破土露面，水分管理以干湿交替为主。夜间要关闭畦上小棚两端薄膜，以便增湿，白天再打开，以防畦面二氧化碳浓度过高而不分化菌盖，只长柄，产生“鹿角芝”。通风是保证灵芝菌盖正常展开的关键。6 月以后，拱棚顶部薄膜始终要盖住，两侧打开，防止雨淋造成土壤和段木湿度偏高。6 月中下旬，为了保证畦面有较高的空气相对湿度，往往采用加厚遮阴物。

(9) 病虫害防治

主要是防治木霉、绿霉（青霉）和链孢霉。灵芝生产中，做到预防为主，药物防治为辅。采用科学的栽培和管理技术，保持环境洁净卫生、通风干燥，料袋灭菌彻底，无菌操作接种，人工诱捕杀灭害虫等，能有效预防灵芝遭受病虫破坏。

2. 采收与干制

当菌盖不再增大、白边消失、盖缘有多层增厚、柄盖色泽一致、孢子飞散时就可以采收孢子或采集子实体。一般从接种至采收需 50~60 天，采收后的子实体应剪弃带泥沙的菌柄，在 40~60℃ 下烘烤至含水量低于 12%，最后用塑料袋密封贮藏。

思考与练习

1. 简述灵芝的药用价值。
2. 简述灵芝对生长环境条件的要求。
3. 简述灵芝的常见栽培方法。

项目 3　林下花卉生产技术

学习目标

知识目标

(1) 掌握林下主要花卉种类的形态特征和生态学特性。

(2) 掌握林下花卉生产的主要生产技术流程和技术要点。

技能目标

(1) 会识别主要的林下花卉植物。

(2) 会根据林下栽培花卉的生态学特性选择合适的林地环境。

(3) 会根据林下花卉的生态学特性因地制宜地改造林下环境。

(4) 会根据林下花卉植物的生长状况管理水肥。

(5) 会防治林下花卉植物栽培过程中的病虫草兽害。

(6) 能处理采收后的林下花卉植物。

任务 3.1　石蒜生产技术

任务目标

掌握石蒜种球繁育技术、林下栽培环境控制技术、林下种植养护技术、病虫害防治技术、种球采收和采后处理技术；了解石蒜加工技术。

知识准备

石蒜分布于山东、河南、安徽、江苏、浙江、江西、福建、湖北、湖南、广东、广西、陕西、四川、贵州、云南。野生于阴湿山坡和溪沟边，庭院也有栽培。日本也有分布。模式标本采自我国，但产地不明。石蒜属植物有很强的观赏价值，叶形状似兰草，姿态幽雅；花大而且色彩艳丽，在夏末秋初，成片的石蒜争相开放，五彩缤纷，可作为优良的观赏花卉。除此之外，石蒜也可作鲜切花，丰富花艺世界的景观。石蒜的鳞茎含有石蒜碱、假石蒜碱、多花水仙碱、二氢加兰他敏、加兰他敏等10多种生物碱，有解毒、祛痰、利尿、催吐、杀虫等功效，但有小毒，主治咽喉肿痛、痈肿疮毒、瘰疬、肾炎水肿、毒蛇咬伤等。其中，石蒜碱具一定抗癌活性，并能抗炎、解热、镇静及催吐；加兰他敏和二氢加兰他敏为治疗小儿麻痹症的要药。

1. 形态特征

石蒜(*Lycoris radiata*)别名为龙爪花、蟑螂花。鳞茎近球形，直径1~3cm。秋季出叶，叶狭带状，长约15cm，宽约0.5cm，顶端钝，深绿色，中间有粉绿色带。花茎高约30cm；总苞片2枚，披针形，长约35cm，宽约0.5cm；伞形花序有花4~7朵，花鲜红色；花被裂片狭倒披针形，长约3cm，宽约0.5cm，强度皱缩和反卷；雄蕊显著伸出于花被外，比花被长1倍左右。花期8~9月，果期10月(图3-1-1至图3-1-3)。

图3-1-1　石蒜植株

图3-1-2　石蒜的花

图3-1-3　石蒜的种子

2. 生态习性

(1)气候条件

石蒜喜温暖湿润的气候，适合在阳光或半阴的环境下生长，抗冻性强，日平均气温超过24℃将抑制叶芽生长。石蒜抽薹时间随温度升高而延迟，开花时间随温度降低而延后，萌叶和落叶无明显规律，而变温条件可以抑制新叶形成促进花芽分化。一般10~30℃下石蒜能进入花芽分化，但以20~25℃为最佳温度。花芽分化不仅需要变温条件还需要自然低温刺激，且温度不能过低，在20℃较为适宜。

(2)土壤条件

石蒜属球根花卉。一般说来，球根花卉对于土壤并不挑剔，许多球根花卉的原生地土壤十分干硬，依然花开灿烂，但若能提供肥沃疏松、土层深厚、富含有机质、排水良好的砂壤土、壤土及石灰质壤土，能使其长得更好。土壤排水性要力求良好，否则球根容易腐烂。球根花卉的生长季长，种植前应埋入充分的有机肥，之后每2个月追肥一次，可用自制的腐熟堆肥或三要素肥料，应偏重磷、钾肥的比例，以促进球根发育和开花。

(3) 光照条件

石蒜属植物属于耐阴植物，自然状态下常分布于阴湿的山坡和溪沟边石缝处。石蒜进行营养生长时对光照不敏感，但在生殖生长期适当的遮阴有利于开花，花期 50%~60% 的遮光率有利于提高切花产量、花梗直径、小花数目及切花瓶插寿命，但强遮光会降低切花产量。

适度的遮光有利于地上部分叶片干物质的增加，但也会相应地减少地下鳞茎干物质的积累，除此之外，适度遮光有利于石蒜鳞茎产量的提高，但对鳞茎的品质会产生影响。

(4) 水分条件

石蒜膨大的地下茎含水量大于 70%，所以抗旱能力较强，每月补水一次能够满足石蒜生长需求，重度干旱胁迫后浇水约 1 周可恢复光合作用。石蒜较能忍受水分的缺乏，但在排水优良的土地里，供应充足的水分才能使其充分生长，有利于鳞茎鲜物质的增加。当表土干燥呈灰白色时，可适当补充水分。一旦进入休眠期，不可再浇水或施肥。

任务实施

生产技术流程：

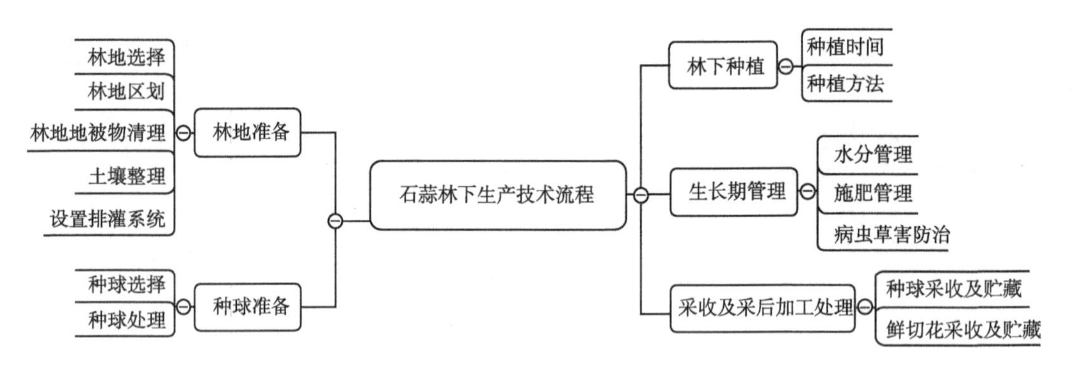

1. 林地准备

(1) 林地选择

石蒜野生品种生长于荫蔽潮湿的林地，土壤类型为红壤。在选择石蒜栽培地时以野生石蒜自然生长环境为依据进行选择，以生态环境优良的落叶林最好，林分有一定的郁闭度，土壤为疏松透气、土层深厚、富含腐殖质的酸性壤土，附近有水源并且要求交通便利。

(2) 林地区划

根据设计规划要求进行栽培地的区划，区划时还应因地制宜，并在满足石蒜生长的前提下尽量地尽其力、节约用地。

(3) 林地地被物清理

石蒜较耐阴，虽然在不同的荫蔽条件下石蒜表现出的特征不同，但这不影响石蒜的生长。因此，在种植前清理林地时可尽可能保留林地原有植物，但要对林下的杂草进行清除，避免林地土壤养分过分消耗。林分郁闭度应达到0.6。若林地植物过于稀疏，郁闭度达不到要求，则可在石蒜花期进行遮阴，有利于石蒜开花质量的提高。

(4)土壤整理

石蒜对土壤要求不严格，但土壤条件优良能够保证石蒜的成花质量及鳞茎生长，所以选择土层深厚、土质疏松透气、土壤富含有机质、水源丰富、排水条件良好的地块作为栽植地。栽植前要深翻土壤30~40cm，每亩圃地施腐熟有机肥500~1000kg。除此之外，要施用一些磷、钾肥，如骨粉、草木灰、过磷酸钙、氯化钾等，以满足石蒜对磷、钾元素的需求。种植前一周要对土壤进行消毒，预防土壤中的病虫害发生。一般用2%的硫酸亚铁水溶液进行土壤消毒，有条件的也可用高温消毒的方式进行土壤消毒。

(5)设置排灌系统

石蒜耐干旱，对水分要求不严格，生长期每月浇水一次即可满足其生长发育要求。石蒜的肉质鳞茎怕积水，所以在前期要做好场地排水系统。简单的场地排水系统可利用地形进行排水，即在栽培地设置一定的坡度，用于疏导多余的水分，避免栽植地积水。

2. 种球准备

(1)种球选择

以粒大饱满、品质纯正、无病虫害、无机械损伤、品种优良的石蒜球茎作种球。

(2)种球处理

为了防止种球被细菌侵染导致腐烂，在种植前应对种球进行消毒处理。消毒一般采用广谱性的消毒剂，如百菌灵、硫菌灵、苯菌灵、克菌丹、苯莱特等。把消毒剂配制成一定浓度的溶液，将剥去外部干枯种皮的种球放入消毒剂溶液中浸泡20min，然后捞出阴干备用。

3. 林下种植

(1)种植时间

石蒜可在春、秋两季进行种植，一般来说，春季4~5月或秋季花后分球种植。南方温暖地区一般秋季种植，北方寒冷地区常于春季种植。

(2)种植方法

露地种植时要求选择地势高且排水良好的地方，否则应作高畦。种植时可采用穴植或沟植，其中沟植比较常用，株行距15cm×20cm。种植不宜过深，以鳞茎刚埋入土面为好，所以覆土时要注意覆土的厚度。生产上也可采用40cm×60cm的框进行栽培。一般每框种植种球16个，这种方法便于移栽且易于管理。

若在潮土中进行栽植，栽植后短期可不浇水，若土壤干燥可浇一次透水。

4. 生长期管理

(1)水分管理

石蒜对水分的需求较小，正常气候条件下不需要特意补充水分，但是在连续高温干旱的夏季，需要补充一定的水分，一般1个月浇一次透水即可满足石蒜对水分的需求。石蒜肉质肥大的球茎在积水时间过长时容易腐烂，所以在雨季要做好排水工作，及时排出多余的水分，确保石蒜种植地不积水。

(2)施肥管理

石蒜耐性强，管理较为粗放，抗逆能力强，自然条件下土壤中的氮、磷、钾元素已经足够支撑石蒜的生长，可以不用另外施肥。但是在石蒜生长过程中适当施肥有利于石蒜鳞茎的生长及开花质量的提高，所以在石蒜生长发育过程中可以适当补充一些肥料。施肥把握薄肥勤施的原则。一般情况下在4月、7月施大量钾肥，可用草木灰、磷酸二氢钾、氯化钾、硫酸钾等；9月施大量氮肥，可用硫酸铵液肥，不宜施用尿素；11月施碳酸氢铵，1月施复合肥，中间根据需要可以施用一些微量元素肥，这种复合施肥方案适合在生产实践中推广。

(3)病虫草害防治

①主要病害防治　石蒜的常见病害有炭疽病和细菌性软腐病，预防措施：鳞茎栽植前用0.3%硫酸铜液浸泡30min，用水洗净晾干后种植；每隔半个月喷50%多菌灵可湿性粉剂500倍液。发病初期用50%苯莱特2500倍液喷洒。除此之外，为了预防病害，要在定植前对土壤和环境消毒；合理布局，避开高温、高湿环境；及时清除病株；剪刀等用具必须严格消毒。

炭疽病防治：可用波尔多液，或80%代森锌600~800倍液，或70%甲基硫菌灵800~1000倍液，每隔7~10天喷1次，连喷2~3次。

软腐病防治：在发病前和发病初，及时在靠近地面的叶柄基部和茎基部喷施农用链霉素或新植霉素200mg/L，或敌克松原粉1000倍液，或38%噁霜嘧铜菌酯800倍液，或50%代森铵600~800倍液，或77%氢氧化铜可湿性粉剂400~600倍液，或氯霉素300mg/L，7~10天喷药1次，共2~3次，重者进行灌根治疗。

②主要虫害防治　主要虫害有斜纹夜盗蛾、石蒜夜蛾、蓟马、蛴螬。

斜纹夜盗蛾：主要以幼虫为害叶片、花蕾、果实，啃食叶肉，咬蛀花莛、种子，一般在春末到11月为害，可用5%锐劲特悬浮剂2500倍液或万灵1000倍液防治。

石蒜夜蛾：幼虫入侵的植株，通常叶片被掏空，且可以直接蛀食鳞茎内部，受害处通常会留下大量的绿色或褐色粪粒，要经常注意叶背有无排列整齐的虫卵，发现即刻清除。防治上可结合冬季或早春翻地挖除越冬虫蛹，减少虫口基数；发生时，喷施乐斯本1500倍液或辛硫磷乳油800倍液，选择在早晨或傍晚幼虫出来活动取食时喷雾，防治效果比较好。

蓟马：通体红色，主要在球茎发叶处吸食营养，导致叶片失绿，尤其是果实成熟后发现较多，可以用25%吡虫啉3000倍液、70%艾美乐6000~10 000倍液轮换喷雾防治。

蛴螬：发现后应及时采用辛硫磷或敌百虫等药物进行防治。

③除草　在石蒜生长期间，少量杂草可以结合松土进行清除，若杂草较多，可采用药剂进行防除。

5. 采收及采后加工处理

(1) 种球采收及贮藏

为了获取种球，在石蒜培育过程中可适当遮阴，并在开花期去除花蕾，将石蒜的营养物质集中贮藏于石蒜鳞茎中。

石蒜种球采收一般在无叶期(5~9月)，其中6月为最佳时间。选择晴天进行挖掘种球，挖掘时避免损伤种球。挖掘出的石蒜种球要去除上面的泥土，但是不能用水冲洗。之后把种球摊平晾干，待种球外部鳞片干燥后按照种球的大小进行分级、包装、运输。

石蒜种球不适宜长期贮存，短期贮存时可以把其放在遮阴通风处，空气湿度保持40%左右。

(2) 鲜切花采收及贮藏

石蒜花形优美，色泽艳丽，花色变异较大，观赏价值较高，素有“中国的郁金香”之美誉。石蒜开花时正是花卉品种稀少的时候，且耐运输，是极具发展潜力的新兴切花资源。石蒜采收一般选择在早晨，在花蕾刚显色时即可进行采收。为了保证石蒜切花的质量，一般选择植株健壮、花茎挺拔、花蕾刚显色、无病虫的植株进行采收。

石蒜切花在贮运期间采用干藏方式比较理想，3天以内的短时间贮运可采用湿藏措施，但从降低成本、减少工序出发，建议采用干藏措施。赤霉素对石蒜切花有一定的保鲜作用，能明显改善石蒜的切花品质，经赤霉素预处理后进行干藏贮运能明显延长石蒜的瓶插寿命、实际观赏期等。

思考与练习

1. 根据石蒜的形态特征和生态习性，分析以下问题：

(1) 林下种植石蒜的林分条件、森林植物组成、森林郁闭度。

(2) 林下土壤质地、腐殖质含量等。

(3) 林下清理整地状况、林下光照条件。

(4) 水供应条件。

(5) 防鸟兽危害等防护条件。

2. 根据石蒜栽培技术要点制定栽培管理规程。

任务3.2 蝴蝶花生产技术

任务目标

掌握蝴蝶花种苗培育技术、林下栽培环境控制技术、林下种植养护技术、林下病虫害防治技术、采摘和采后处理技术；了解蝴蝶花加工技术。

知识准备

蝴蝶花产于我国江苏、安徽、浙江、福建、湖北、湖南、广东、广西、陕西、甘肃、四川、贵州、云南。也产于日本。为民间草药，用于清热解毒、消瘀逐水，治疗小儿发烧、肺病咯血、喉痛、外伤瘀血等。

1. 形态特征

蝴蝶花(*Iris japonica*)又名日本鸢尾、扁竹、开喉箭、兰花草等。多年生草本植物。根状茎可分为较粗的直立根状茎和纤细的横走根状茎。直立根状茎扁圆形，具多数较短的节间，棕褐色；横走根状茎节间长，黄白色。须根生于根状茎的节上，分枝多。叶基生，暗绿色，有光泽，近地面处带红紫色，剑形，长25~60cm，宽1.5~3cm，顶端渐尖，无明显的中脉。花茎直立，高于叶片，顶生稀疏总状聚伞花序，分枝5~12个，与苞片等长或略超出；苞片叶状，3~5枚，宽披针形或卵圆形，长0.8~1.5cm，顶端钝，其中包含有2~4朵花；花淡蓝色或蓝紫色，直径4.5~5cm；花梗伸出苞片之外，长1.5~2.5cm；花被管明显，长1.1~1.5cm；外花被裂片倒卵形或椭圆形，长2.5~3cm，宽1.4~2cm，顶端微凹，基部楔形，边缘波状，有细齿裂，中脉上有隆起的黄色鸡冠状附属物；内花被裂片椭圆形或狭倒卵形，长2.8~3cm，宽1.5~2.1cm，爪部楔形，顶端微凹，边缘有细齿裂，花盛开时向外展开；雄蕊长0.8~1.2cm，花药长椭圆形，白色；花柱分枝较内花被裂片略短，中肋处淡蓝色；子房纺锤形，长0.7~1cm。蒴果椭圆状柱形，长2.5~3cm，直径1.2~1.5cm，顶端微尖，基部钝，无喙，6条纵肋明显，成熟时自顶端开裂至中部；种子黑褐色，为不规则的多面体，无附属物。花期3~4月，果期5~6月(图3-2-1)。

图3-2-1　蝴蝶花

2. 生态习性

(1)气候条件

蝴蝶花生于山坡较荫蔽而湿润的草地、疏林下或林缘草地，在云贵高原一带常生于海拔 3000~3300m 处。喜温暖向阳或略阴处，忌晚霜与冬寒。栽植时蝴蝶花适宜的温度范围是 5~25℃，最适温度在 15℃左右。

(2) 土壤条件

土壤要求湿润无积水、富含腐殖质的砂壤土或轻黏土。蝴蝶花有一定的耐盐碱能力，在 pH 为 8.5、含盐量 0.2%的轻度盐碱土中也能正常生长。

(3) 光照条件

蝴蝶花耐阴，常生长在树林下或林缘草地。在林下不同荫蔽条件下，蝴蝶花的地上部分表现出随着光照强度的减弱而变小，地下部分则相反。

(4) 水分条件

蝴蝶花喜湿润的土壤环境，但忌积水。在蝴蝶花的生长过程中，除雨季外，其他时间要及时补水，满足蝴蝶花对水分的需求，在雨季则要做好排水工作。

任务实施

生产技术流程：

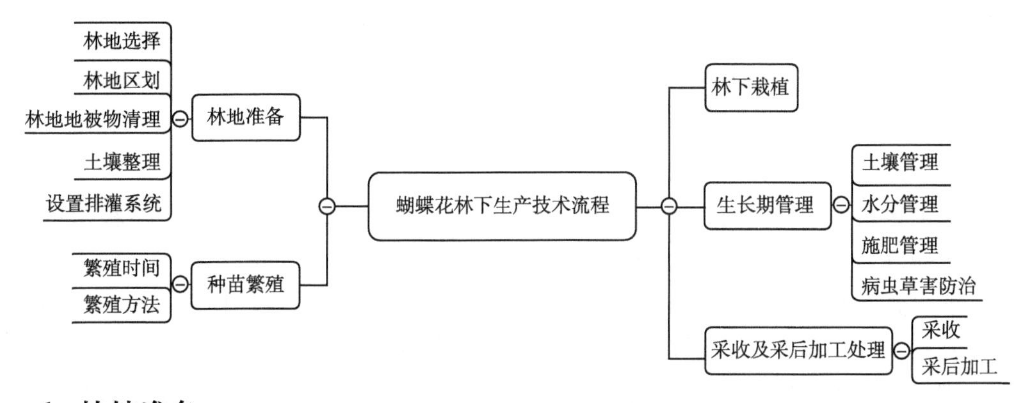

1. 林地准备

(1) 林地选择

蝴蝶花喜温暖湿润，有一定的荫蔽的林下环境，根据这一特点，蝴蝶花林下种植时可选择生态环境优良，场地坡度不大的阳坡林地，林地郁闭度不可过大，有一定的林窗，附近要有常年水量充沛、水质无污染的水源。林地可选择毛竹林、针阔混交林、密度不大的阔叶林，除此之外，尽量选择林下枯枝落叶层和土壤腐殖质深厚林地。

(2) 林地区划

根据设计规划要求进行栽培地的区划，区划时应因地制宜，并在满足蝴蝶花生长的前提下尽量地尽其力、节约用地。

(3) 林地地被物清理

蝴蝶花耐阴，但随着荫蔽度的增加，其地上部分的生长量减少，所以一般在有林窗的林下及林缘进行栽培较好。在清理林地地被物时，林地高大乔木应以保留，林下灌木及草本植物要适当进行清理，保证种植环境的整齐，同时满足蝴蝶花对光照的要求。

(4) 土壤整理

蝴蝶花喜富含腐殖质的黏质壤土，并以含有石灰质的碱性土壤最为适宜，土壤需排水良好，忌水涝与氮肥过多。栽培前应施充分腐熟的牛、猪粪或烘干鸡粪作基肥，在整地时将基肥均匀翻入土中，用量约 40g/m^2。不可施入无机肥，因蝴蝶花对土壤盐分较为敏感，无机肥的施入会增加土壤的含盐量，妨碍植株根系的生长。蝴蝶花栽种地的土壤消毒是一项非常重要的环节，一般采用深翻晾晒或化学消毒的方法。深翻晾晒时间一般为 20 天左右，化学消毒一般采用百菌清等杀菌剂喷洒土壤。

(5) 设置排灌系统

蝴蝶花喜湿润的土壤环境，在种植过程中要保证水分的充足，所以在整理种植地时可预先埋设灌溉系统。灌溉系统管网可根据栽植地情况进行合理布局，使之能覆盖整个栽植区。

蝴蝶花怕长期积水，可在整地时设置一定的排水坡度，以利于雨季通过地表径流排水。

2. 种苗繁殖

(1) 繁殖时间

蝴蝶花播种繁殖一般在春季，设施播种则不受季节限制，可全年进行。扦插繁殖一般在 6 月。分株繁殖可在春、秋两季进行，一般在花后进行分株繁殖。

(2) 繁殖方法

①种子繁殖　蝴蝶花容易获取大量的种子，所以适宜采用种子繁殖。播种前可用冷藏法或机械处理法将种子与粗沙反复磋磨，去除种皮，从而打破种子休眠，利于种子发芽。一般可种子成熟后浸种 24h，冷藏 10 天，再播于冷床中，这样种子容易萌发，当年秋季可发芽。实生苗 2 年后开花，若播后采取措施使其冬季继续生长，则 18 个月即可开花。蝴蝶花种子不宜干藏，用晒干的种子播种，必须经低温沙藏 50 天再播种，且发芽率不高。

②分株繁殖　分株繁殖每隔 2~4 年进行 1 次，于春季花后或秋季均可。除梅雨季节花后，其他时间均可进行分株繁殖，若栽培管理恰当，初冬来临前花芽分化好，不影响翌年开花。分株前清除花莛，截短叶丛 1/3~1/2，以减少水分的散失；分割根茎时，以每块具 2~3 个芽并具旺盛生长的新根为好；根茎粗壮的种类，切口宜蘸草木灰或硫黄粉，等切口稍干时再栽植，以防病菌感染。新分栽的株丛，前 2~3 年生长旺盛，开花多。多年不分株的，长势明显衰弱，开花少而小。若大量繁殖，可将新根茎分割下来，扦插于湿沙中保持温度 20℃，2 周内可生出不定芽。

③扦插繁殖　生产上大量繁殖时，可将成年植株直立根状茎切成 2~3 节的小段后全部埋于沙土中，扦插时间选择在果实成熟后 6 月左右。扦插后用遮阳网遮盖，早、晚各浇水一次降温保湿。

3. 林下栽植

蝴蝶花种植前必须浇1次水，保持土壤湿润，以利于生根。蝴蝶花栽植可采用穴植或沟植，栽植行间距20~40cm，竖向间距30~50cm。宜适当浅植，保持根颈顶部与地面相平即可。若栽植过深，容易引起茎叶腐烂。栽植后要浇透定根水，使根系与土壤充分接触，促进生根。待蝴蝶花成活后可转入正常养护管理。

4. 生长期管理

(1)土壤管理

蝴蝶花具有发达的根系，疏松的土壤有利于其根系的生长，所以在蝴蝶花的生长期，适当的松土管理有利于其发育。根据蝴蝶花的生长和土壤板结情况，在蝴蝶花的生长期间可结合除草工作进行松土。松土时要注意不可离根基太近，一般离根基越近，松土越浅；离根基越远，松土越深。

(2)水分管理

蝴蝶花喜水，生长过程中应保持土壤湿润，即手握成团、松开不散，土壤过干则植株长势不好。在蝴蝶花生长发育过程中，萌芽生长至开花阶段应保持土壤适度湿润，以保证花、叶迅速生长发育对水分的需求，春季干旱时可每7天左右浇1次透水；开花后可不必特殊供水。多雨季节要注意排水，以免导致根茎腐烂。

(3)施肥管理

蝴蝶花栽植成活后，于初春植株发芽时追施1次复合肥，初夏开花期追施1次磷、钾肥，秋末再浅施1次有机肥。

(4)病虫草害防治

蝴蝶花的主要病害有花叶病、黑霉病、枯斑病、锈病、叶枯病和软腐病；主要虫害有蓟马、蚜虫、蝗虫、蛾等。病虫草害的防治以防为主，可采用农业防治法、生物防治法、物理防治法、化学药剂防治法综合防治。在蝴蝶花的栽植过程中尽量结合种植方法进行农业防治，然后结合生物防治的方法，遇到比较严重病虫草害时再使用化学防治。化学防治时尽量采用高效、低毒、毒性降解快且无残留的农药。

①主要病害防治　花叶病是蝴蝶花常见病害，可以引起蝴蝶花叶片的梭形条纹和环状坏死。防治方法：用吡虫啉等农药防治传毒介体蚜虫；将感病植株连根拔除并烧毁，以减少侵染源；在生产上选育耐病或抗病毒的品种，栽培健康的种苗，也能取得良好效果。

黑霉病防治方法：发生量少时，可用清水轻轻将霉层擦洗干净；发病严重时，夏季用0.3波美度、春季用1波美度、冬季用3波美度石硫合剂防治。

枯斑病防治方法：发病初期，及时喷施25%多菌灵500倍液，每10天喷1次；或用25%的粉锈宁可湿性粉剂2000倍液，每30天喷1次。未发病的植株应喷药预防。发病严重地区，应拔除染病植株，用杀菌剂浇灌消毒土壤2~3次，然后重新栽植。

锈病防治方法：发病初期，可以采用25%粉锈宁可湿性粉剂1500倍液，或采用大蒜水(将湿粗沙和种子混合后反复搓磨，既可去除种皮，又可将蒜捣碎浸水)滤液喷洒叶面、涂抹病斑及根部浇灌等，也可以用敌锈钠250~300倍液喷洒植株，或用0.5~0.8波美度石硫合剂进行喷洒。当锈病发生比较严重时，先将病叶剪除，再将植株的根、茎浸泡在50%克菌丹500倍液或50%退菌特1000倍液内5min，然后用清水冲洗干净，根朝上放在阳光下晒30min，待阴干后4~5天再种于素沙内，放阴凉处缓苗。待长出新根、发生新芽后，重新栽植在消毒后的培养土中或地内。

叶枯病防治方法：加强日常养护，防止栽植地积水。发病初期及时将病叶剪除，减少侵染源。冬季将地表叶片剪除，集中烧毁。发病时可施用1∶1∶100波尔多液或硫黄粉，连喷4~5次，每次间隔8~10天。

软腐病防治方法：避免连作；保持栽植环境清洁卫生、通风透光；合理浇水与施肥；不用污水、生肥浇灌；每7天对茎、叶用波尔多液喷一次；一旦发现染病植株，及时将病部除去，伤口用多菌灵消毒；病害严重者及时拔掉并烧毁，并将周围土壤挖出进行处理，以免造成传染。发病初期，喷洒72%农用链霉素可湿性粉剂4000倍液喷雾防治，也可将农用链霉素注射根颈部。发病较严重时，先剪除病叶，剥去根、茎上腐烂部分，将植株剩下的根、茎浸泡在多菌灵1000倍液内5min，用清水冲洗干净，然后阴干，种于素沙内放阴凉处缓苗。待长出新根、发生新芽后，重新栽植在消毒后的培养土中或地里。

②主要虫害防治　蝴蝶花易受多种昆虫的侵害，如蓟马、蚜虫、蝗虫、蛾等。其中，钻蛀害虫是最主要的害虫，其幼虫会造成根颈受伤和顶芽坏死，主要为害蝴蝶花根颈，生产中可用90%敌百虫1200倍液灌根防治。

在生长季节，及时防除蚜虫，可选用50%马拉硫磷乳油1000~2000倍液或50%抗蚜威可湿性粉剂3000倍液进行喷雾防治。

③除草　种植前土壤进行过消毒处理，一般能够保证一段时间内没有杂草。后期蝴蝶花生长过程中可结合松土进行除草，当杂草量大时可使用化学药剂进行除草。

5. 采收及采后加工处理

(1)采收

蝴蝶花花形俏丽，色彩斑斓，生命力顽强，可以作为鲜切花进行使用。当花苞先端已露色或稍微绽开从缝隙中能够看到花瓣时，是采收的最适期。通常气温高时应稍提早采花，气温低时则延迟。鲜花采收后应立即浸水，并尽快送入冷藏室，使其充分吸水降温后再进行分装。

(2)采后加工

采收后，首先切掉根颈部位，除去过长的叶尖以及影响美观的黄叶，分级和捆扎，然后立即送入预先调到2℃的冷藏室。在2~5℃温度下，湿藏可保存1周，不影响鲜花正常开放。在鲜花销售过程中，将鲜花浸入水中运输有利于促进开花。

思考与练习

1. 根据蝴蝶花的形态特征和生态习性，分析以下问题：

(1)简述林下种植蝴蝶花的林分条件、森林植物组成、森林郁闭度。

(2) 简述林下土壤质地、腐殖质含量等。

(3) 简述林下清理整地状况、林下光照条件。

(4) 简述水供应条件。

(5) 简述鸟兽危害等防护条件。

2. 根据蝴蝶花栽培技术要点制定栽培管理规程。

项目 4　林菜生产技术

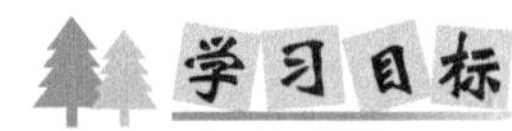

学习目标

知识目标

(1)掌握林下生产蔬菜种类及其生物和生态学特性。

(2)掌握林下蔬菜生产的主要技术流程和技术要点。

技能目标

(1)会根据林下蔬菜的生态学特性选择合适的林地环境。

(2)会根据林下蔬菜的生态学特性因地制宜地改造林下环境。

(3)会根据林下蔬菜的生长状况管理水肥。

(4)会防治蔬菜生产过程中的病虫草兽害。

(5)能处理采收后的林下蔬菜。

任务 4.1　黄花菜生产技术

任务目标

掌握黄花菜种苗培育技术、林下栽培环境控制技术、林下种植养护技术、林下病虫害防治技术、采摘和采后处理技术；了解黄花菜加工技术。

知识准备

黄花菜是重要的经济作物。它的花经过蒸、晒被加工成干菜，即金针菜或黄花菜，远销国内外，是很受欢迎的食品，有健胃、利尿、消肿等功效；根可以酿酒；叶可以造纸和编织草垫；花莛干后可以作燃料。产于秦岭以南各省份(包括甘肃和陕西的南部，不包括云南)及河北、山西和山东。生于海拔2000m以下的山坡、山谷、荒地或林缘。我国栽培黄花菜有悠久的历史，主要产区有湖南、江苏、陕西、四川、甘肃等省份，尤其湖南的邵东和祁东最为著名，产量占全国50%以上，其次为四川的渠县，陕西的大荔等也很有名。其鲜花不宜多食，特别是花药，因含有多种生物碱，会引起腹泻等中毒现象。由于长期栽培，黄花菜品种很多，仅在湖南邵东、祁东两个县，就有几十个品种，其中主要的有'四月花'(早黄花)、'荆叶花'(白花)、'茄子花''茶子花''猛子花''炮筒子花''中秋花'(细叶子花)等。花期最早的是'四月花'，从5月就开花；最晚的是'中秋花'，9月还在开花。一般花期45~70天，每亩可收干花(即金针菜)75~100kg(通常干花蕾1100~1200个可晒制干花0.5kg)，最高可达250~400kg。

1. 生物学特性

黄花菜(*Hemerocallis citrine*)又称金针菜、柠檬萱草、忘忧草等。多年生草本植物，植株一般较高大。根近肉质，中下部常有纺锤状膨大。叶7~20枚，长50~130cm，宽6~25mm。花莛长短不一，一般稍长于叶，基部三棱形，上部或多或少圆柱形，有分枝；苞片披针形，下面的长可达3~10cm，自下向上渐短，宽3~6mm；花梗较短，通常长不到1cm；花多朵，最多可达100朵以上；花被淡黄色，有时在花蕾顶端带黑紫色；花被管长3~5cm，花被裂片长(6~)7~12cm，内3片宽2~3cm。蒴果钝三棱状椭圆形，长3~5cm。种子20多个，黑色，有棱，从开花到种子成熟需40~60天。花果期5~9月(图4-1-1)。

黄花菜均用无性的分蘖繁殖，分蘖定植5年后进入盛产期，一般可采花20~30年，最高的60年后仍在开花。每年发出4~6条近肉质的根，一层层向上生长(可以依此判断年龄)，在秋季或营养不良时则发出纺锤形的肉质块根。一般每年出叶2次，第一次是春季(2月中旬)，这种叶在9月即花果期结束后枯萎，接着又发出新叶，俗称"冬苗"，为重要的贮藏营养阶段，"冬苗培育好，花多产量高"。至初霜时，冬苗才枯萎。但在北京地区则不见这种冬苗。

图4-1-1 黄花菜的花

本种的所有品种的花，都是在14:00~20:00时开放，次日11:00以前凋谢，2~3天脱落。一般在阴天要开得早一些，凋谢得晚一些，不同的品种也有一定差异。此外，花被管的长短，叶的宽窄、质地，以及蒴果的形状、大小等差异也较大。

2. 生态习性

(1)气候条件

黄花菜喜温暖且适应性强。地上部不耐寒，遇霜即枯萎，而地下部能耐-22℃的低温，甚至在极端气温达-40℃的高寒地区也可安全越冬。当日平均气温>5℃时，幼苗开始出土，叶丛生长适宜温度14~20℃，抽薹开花需要20~25℃的较高温度。

(2)土壤条件

黄花菜耐瘠、耐旱，对土壤要求不严。黄花菜对土壤的适应性广，且能生长在瘠薄的土壤中，在pH 5.0~8.6的土壤中都可生长。

(3)光照条件

黄花菜喜光，但对光照强度适应范围较广，可于果园、桑园间作，也可在地缘、山坡或农田埂带上栽培。

(4)水分条件

黄花菜耐旱、忌湿涝。抽薹前需水量较少，抽薹后需水量逐渐增多，特别是盛花期需水量最多。高温、干旱易引起小花蕾不能正常发育而脱落，缩短采收期，严重影响产量和品质。蕾期若遇阴雨过多，则容易落蕾。

3. 种苗繁殖方式

(1)自然分蘖

每年春、秋季挖取需要更新的老株丛，除去老残枯根，用手掰取自然蘗为一株进行丛栽。这种方法繁殖系数低，种苗用量4500~7500kg/hm^2，1hm^{2}老株只能供6~8hm^{2}新田栽种；但由于是无性繁殖，母株的优良种性遗传比较稳定，新田经济性状较一致。

(2)种子繁殖

种子繁殖即用种子直播培植。由于黄花菜产种量少，为15kg/hm^{2}左右；且留花过早易引起脱蕾，造成减产；在开花授粉时容易异种串花，引起良种后代发生分离退化，品质变劣；种子繁殖要经过采种、育苗，至第三年才开始开花，生产周期长。因此，极少采用种子繁殖，一般只在培育良种、进行有性杂交时采用。

(3)根状茎芽块繁殖

此繁殖法可提高黄花菜种苗的繁殖系数，具有成本低、分株繁殖后代遗传性较稳定、种苗繁殖系数较高的优点，需种量450kg/hm^2。该方法简便易行，易于掌握。具体方法：在需要更新的黄花菜地块，选取无病虫害、剥除老残枯叶的老株丛，用刀将顶端一年生尚未老化的白色嫩根侧芽和二年生根状茎段与其侧芽分别切成3个芽块。将下部位的老根状茎段，于两列隐芽连线的中间沿垂直方向切开，再按1cm长逐个切断。1株六年生种苗能切成11~15块根茎苗(芽)切块，栽植后可获得11~15株新苗；如果是九年生的老株，则可获得17~21株新苗。在切取芽块时，每个芽块上至少要带2条肉质根，以促使新株发育健壮。此外，根一般剪留7cm左右，栽芽块时覆土5cm厚，栽带叶的苗(芽块)可将叶剪留7cm，栽后露出地面2cm即可。

(4)扦插繁殖

黄花菜采收完毕后，从花莛中、上部选苞片鲜绿且苞片下生长点明显者，在生长点的上下各留15cm左右剪下，将其略呈弧形平插到土中，使上、下两端埋入土中，使苞片处有生长点的部分露出地面，稍覆细土保护；或将其按30°的倾角斜插，深度以土能盖严芽处为宜。当天剪的插条最好当天插完，以防插条失水，影响成活。插后当天及次日必须浇透水，使插条与土壤密接。以后土壤水分应保持在 40%左右。约经 1 周后即可长根生芽。入冬注意防寒。经 1 年培育，每株分蘖数多者有 12 个，最少 5 个，翌年即可开花。

任务实施

生产技术流程：

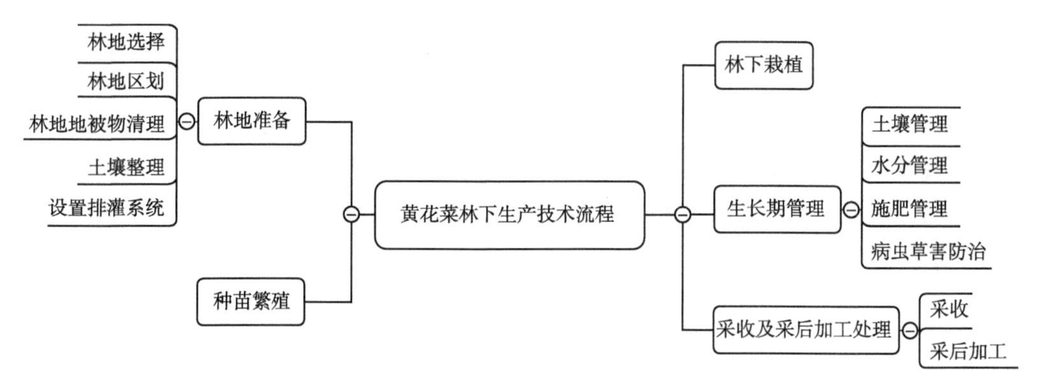

1. 林地准备

(1) 林地选择

根据黄花菜的生长特点和土壤环境特点，选择生态环境优良、场地平缓的林地，附近要有常年水量充沛、水质无污染的水源，林地要光照充足，林分郁闭度不大。植被以阔叶林为主，林下枯枝落叶层和土壤腐殖质深厚。由于选定的种植地一般土壤有机质含量丰富，所以基本不用施肥，但是腐殖质含量较少的土壤应适当补充施肥。施肥以有机肥为主，辅助施以无机肥。

(2) 林地区划

根据设计规划要求进行栽培地的区划，区划时还应因地制宜，并在满足黄花菜生长的前提下尽量地尽其力、节约用地。

(3) 林地地被物清理

黄花菜喜光，但对光照的适应范围较广，所以可以在林下及林缘进行栽培。对于林地植物，高大乔木应保留，林下灌木及草本植物要适当进行清理，既可保证种植环境整齐，也满足黄花菜对光照的要求。当林地郁闭度过大时可适当间伐乔木，增加林下光照强度。

(4) 土壤整理

林下土壤腐殖质含量丰富的土壤，尽量保持土壤原生状态。原生林地土壤较好的条件下，可以直接种植黄花菜；若土壤条件较差，可对土壤进行改良。若土壤通透性不够，容易板结，可以在土壤中添加泥炭土、珍珠岩等；若土壤肥力欠佳，可在土壤中添加腐熟的有机肥、缓释性的复合肥等。把添加的物质与土壤拌和均匀，这个过程可与土壤翻耕结合到一起，土壤翻耕深度为 30~40cm。

根据地形条件，规划好主道路和便于作业的小路网，整地作畦。黄花菜适宜高垄窄畦，畦宽90cm，畦高25cm，畦面略呈弧形，避免积水。畦四周挖沟，沟宽30~40cm，沟沟相通以便于排水。

整理后的土壤需要进行杀菌处理，常用的有喷洒43%戊唑醇乳油5000倍液、代森锰锌2000倍液、70%百菌清1000倍液或1%高锰酸钾稀溶液等高效、低毒、低残留的化学试剂或农药。喷洒杀菌剂后应覆盖薄膜密封7~10天，然后去除薄膜，以达到较好的杀菌效果。林下种植场地周围可以撒些生石灰，以减少有害微小动物进入。

(5)设置排灌系统

黄花菜耐干旱，但是在花期需要充足水分，否则会影响成花数量和质量。在黄花菜栽植地可预先埋设灌溉系统。灌溉系统管网可根据栽植地情况进行合理布局，使之能覆盖整个栽植区。

黄花菜根近肉质，怕湿涝。苗床栽植时可以采用高床，利用畦沟进行排水；大田栽植时，可在整地时设置一定的排水坡度，以利于通过地表径流排水。

2. 种苗繁殖

黄花菜无性繁殖从花蕾结束到翌年3月均可以进行。生产上主要采用扦插繁殖，其繁殖方法见前述。

3. 林下栽植

黄花菜栽植时可以根据当地地形合理密植。黄花菜密植可以发挥群体优势，增加抽薹、分蘖和花蕾数，达到提高产量的目的。一般多采用宽窄行栽培，窄行30~45cm，宽行60~75cm。每穴栽2~3株，穴距9~15cm，栽植密度为4.5万~7.5万株/hm^2，盛产期可达150万~225万株/hm^2。由于黄花菜的根群从短缩的茎周围生出，具有一年一层、发根部位逐年上移的特点，因而适当将黄花菜深栽有利于植株成活，适栽深度为10~15cm。栽植后及时浇定根水，秋苗长出前保持土壤湿润，有利于新苗的生长。

4. 生长期管理

(1)土壤管理

黄花菜的根系为肉质根系，需要肥沃疏松的土壤环境条件，才能有利于根群的生长发育。生育期间应根据生长和土壤板结情况中耕3~4次，第一次在幼苗出土时进行，第2~4次在抽薹期结合中耕进行培土。中耕时可结合情况进行除草工作。

(2)水分管理

黄花菜比较耐旱，但为了提高产量，应保证水分供给，特别是在花蕾期需水量较大，遇干旱时要及时浇水。黄花菜忌湿或积水，福建地区台风雨天气多，要及时做好田间的排水工作，防止内涝。

(3)施肥管理

黄花菜整个生长期施肥可分3次进行，指导原则是“施足基肥、早施苗肥、适施薹肥、补施蕾肥”。第一次施催苗肥，结合中耕除草，每亩施尿素8~10kg，以速效肥为主，促进春苗早生快发。第二次施抽薹肥，在抽薹前结合中耕除草每亩施复合肥25~30kg，促使抽薹粗壮、分枝多、早现蕾和花蕾饱满。第三次在采摘前期，选择下雨天，每亩施复合肥20~25kg，以保证后期花蕾用肥需求，延长采摘期。在黄花菜的休眠期施基肥，一般在秋苗经霜凋萎后或种植时进行，以有机肥为主，施优质农家肥3万kg/hm²、过磷酸钙750kg/hm²。

(4)病虫草害防治

病虫草害的防治以防为主，可采用农业防治法、生物防治法、物理防治法、化学药剂防治法综合防治。在黄花菜的栽植过程中尽量结合种植手法进行农业防治，然后结合生物防治的方法，遇到比较严重病虫草害时再使用化学防治。化学防治时尽量采用高效、低毒、毒性降解快且无残留的农药。

①主要病害防治　黄花菜主要病害有叶斑病、叶枯病、锈病和根腐病等。

叶斑病防治：在发病初期，及时用50%速克灵可湿性粉剂1500倍液、40%多·硫悬浮剂或36%甲基硫菌灵悬浮剂500倍液、50%多菌灵可湿性粉剂800~1000倍液，每隔7~10天喷一次，连喷2~3次。或用三色粉(熟石灰：草木灰：硫黄粉为20：10：1)在雨后撒施，每亩45~60kg，兼有预防和治疗效果。在栽培上选择抗病品种，合理施肥，增强植株抗病性；采摘后及时清除病残体，集中烧毁或深埋，可预防叶斑病发生。

叶枯病防治：用0.5%~0.6%的等量式波尔多液或75%百菌清可湿性粉剂800倍液进行叶面喷施，出现病害后7~10天喷1次，共喷2~3次。

锈病防治：可在发病初期用50%多菌灵可湿性粉剂600~800倍液、75%百菌清可湿性粉剂600倍液、50%代森锌500~600倍液或40%稻瘟净600~700倍液喷雾防治，每隔7~10天喷一次，连喷2~3次。另外，在栽培过程中合理施肥，雨后及时排水，防止田间积水或地表湿度过大，采收后拔薹割叶集中烧毁，并及时翻土，早春松土、除草等，有利于预防锈病的发生。

根腐病可用硫酸铜100倍液进行灌根防治。

②主要虫害防治　黄花菜主要虫害有红蜘蛛和蚜虫。

红蜘蛛防治：用15%扫螨净可湿性粉剂1500倍液或73%克螨特2000倍液喷雾防治。

蚜虫防治：可用25%抗蚜威3000倍液喷雾防治。也可用新鲜小辣椒研磨兑水直接喷杀。在黄花菜鲜食地区，因为新鲜黄花菜每天采摘直接售卖，发现花蕾有蚜虫时严禁使用农药喷杀，必须使用生物防治方法。

③除草　黄花菜苗期可人工进行清除杂草，营养生长期可结合松土进行除草，孕蕾及开花期尽量不进行相关作业，待花蕾采收后，可在清理枯薹及老叶时进行杂草的清理。

5. 采收及采后加工处理

(1)采收

黄花菜花蕾呈现出黄绿色、纵沟明显，果实饱满、含苞待放时，即可以采摘。不同品种的开花时间不同，有的品种在上午开花，有的品种在晚上开花，因此要根据品种开花时间进行采摘，且要确保在开花1h内采摘完，不然花蕾出现“咧嘴”或开放，加工时汁液容易流出，难以保证黄花菜的产量和品质。采摘期结束后，应及时把残留的枯薹和老叶全部割除。留茬一般从地面4~6cm处割除，并在行间进行清园，深耕施肥，每亩施土杂肥

1500~2000kg，以促进早发冬苗。

(2) 采后加工

采摘回来的花蕾要及时蒸制，不宜长时间堆放。少量蒸制时用家用蒸锅即可，数量比较多时要建造砖木结构的专用蒸笼，燃料可用柴火或煤火。蒸制时要做到花蕾上笼及时、装量均匀、多留空隙，中间留一孔穴直通筛底，使蒸汽流通顺畅、分布均匀，从而使花蕾受热一致。蒸制时间通常掌握在冒蒸汽后15min左右，花蕾转为黄白色、体积缩小1/3时即可出笼。若蒸制过度，花蕾的汁液流失过多，不仅成品率低，且干后色泽呈黑黄色，质量差；若蒸制时间不足，热度没达到要求，干燥后其色泽呈青黄色，也不符合规格要求。

蒸制后的花蕾切忌立即日晒干燥，必须摊开置于通风干燥的地方晾一个晚上，一般时间不能少于10h，这样才能使蒸制后的花蕾继续完成糖化过程，成熟度才能更加均匀，颜色才会由淡黄转变为红黄色，呈透明状，色纯质高。若将蒸后的花蕾立即日晒，成品干瘪，品质不好，商品价值低。加工干燥后的黄花菜要采用双层无毒塑料薄膜袋盛装，袋口扎紧，或置于缸、坛贮存，加盖密封，防止回潮、虫蛀或霉变。

思考与练习

1. 根据黄花菜的形态特征和生态习性，回答以下问题：

(1) 简述林下种植黄花菜的林分条件、森林植物组成、森林郁闭度。

(2) 简述林下土壤质地、腐殖质含量等。

(3) 简述林下清理整地状况、林下光照条件。

(4) 简述水供应条件。

(5) 简述鸟兽危害等防护条件。

2. 根据黄花菜栽培技术要点制定栽培管理规程。

单元2

林下养殖技术

学习内容

项目 5　林下禽类养殖技术

学习目标

知识目标

(1) 掌握林下养殖主要禽类的形态特征和生态学特性。

(2) 掌握林下养殖禽类的主要生产技术流程和技术要点。

技能目标

(1) 会识别主要的林下养殖禽类。

(2) 会根据林下养殖禽类的生态学特性选择合适的林地环境。

(3) 会根据林下养殖禽类的生态学特性因地制宜地改造林下环境。

(4) 会根据养殖禽类的生长状况进行管理。

(5) 会防治林下禽类养殖过程中的疫病。

任务 5.1　乌骨鸡养殖技术

任务目标

掌握乌骨鸡林下养殖环境控制技术、林下养殖养护技术、林下养殖疫病防治技术。

知识准备

乌骨鸡原产于我国江西省泰和县马市镇汪陂村，是我国畜禽基因库中具有特殊经济价值的珍禽。乌骨鸡是我国的古老鸡种之一，具有国外鸡种所不及的优良性状，不仅外形奇特美观，而且具备性情温驯、不善飞跃、就巢性好、生长发育前快后慢等特点，集药用、营养和观赏价值于一身，是我国特有的药用珍禽。用乌骨鸡治病，是我国独有的方法。唐代孟诜所著的《食疗本草》一书中已有用乌骨鸡治新产妇疾病的加工方法。目前，市面出售以泰和乌骨鸡为主要原料配制而成的妇科要药“乌骨鸡白凤丸”，曾获国家级奖，畅销国内外。此外，江西泰和县泰和酒厂酿制的“乌骨鸡补酒”被列为国家礼品酒，闻名中外。乌骨鸡的主要活性成分为乌骨鸡苷(kinsenoside)。相关研究表明，乌骨鸡苷具有保肝降血糖等功效，但作用机制尚未明确。另外，乌骨鸡还含类黄酮、多糖、挥发性化合物、生物碱、萜类、甾体和丰富的苷类成分。在生物活性方面，乌骨鸡主要具有降血糖、降血压、抗脂肪、抗炎、抗病毒、保肝、肾保护性、免疫调节、抗惊厥、镇静和抗肿瘤等作用。常用乌骨鸡煲汤食用，具有增强抵抗力的功效；乌骨鸡经特殊的“食品化炮制”可做成药膳膏方，可运用于亚健康病人、重病患者辅助治疗及病后康复，具有滋补保健疗效。此外，乌骨鸡色泽、口感俱佳，加上苦丁茶、罗汉果、甘草、杭白菊和山楂等常见食材调配口感，可开发出新一类降“三高”保健食品、辅助降血糖的保健品及改善代谢功能障碍的固体饮品。

乌骨鸡除具有特殊的药食功效外，还是其他医药相关工业的重要原料，如鸡蛋可用来制造蛋白银、鞣酸蛋白，提取卵磷脂和制造各种生物药品；屠宰后的下脚料可综合利用，如胆汁可以提炼鸡胆盐作为生物试剂使用，卵巢可以制造卵巢粉和雌性激素。此外，鸡的羽绒也是纺织工业的原料，鸡粪可制作饲料和肥料循环利用。近年来我国大力开展对乌骨鸡品种资源的挖掘整理，对乌骨鸡的研究也体现出前所未有的发展势头。目前，乌骨鸡的生产基地主要分布于我国南方各省份，北方有些地区亦有饲养。

1. 生物学特性

(1)形态特征

乌骨鸡(又称竹丝鸡)是一种杂食家养鸡。乌骨鸡长得矮，有小小的头及短短的颈项。皮肤、肌肉、骨骼和大部分内脏都是乌黑的。由于饲养的环境不同，乌骨鸡的特征也有所不同，有白羽黑骨、黑羽黑骨、黑骨黑肉、白肉黑骨等。最多见的乌骨鸡，遍身羽毛洁白，有“乌鸡白凤”的美称，除两翅羽毛以外，其他部位的毛都如绒丝状，头上还有一撮细毛高凸蓬起，骨骼乌黑，连喙、皮、肉都是黑色的。

(2)生理特性

乌骨鸡体型较小，生长速度慢，一般饲养90天体重为750g左右。成年公鸡体重1300~1500g，成年母鸡体重1000~1250g。公鸡开啼日龄150~160天。母鸡开产日龄170~180天，年产蛋120~150枚，蛋重40g左右，蛋壳呈浅白色，蛋形小而正常，蛋形指数74左右。母鸡就巢性强，在自然情况下，一般每产10~12枚蛋就巢1次，每次就巢在15天以上。种蛋孵化期为21天。

(3)生活习性

乌骨鸡性情温顺，喜欢群居。喜欢吃杂粮，采食量少，少食多餐。耐热，喜欢干燥清洁环境。胆小怕惊，怕冷，怕潮湿。

①适应性　成鸡对环境的适应性较强，患病较少，但幼雏体小、体质弱，抗逆性差，过去人们普遍认为其易病、易死、难养。经多年选育研究和饲养管理技术水平的提高，育

雏率、育成率和种鸡存活率均达95%左右。

②胆小怕惊　乌骨鸡胆小，一有异常动静即会造成鸡群受惊，影响生长发育和产蛋。因此，应创造一个较宁静的饲养环境。

③群居性强　乌骨鸡性情极为温和，不善争斗，但最好公母分群、大小分群饲养，使鸡群生长发育均匀、整齐。

④善走喜动　乌骨鸡善走喜动，但飞翔能力较差，管理方便，一般采用地面平养或搭网平养。

⑤食性广杂　一般的玉米、稻谷、大麦、小麦、糠麸、青绿饲料均能喂饲，但应注意饲料要全价，这样有利于鸡的生长发育和繁殖性能的提高。

⑥就巢性强　就巢性是繁殖后代的本能，乌骨鸡就巢性较强。

2. 乌骨鸡的种类

乌骨鸡的种类主要有丝羽乌骨鸡、余赣(干)乌骨鸡、乌蒙乌骨鸡、沐川乌骨鸡、德化黑鸡等。

(1)丝羽乌骨鸡

丝羽乌骨鸡又名泰和乌鸡，是江西省泰和县特产，原产于泰和县武山北麓，根据产地又称武山鸡。丝羽乌骨鸡在国际标准品种中被列为观赏型鸡。其头小、颈短、脚矮，结构细致紧凑，体态小巧轻盈。因具有桑葚冠、缨头、绿耳、胡须、丝羽、五爪、毛脚、乌皮、乌肉、乌骨“十大”特征及极高的营养价值和药用价值而闻名世界。

桑葚冠：鸡冠颜色在性成熟前为暗紫色，与桑葚相似；成年后则颜色渐褪，略带红色，故有荔枝冠之称。

缨头：头顶有冠羽，为一丛缨状丝羽，母鸡羽冠较为发达，状如绒球。

绿耳：耳叶呈暗紫色，在性成熟前现出明显的蓝绿色彩，但在成年后此色素即逐渐消失，仍呈暗紫色。

胡须：在下颌和两颊着生有较细长的丝羽，俨如胡须，以母鸡较为发达。肉垂很小，或仅留痕迹，颜色与鸡冠一致。

丝羽：除翼羽和尾羽外，全身的羽片因羽小枝没有羽钩而分裂成丝绒状。一般翼羽短，羽片的末端常有不完全的分裂。尾羽和公鸡的镰羽不发达。

五爪：脚有五趾，通常由第一趾向第二趾的一侧多生一趾，也有个别从第一趾再多生一趾成为六趾的，其第一趾连同分生的多趾均不着地。

毛脚：胫部和第四趾着生有胫羽和趾羽。

乌皮：全身皮肤以及眼、脸、喙、胫、趾均呈乌色，乌黑的部位和程度有时随不同个体而稍有差异。

乌肉：全身肌肉略带乌色，内脏膜及腹脂膜均呈乌色。

乌骨：骨质暗乌，骨膜深黑色。

目前也存在一些不全具备这“十全”标准的丝羽乌骨鸡和单冠、胫、趾无小羽等类型。

成年鸡适应性强，幼雏抗逆性差，体质较弱。成年雄鸡体重1.3~1.5kg，成年雌鸡体重1.0~1.25kg；雄鸡性成熟平均日龄为150~160天，雌鸡开产日龄平均为170~180天。年产蛋80~100枚，最高可达130~150枚。雌鸡就巢性强，在自然条件下，每产10~12枚蛋就巢一次，每次就巢持续15~30天，种蛋孵化期为21天。在饲养条件较好的情况下，生长发育良好的个体年就巢次数减少，且持续期也缩短。

丝羽乌骨鸡是我国古老的优良地方鸡种之一。它具有独特的体型外貌。国外列为观赏用鸡。其具有乌皮、乌肉、乌骨的特点，是中药"乌鸡白凤丸"的主要原料，在国内被作为药用鸡，经济效益较高。目前，其生产性能仍相当低劣，急需予以提高。

(2)余干(赣)乌骨鸡

余干乌骨鸡距今有2000多年的历史，1980年国际上将它列为濒临灭绝的地方鸡种。余干乌黑鸡产于江西省余干县，属药肉兼用型，除药用外，还是饮食中的美味佳肴。余干乌黑鸡以全身乌黑而得名。周身披有黑色片状羽毛，喙、舌、冠、皮、肉、骨、内脏、脂肪、脚趾均为黑色。雄、雌鸡均为单冠，雌鸡头清秀，羽毛紧凑；雄鸡色彩鲜艳，雄壮健俏，尾羽高翘，腿部肌肉发达。成年雄鸡体重1.3~1.6kg，雌鸡成年体重0.9~1.1kg；雄鸡性成熟日龄在170天，雌鸡开产日龄为180天。雌鸡就巢性强，年产蛋为150~160枚，蛋重为43~52g，孵化期为21天。

(3)乌蒙乌骨鸡

乌蒙乌骨鸡是贵州省的药肉兼用型鸡种。乌蒙乌骨鸡主产于云贵高原黔西北部乌蒙山区。乌蒙乌骨鸡是由毕节市畜牧兽医科学研究所利用本地乌骨土鸡为素材，从1993年起经过20年优选提纯培育成的地方优质品种。乌蒙乌骨鸡最大特点是富含锌、硒等微量元素，是我国鸡种中难得的珍品。

乌蒙乌骨鸡体型中等，公鸡体大雄壮，母鸡稍小紧凑。多为单冠，公鸡冠大耸立，个别有偏冠，冠齿7~9个，肉髯薄而长，母鸡冠呈细锯齿状。羽色以黑麻色、黄麻色为主，少数白色、黄色和灰色。羽状多为片羽，少数翻羽。冠、喙、脚、趾、泄殖腔、皮肤、耳呈乌黑色。大部分鸡的皮肤、口腔、舌、气管、嗉囊、心、肺、卵巢、肠、肾脏、胰脏、骨膜、骨髓呈乌黑色。肌肉乌黑色较浅，颈部、背部肌肉乌黑色偏重。少数有胫羽。

成年公鸡平均体重1870g，母鸡平均体重1510g。成年公鸡平均半净膛屠宰率77.90%，母鸡78.48%；成年公鸡平均全净膛屠宰率67.96%，母鸡68.99%。母鸡平均开产日龄161天，平均年产蛋115枚；平均蛋重42.5g，平均蛋形指数1.37，蛋壳浅褐色。公鸡性成熟期165~180天。公、母鸡配种比例1：(10~12)，平均种蛋受精率96%，平均受精蛋孵化率74%。母鸡就巢性强，每年4~5次，平均就巢持续期18天。公鸡利用年限1~2年，母鸡2~3年。

(4)沐川乌骨黑鸡

沐川乌骨黑鸡是四川省地方特优品种，又称大楠黑鸡，属川南山地乌骨鸡的重要品系，在沐川县有悠久的种源历史。其因皮肤、咀、冠、鬃、口腔、肉、骨及内脏均为黑色而得名，尤其是全身片羽黝黑、泛蓝绿色光而独具特色，举世珍稀，堪称乌骨鸡之冠。

沐川乌骨黑鸡属药肉兼用型鸡种。其肉质细嫩，营养丰富，无污染，特别是药用价值高，在《本草纲目》中有专门记载，清代曾将其作为贡品进京。又以其"全黑"，被列为人们滋补、强身健体、保健美容的佳品，综合开发潜力巨大。

沐川乌骨鸡体躯长而大，背部平直。头中小，清瘦。喙短，前端稍弯曲，呈黑色。冠型单冠、玫瑰冠、复冠，呈黑灰色，冠直立，冠齿 5~7 个。肉髯乌黑色。耳叶椭圆形。睑部皮肤松弛、粗糙，呈黑色或紫色。眼椭圆形，暗黑色，瞳孔、虹彩乌黑色。颈弯曲适中。主尾羽发达、直立。全身羽毛黝黑，泛蓝绿色光，鞍羽和尾羽更为明显。全身皮肤乌黑色。胫较长，多数有胫羽，趾乌黑色。

成年公鸡平均体重 2680g，母鸡 2290g。成年公鸡平均半净膛屠宰率 84.00%，母鸡 75.00%；成年公鸡平均全净膛屠宰率 79.00%，母鸡 69.00%。母鸡平均开产日龄 225 天，每窝产蛋 10~15 枚，平均年产蛋 110 枚；平均蛋重 54g，平均蛋形指数 1.35，蛋壳浅褐色。公鸡平均性成熟期 200 天。平均种蛋受精率 96%，平均受精蛋孵化率 92%。母鸡就巢性弱。公、母鸡利用年限 1~2 年。

(5) 德化黑鸡

德化黑鸡是福建省乌骨鸡珍稀品种，原产地德化县，已有数百年的饲养历史。其特点是：肉质细嫩、清香甘润、味道鲜美，因含有极高滋补价值而得名。2007 年 12 月，国家质量监督检验检疫总局批准对“德化黑鸡”实施地理标志产品保护。

德化黑鸡体型中等，体质结实，行动敏捷。冠型单片直立，冠齿 6~9 个。全身羽毛为黑色片羽并带墨绿色金属光泽，无胫羽，四趾。根据冠的颜色分 2 个品系：黑冠品系，冠及脸、耳叶、肉髯呈紫黑色，瞳孔黑色，虹彩黑褐色，皮、肉、骨、内脏呈乌黑色；红冠品系，冠及脸、耳叶、肉髯呈鲜红色，瞳孔黑色，虹彩橘黄色，皮、肉、骨呈白色。

德化黑鸡“娇贵难养”，对防疫技术要求很高，目前多为农户零星养殖，很难规模养殖，逐渐成了濒临灭绝的珍稀鸡品种。数百年来，这种鸡一直是当地妇女坐月子时补充营养的上佳滋补品。为了保护这个珍稀鸡品种，德化县采取了不少抢救性的措施，并取得了不错的成效。

德化黑鸡最好采用散养，农户一般在林下或者在山坡地上、果园里养鸡，这些地方一般地势比较高，地表比较干燥，但附近有水源，水质优良，避风向阳，环境安静，远离村庄、主干道等比热闹的地方，6~9 个月就可以出笼。

德化黑鸡加入中药材做成药膳鸡汤，对女性有滋补、美容养颜的功效，老人食用能补肾、抗衰老、抗疲劳，体质较弱经常生病的人食用能养肺益气，提高免疫力，减少生病次数。

任务实施

生产技术流程：

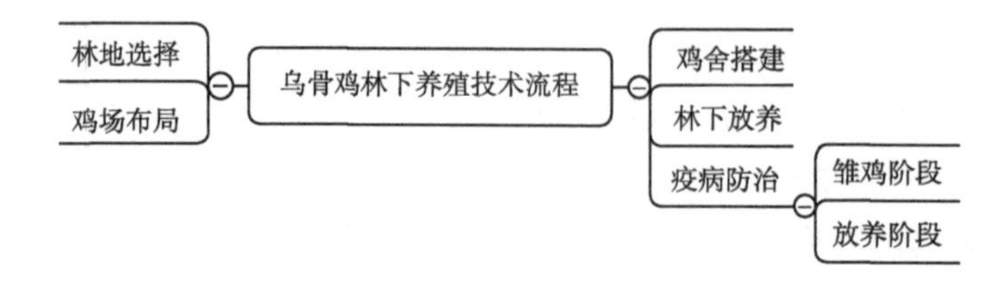

1. 林地选择

为保证饲养的乌骨鸡的品质，需要提供良好的养殖地。林地的选择标准：地势平坦的高地或缓坡，排水良好、采光充足、通风良好的草坡、林地及果园等。树林的遮阴度要在70%以上，保证鸡群在阳光强烈时能有树荫乘凉，预防鸡群中暑。隔离条件好，所选地距离干线公路、其他畜禽场、村镇及居民点1km以上。远离污染源，鸡场周围3km内无大型化工厂、垃圾及矿厂等。禁止建场区域为生活饮用水源、食品厂上游，以免造成污染；禁止建设在风景名胜区、自然保护区及国家或地方法律与法规不允许的区域内。

2. 鸡场布局

①实行养殖区、隔离区、生活区隔离的原则。生活区应位于养殖区的上风向。养殖区应位于污水、粪便和病死鸡处理区域的上风向。养殖区内修建饲料通道，实现污道与净道分离。养殖区有独立的隔离区作应急处理区。各区域应有显著的界限隔离标识。

②养殖区入口处设置相应的消毒设施、更衣室，以保证进入养殖区前消毒，出入换服装。

③隔离区设有兽医室、病鸡隔离室、污水与废弃物无公害化处理设施。

④放养区应设置分隔网栏及固定喂料槽、饮水器等补充喂养设施。

⑤鸡舍应具备良好的排水、保温、通风换气、防虫、防鸟兽设施及相应的清洗消毒设施和设备。舍内地面和墙壁应便于清洗和消毒，耐磨损、耐酸碱。墙面不易脱落，不含有毒有害物质。既要保持鸡舍适宜的湿度(通常为55%~77%)，又要做好鸡舍防潮工作，以降低霉菌性疾病、寄生虫及鸡群大肠杆菌病的感染概率。

3. 鸡舍搭建

在林间搭建简易鸡舍，保证放养期间的鸡群休息。林间简易鸡舍搭建应选在地势较高和较为干燥的坡地或平地，用竹料或木材，按5~7羽/m^2搭建。鸡舍四周用草帘挡蔽风雨，并且具有通风口，做到安全、牢固，能打开、能封闭，便于鸡只休息和管理。在平地上建鸡舍，鸡舍应保证离地100cm以上的适宜高度，并建设便于鸡只进出和夜间管理的通道。

4. 林下放养

林下放养技术要点：

①对放养地点进行检查　准备饲槽、饮水器和饲料，在放养前1~2周应对房屋四周、放养林地、鸡舍、生产用具等进行消毒。

②对拟放养的鸡群进行筛选　淘汰病弱、残肢个体。

③放养前对拟放养的鸡群先进行适应性训练　可采用饲料诱导的方式使鸡养成在固定时间进出鸡舍的习惯，然后再进行放养。

④放养数量及间隔时间　通常林下放养按50~100羽/亩投放，每群鸡以500~1000羽为宜。为保证养殖品质和效果，采取公母分群饲养、分区轮牧的方式，根据饲养数量及场地决定养殖间歇时间，通常两批鸡的间隔时间为2~3个月。

⑤饲料供应　育雏阶段以饲喂全价料为主，采用24h供料、供水，让鸡只自由采食；培育30天后逐步添加碎玉米、稻谷等饲料原粮，并在晴天开始进入活动场进行放养训练。待雏鸡均重达750g左右逐步更换农家饲料如甘薯、稻谷、玉米、洋芋、糠麸等。为提高原粮饲料的消化利用率，促进增重，以熟化混合补饲为宜。补饲以早、晚补饲为主，适当补充饲料。补饲要集中在鸡舍内，将饲料投放于饲料桶内，以减少浪费。定时、定量投料，不随意改动，可增强鸡的条件反射。夏、秋季少喂，春、冬季多喂，每天早晨、傍晚各喂料1次，更换饲料时保证3天的过渡期。

⑥饮水供应要充足　放养鸡的活动空间大，由于野外自然水源很少，必须在鸡活动范围内保证充足、卫生的水源供给，尤其是夏季更应如此。

⑦严防中毒和兽害　散养鸡放养地周围应禁止喷洒农药。若鸡发生中毒，应及时处理，特别是在农田附近放养时。在果园内放养，如果果园喷洒过杀虫药、施用过化肥，需间隔7天以上(下雨时5天)才可放养。另外，应防止天敌和兽害如黄鼠狼、老鹰、野猫等。

⑧补饲时做好巡视　及时发现并处理病死鸡，及时清理粪便污水。每周用0.5%过氧乙酸等消毒剂对环境、鸡体表、用具进行喷雾消毒，禁止闲杂人员进出鸡舍。

5. 疫病防治

(1)雏鸡阶段

雏鸡阶段以传染病、呼吸道与消化道疾病及球虫病的预防为主，按照免疫程序实施免疫注射，或将预防药物兑入饮水(或拌入饲料)中服用。

①传染病的预防　26~28日龄，滴眼、鼻各1滴法氏囊中毒苗；28~30日龄，肌肉注射新城疫苗或投放于饮水中免疫；30~35日龄，使用喉气管炎弱毒苗滴眼、鼻；35~40日龄，每羽鸡颈部皮下或胸部肌肉注射禽流感灭活疫苗。疫苗使用前注意检查生产日期、有效期、有无破损等情况。

②呼吸道与消化道疾病的预防　选用青霉素、左旋氧氟沙星等药物。

③球虫病的预防　主要选用盐酸氨丙啉可溶性粉剂等药物实施1~2次预防。每次用药4~5天，停药3~4天，然后更换用药种类再次用药。

(2)放养阶段

放养15天左右，要进行第一次驱虫，相隔20~30天再进行第二次驱虫。

选择双歧杆菌、酵母菌等益生菌制剂平衡鸡体内的微生物群体，达到预防疾病的效果。早期可加适量于所喂饲料中。后期患病鸡出现后，也可选择中草药剂、免疫球蛋白疗法。

思考与练习

1. 根据乌骨鸡的生物学及生态学特性拟定乌骨鸡的生境规划。
2. 根据乌骨鸡养殖技术要点制定养殖管理规程。

任务5.2 土鸡养殖技术

任务目标

掌握土鸡养殖技术、林下环境控制技术、养护技术、疫病防治技术。

知识准备

土鸡也叫草鸡、笨鸡，是从古代野鸡部分家养驯化而成，从未经过任何杂交和优化配种，长期以自然觅食或结合粗饲喂养，具有较强的野外觅食和生存能力，耐粗饲，就巢性强和抗病力强；毛色相当鲜艳，外观尤其靓丽，鸡冠亮红且硕大，观赏价值高。土鸡有别于笼养的肉鸡，其中以“山坡散养土鸡”为最好。土鸡散养于山区，周围无工矿、化工企业，无大气、水质、土壤污染，同时享受到足够的日晒，抵抗力远高于室内养殖的洋鸡或者土鸡，因此无须喂食抗生素也不会大批死亡，肉中抗生素、激素类药物残留较少。其因野生成长，饮用水是附近山泉的水，觅食草虫，营养价值高。相比饲养的肉鸡，土鸡运动较多，脂肪的含量比较低，肉更加结实，肉质结构和营养比例更加合理。土鸡肉中含有丰富的蛋白质、微量元素和其他各种营养元素，对于人体的保健具有重要的价值，是国人比较喜欢的肉类制品，属于高蛋白质的肉类，肉质鲜香美味，口感细腻有韧性，媲美野山鸡。由于其肉质鲜美、营养丰富、无公害污染，蛋品质优良，且肉、蛋属绿色食品，颇受人们青睐，价格不断攀升，市场需求前景广阔。

1. 生物学特性

(1) 形态特征

土鸡头很小，体型紧凑，胸腿肌健壮，鸡爪细。公鸡冠大而红，性烈好斗。母鸡鸡冠极小。

(2) 土鸡与仿土鸡、饲料鸡的区别

土鸡是指国内地方鸡种，与国外肉鸡杂交后，通常称为“仿土鸡”。

土鸡的头相对较小，且鸡冠也偏小、颜色红润。仿土鸡接近土鸡但鸡爪稍粗，头稍大。饲料鸡头和躯体较大，鸡爪很粗，羽毛较松，鸡冠较小。由于土鸡在喂养时所摄取的食物多是纯天然的，没有附带任何添加剂，所以土鸡的毛色比普通“良种鸡”更为鲜亮，会给人一种油光发亮的感觉。而看爪是土鸡最为直观的辨别方法。土鸡的爪细，但却显健硕有力。由于土鸡大多处于放养的状态，且喂养时间较长，所以其爪底部会有层厚厚的茧，而饲料鸡喂养时间短，爪的底部自然比较“娇嫩”。另外，选土鸡还要看其毛孔，在挑选时，可用手拨开鸡毛，看其根部。土鸡皮肤薄、紧致，毛孔细，是呈网状排列的；仿土鸡皮肤较薄，毛也较细，但不如土鸡；而饲料鸡则皮厚、松弛，毛孔也比较粗。土鸡和仿土鸡最重要的特点是肤色偏黄、皮下脂肪分布均匀，而饲料鸡的肤色光洁度较大，颜色也偏白。

(3)生产周期

土鸡性成熟时间较晚，一般开产日龄为150~180日龄，受季节影响大。春天饲养的土鸡性成熟早，秋季饲养的土鸡开产晚。自然条件下，土鸡产蛋具有极强的季节性，主要受营养、温度和光照的影响。每年春、秋季是其产蛋率较高的时期，而在光照时间缩短、气温下降、营养供应不足的冬季会停止产蛋。所以，土鸡的年产蛋量低，一般只有100~130枚。

2. 常见土鸡种类

(1)固始土鸡

固始土鸡是我国优良地方品种，属肉蛋兼用型。是在固始县独特的地理位置和特殊的气候环境下经过长期闭锁繁衍而形成的具有特殊性能和优良品质的地方鸡种，因主产于固始而得名。体型中等，体躯呈三角形，羽黄色，喙呈青黄色，具有耐粗饲、抗逆性强、肉质细嫩、肉美汤鲜、风味独特等优点，为传统滋补佳品。

自然散养的固始土鸡自由觅食，食青草、小虫，所产的鲜蛋俗称“笨蛋”，其具有蛋壳厚、耐贮运、蛋清稠、蛋黄色深、营养丰富、风味独特、无污染、无药物残留等特点。早在明清时期固始土鸡及鸡蛋就被列为宫廷贡品，20世纪50年代开始出口东南亚地区及我国香港和澳门，六七十年代被指定为北京、天津、上海特供商品，素有“中国土鸡之王”和“王牌鸡蛋”的美誉。“固始鸡”、固始鸡“笨蛋”还双双获得国家“绿色食品”认证和“原产地标记”注册，产品畅销全国20多个省份。

(2)宜丰土鸡

宜丰土鸡产于江西省宜丰县，位于赣西北九岭山脉中段的南麓，村民多养殖本地鸡种，称其为土鸡。土鸡为散养状态，天一亮土鸡就出窝在田野、山坡吃草、虫子，村民早上、傍晚分2次给其喂食稻谷，晚上土鸡自己进窝。宜丰土鸡属肉蛋两用鸡，身体小巧玲珑，腿短，脚细，羽毛紧凑、有光泽，毛色鲜艳，色彩各异。外貌秀气高贵，性情活泼。

成年公鸡重2~2.5kg，身体形态呈明显“U”形；单冠，冠鲜红肥厚，呈直立状，冠尖平均为9个；冠垂大，鲜红色；羽毛颜色各异，鲜艳照人。成年母鸡重约1.5kg，身体形态呈明显“U”形；单冠，冠薄且小，有时倒向一侧；冠垂小，为鲜红色；羽毛色彩各异；喙为黄黑色，腿颜色各有不同，有黄色、青色、黑色、白色。小腿分无羽毛附着和有羽毛附着两种，均为四爪(前面3个，后面1个)，成年公鸡脚上会再长一个脚趾(即五爪)。母鸡年产蛋量为130~150个。

宜丰土鸡肉质鲜嫩细腻，煮食香气满屋，汤面有层较厚且金黄的鸡油，营养丰富，为滋补珍品，适合不同年龄、性别的人群。宜丰本地常用于赠送孕妇、产妇、老人、小孩食用。

任务实施

生产技术流程：

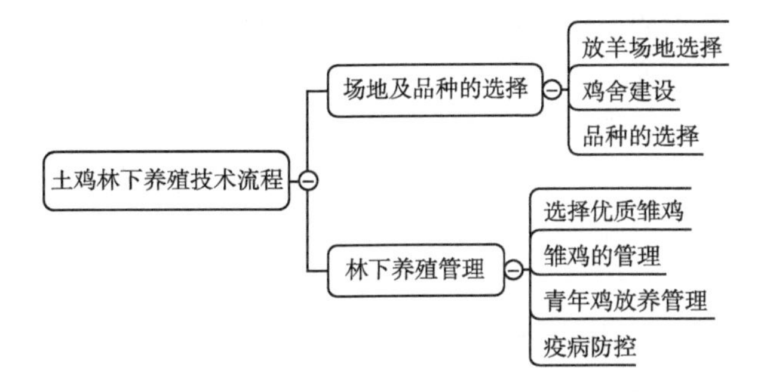

1. 场地及品种的选择

(1)放养场地选择

由于土鸡的喜暖性、登高性等原因，应选择地势较高、平坦、干燥、取水方便、背风向阳且通风良好、交通便利的林果地(图 5-2-1)。一般要远离畜禽交易地、屠宰场、化工厂、垃圾处理地等，要避免噪声、病菌、水源污染。

图 5-2-1　建瓯市林下养殖辰山牧鸡

(2)鸡舍建设与消毒

在鸡场内搭建简易的鸡舍，舍内地面高出舍外 30cm 左右，搭建面积按照 8~10 只/m^2 为宜。土鸡养殖面积根据饲养规模按 15 只/m^2 计算即可；育雏舍可设在栏舍内的一旁，面积按 35 只/m^2 计算，安装保温灯。

新建场地，育雏舍可用 5%~10%石灰水或百毒杀 600 倍液、消毒威 1200 倍液、2%烧碱等进行场地喷雾消毒。用旧场地养殖，地面要清扫冲洗。在采用上述消毒方法的基础上，再用高锰酸钾 14g/m^2 或甲醛 28mL/m^2，将饮水器、料桶等用具一齐放入密闭熏蒸消毒 1~2 天后，开启通风 1~2 天。

(3)品种的选择

应该根据土鸡在林果地的适应性和市场需求量来确定土鸡品种。适合林下放养的土鸡品种主要有蛋鸡、肉鸡、肉蛋兼用型鸡及当地的土鸡或土杂鸡，大多数选择觅食能力强、适应性强、抗病能力强、味道鲜美、肉质细嫩的地方良种鸡。

2. 林下养殖管理

(1)选择优质雏鸡

雏鸡选择对养鸡成功与否起着决定性的作用。应选择对环境要求低、适应性广、抗病力强、活动量大、肉质上乘的土鸡苗，一般鸡群活泼、叫声有力、头大脚粗、眼凸有神、挣扎有力、羽毛洁净、个体大小均匀、毛色一致的可判断为优质雏鸡。有条件的农户，最好采取自繁自养的方式。若采取购买雏鸡，要选择有种鸡生产许可证且无鸡白痢、新城疫、支原体、禽结核、白血病的正规鸡场，提供经过产地检疫合格的健康雏鸡。

(2)雏鸡的管理

温度是育雏成功与否的关键。雏鸡进场时，应选择气温适宜的日期，最好在日平均气温12℃以上时进场。进场前，应提早半天调节好育雏舍的温度。一般育雏舍的温度控制在0~1周龄33~35℃，以后每周降2~3℃，直到4周龄后方可脱温。在具体操作过程中，观察温度是否适宜有两个办法：一是看温度表，二是看鸡群的分布状况。若鸡群扎堆、紧靠热源、不断鸣叫，表明室内温度偏低；若鸡群远离热源、分布四周、不断张口呼吸，表明室内温度偏高；若鸡群分布均匀、活动自如、比较安静，表明室内温度较为适宜。当室内温度偏高或偏低时，都应及时进行调整。温度控制的原则是：初期宜高，后期宜低；小群宜高，大群宜低；弱群宜高，强群宜低；阴天宜高，晴天宜低。

雏鸡进入育雏室，第一周每平方米50只分隔为一群，在弹性塑料网上或竹编网上铺新鲜干净的干稻草。铺草厚度以雏鸡粪便能从其空隙中落到地上为宜。第二周每平方米40只，撤去铺草，使鸡粪直接通过网眼落到地上。按日龄、强弱、大小、公母分群饲养雏鸡。

尽早开水。雏鸡第一次饮水叫开水。当雏鸡运到后，尽快将其送进育雏室(冬季尤其必要)让其自由饮水。饮水要卫生。对经长途运输的雏鸡或天热时，饮水中加0.9%葡萄糖生理盐水；经近距离运输的，在饮水中加0.01%~0.02%高锰酸钾。开水应尽早，要让80%以上的雏鸡同时饮到第一口水；对反应迟钝、蹲着不动或体弱的雏鸡，应人工调教，或拍手刺激促进饮水。育雏舍应当全天候供水，确保雏鸡及时饮用。

适时开料。给雏鸡第一次投料称为开料。开料时间应适当推迟，最适宜时间在雏鸡出壳后24~36h。也可根据雏鸡健康状况和外界气温情况来定，一般以85%的雏鸡具有食欲时为好。开料太早，容易引起雏鸡卵黄吸收不良而成为僵鸡，导致育雏率降低及均匀度差。开料时最好选择颗粒度小、容易消化的配合饲料。饲料应撒在尼龙布或硬纸板等物品上使雏鸡容易吃到。投料应尽量做到少投勤添，以刺激雏鸡食欲，同时减少饲料浪费。

夏季尽量打开门窗，保持舍内清洁干燥和空气新鲜。要严格控制饲养密度，一般15只/m^2左右。此外，提前喂料，晚上加喂1次。冬季注意保温和通风，环境温度以14~23℃为宜。同时，要定期对圈舍及用具进行消毒，保持饲养环境的清洁卫生。雏鸡饲料要优质，光照要合理，要做好计划免疫，在饲料和饮水中定期添加预防药物。此外，要做好防兽害，尤其是鼠类，雏鸡胆小易惊，要注意防范。

(3)青年鸡放养管理

育雏鸡达到6~7周龄时，开始进入育成阶段。这个时期对放养鸡管理的好坏，决定了放养鸡成熟后的肉质和蛋质。由于这个时期的鸡生长速度快，适应力强，在放养的过程中要逐步扩大放养范围。每天都采取人工饲喂和放养互相结合，养成回笼习惯，减少丢失。青年鸡放养时要注意天气变化，提前做好准备，减少鸡群的室外活动时间，防止气温突然骤降或者快速升温的天气对鸡产生应激。鸡舍内做好温度和湿度的控制。不论在何时，鸡舍的环境一定要保持干燥卫生，保证合适的饲养密度。日常管理中，抓鸡时不可粗暴，要经常观察鸡群的饮食和饮水情况，以防影响鸡群的正常生长发育。

饲料可由配合料逐渐过渡到玉米、小麦、大米等，条件较好的农户可用颗粒料。一般每天10:00后投料一次，15:00后投料一次，入睡前再加一次。整个饲养期不停水。经常观察，发现精神、食欲、粪便异常者，应及早采取措施。要及时剔除病、死鸡，防止老鼠、老鹰、蛇、黄鼠狼等敌害。土鸡饲养期长短，直接影响肉质风味及养殖效益。饲养期太短，肉质太嫩，风味差，影响销路及价格；饲养期太长，饲料报酬降低，风险性大大增加，且易造成劳力、场地等资源浪费，饲养成本增加，效益下降。一般掌握在体重达2~2.5kg、时间在90天以上即可上市，养殖户也可根据具体的市场行情做合理的安排。

饲养土鸡的效益与适度的饲养规模有关，一般以一个正劳力每批1000~1500只为宜。条件好的最多不要超出3000只。多点投放，分散养殖，避免超规模连片养殖。这样有利于饲养管理和防疫治病，可降低风险、增加效益。

(4)疫病防控

长期以来低程度的选育和粗放的饲养管理使土鸡形成了疾病少、耐粗饲的特点，再加上土鸡大多数采用的是“四园”(果园、桑园、茶园、竹园)散养，环境远离污染，利于防病。但由于土鸡的饲养周期较长，加上长期放牧于野外，接触病原体的机会增加，有时还会遇上“四园”作物喷施农药引起土鸡农药中毒，所以散养土鸡的防疫不容忽视。除加强日常管理，如严格消毒、隔离饲养以消灭部分疾病外，药物预防不失为一条好途径。

①疫苗接种　放养土鸡因为所处环境的特殊性，要根据本场的疫情和生产情况来制定科学、合理的免疫制度。要确保疫苗的质量，用量要准，免疫前后都要避免鸡群受到应激。要对鸡群进行抗体监测，确定免疫的时间。对于鸡的各类常见疾病要做到早发现、早治疗。

A. 选择优质疫苗。由于土鸡饲养期长，疫病威胁性大，故养殖户应选购优质疫苗。务必检查疫苗的有效期、批次、生产厂家、生产日期，发现破瓶、潮解、失效或有杂质者杜绝使用。应该到畜牧部门指定的地方购买疫苗。

B. 足量使用疫苗。方法是：前期若采用饮水免疫，用量应加倍，即养1000只鸡，使用2000羽份疫苗进行免疫；如果采取点滴免疫，则用1~1.5倍量。后期免疫一般用1.5~2倍量为宜。

C. 设置合理的免疫程序。4~5日龄用H120疫苗，13~15日龄用新城疫Ⅱ系加法氏囊疫苗滴免，28~30日龄用新城疫Ⅰ系疫苗和禽流感疫苗，32~34日龄用H52疫苗。饲养期超过100天的，建议在60~65日龄注射一次新城疫Ⅰ系疫苗。

鸡痘：15~35日龄、90~140日龄时各刺种一次禽痘疫苗，4~5天后刺种疫苗处结痂表明有效，保护率一般在100%。

禽流感：20日龄和120日龄、产蛋半年或快进入流感高发期、上次接种减蛋综合征油乳剂灭活疫苗半年后，每只再用减蛋综合征油乳剂灭活疫苗0.5mL肌注接种一次。

马立克病：雏鸡出壳后24h之内注射马立克病疫苗。孵化器、种蛋、孵化室严格消毒；育雏舍场地、用具严格消毒。从高发地区引进的雏鸡要补打第二次马立克病疫苗。在幼鸡1月龄之内饲养人员避免串舍，必须隔离。一旦发病，应马上淘汰病鸡，对受威胁鸡用四味穿心莲散拌料，再用安力2000消毒，以加强预防。

传染性法氏囊炎：种鸡产蛋前没有接种过法氏囊疫苗或接种油苗半年后没有再次接种的，其后代在5日龄时应用弱毒苗滴口。如果种鸡在接种弱毒苗的同时皮下注射油苗0.2mL，则其后代15日龄、32日龄时不用再防疫。如果种鸡接种后半年又进行了接种，其后代在14日龄时可用弱毒苗滴口。如果种鸡在接种弱毒苗的同时每只用油苗0.2mL皮下注射，则其后代在24日龄时不用再防疫。在法氏囊炎暴发区，雏鸡1日龄时用高免蛋黄饮水，5日龄、15日龄、32日龄时各免疫一次效果更好。商品鸡1日龄、7日龄、14日龄、21日龄时用高免蛋黄饮水，日后可以不用防疫。

对土鸡的寄生虫病，唯有改善饲养环境、加强营养及饲养工具的消毒才是最有效的预防途径。

②环境卫生消毒　定期消毒，使用有效的消毒剂，尽量选择对鸡群刺激性小的消毒剂；要保证鸡舍内的规律性消毒，鸡群活动的范围内也要保证做到定期消毒。除此之外，消毒剂需要定期更换，防止各类细菌、病毒产生耐药性。工作人员每日进场时必须保证工作鞋服的消毒。

思考与练习

1. 根据土鸡的特点拟定土鸡的生境规划。
2. 根据土鸡养殖技术要点制定养殖管理规程。

项目 6　林下牲畜养殖技术

学习目标

知识目标

(1) 了解林下养殖的牲畜的生物学特性。
(2) 熟悉林下牲畜养殖选址要点。
(3) 掌握林下牲畜饲养管理技术。

技能目标

(1) 能进行各阶段特种野猪、山羊林下饲养管理。
(2) 会初步诊断林下牲畜养殖常见疾病。
(3) 能合理进行林下牲畜养殖场地的规划和设计。

任务 6.1　特种野猪养殖技术

任务目标

掌握特种野猪养殖技术；了解特种野猪的生产经营模式、特种野猪常见疾病防治技术。

知识准备

野猪是家猪的祖先，属哺乳纲偶蹄目猪科。野猪生长缓慢，年增重 20~30kg。种用公猪 3 岁后方可交配，母猪每年发情一次，年产仔猪 4~6 头，产仔率低，不便于繁殖和发展，所以不适宜单纯驯养推广。特种野猪是选用优良家养母猪与纯正、优良的野公猪经多元杂交繁育而培育出的优质后代，习性及形状似野猪。其基因稳定，不但遗传父本、母本的优良特性，而且显示出良好的杂交优势。特种野猪保持了野猪瘦肉率高、适应性强、野味浓厚的优点，并且克服了野猪季节性发情、产仔少、人工圈养下不易成活等缺点，其肉质营养丰富、脂肪含量低，含有较高的亚油酸和亚麻酸等 17 种氨基酸，能降低高血脂、冠心病和脑血管硬化等疾病的发病率。特种野猪因其肉嫩野味、营养保健、养殖价值优于家猪，正逐渐被人们接受。我国有 20 多个省份对特种野猪养殖进行了商业开发，发展前景十分广阔。

1. 形态特征

特种野猪头短小，嘴尖，耳小、直立，毛密，被覆深褐色或棕褐色体毛(4 月龄前为褐黄相间的花色条纹)，蹄黑色。

2. 生活习性

特种野猪性格温顺，好动、爬高，喜吃生食、青料，耐粗食。合群性强，抗病能力优于家猪，适应性强。公猪好斗，宜单舍饲养。

3. 基本生理特征

(1)仔猪怕冷，成猪不耐热

仔猪的神经系统发育不完善，体温调节能力差，而且皮下脂肪少，皮薄毛稀，体表面积相对较大，故怕冷和潮湿。1 月龄仔猪需要的适宜温度为 30℃左右，相对湿度为 65%左右。成猪汗腺退化，皮下脂肪层厚，大量散发体热困难，加之皮肤表层较薄，被毛稀少，对光照的防护能力较差，造成成猪不耐热。特别是公猪，在较高的气温下，常发生热应激导致性欲低下。

(2)嗅觉灵敏，视觉迟钝

特种野猪视觉迟钝，听觉、触觉也很一般，但嗅觉却十分灵敏，可以靠其吻部和嗅觉拱找食物，靠嗅觉识别母子和同类。因而寄生仔猪时，往仔猪身上涂以母猪尿等，就能扰乱母猪的嗅觉，使其不辨真假。

(3)好抢食

特种野猪和家猪一样，喜欢争夺食物，即使母子间吃食也互不相让。因此，在给仔猪补料时要强调母子分开，最好在护仔栏内补料。此外，应根据猪的年龄、强弱、性别、吃食快慢等进行分群饲养。

任务实施

生产技术流程：

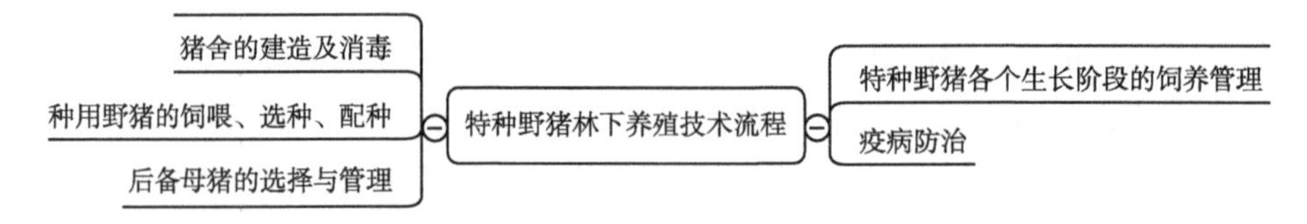

1. 猪舍的建造及消毒

(1)猪舍建造注意事项

①饲养场地宜选在地势较高，排水、采光、通风、通电条件好，水质良好、水源充足的地方，远离居民生活区、养殖场等环境。

②猪舍以采用单列式为好，最好坐北朝南，冬暖夏凉。圈舍前高后低。水泥地面不太光滑，略带斜坡状，其坡度一般以0.01~0.015m递减，以便防滑、排尿和冲洗，运动场的高度为1~1.2m。

③应在离运动场1.2m处砌一条通道，以便种用野公猪进入任何已发情母猪的圈舍配种，然后通过通道返回原圈舍。

④圈舍分类建造，严格分清分娩室、幼猪室、肥猪室、种猪室，以预防和控制疾病的传染。

⑤不同种类和不同阶段特种野猪圈舍面积见表6-1-1所列：

表6-1-1 特种野猪圈舍面积

种　类	每圈饲养头数(头)	每头占猪圈面积(m^2)	每头占运动场面积(m^2)
种公猪	1	6~8	15
哺乳母猪	1	6~8	12~16
空怀及妊娠前期	3	2.5~3	5
妊娠后期	1~2	4~6	6
后备母猪	3~4	1.5	5
断乳仔猪	6~8	0.6	1.5~2
育成猪	4~5	0.5~0.8	1~1.8

(2)饮水设备

采用自动饮水装置，产仔圈最好安装高、低两个饮水器，高的离地面60~70cm，低的离地面20~25cm。

(3)温度控制

猪舍最合适的温度为18~22℃。冬季要防寒保暖，夏季要防暑降温，预防热应激症的发生。最好设有保育箱，保育箱内温度需要达到30~32℃。

(4)猪舍的消毒

具体消毒步骤：猪舍放空→清除粪便→高压水枪冲洗→2%~3%火碱消毒→3~6h后用硬刷刷洗地面、墙角→彻底水洗→干燥数日→福尔马林熏蒸→放干数日→碘制剂消毒液消毒→干燥数日→放猪进圈。

2. 种用野猪的饲喂、选种、配种

(1)饲喂

野猪是一种杂食性动物。因其野性习惯，善于采吃生食，农家常见的嫩玉米、冬瓜、马铃薯、谷穗、南瓜、茄子、胡萝卜、萝卜、大白菜、苹果、梨等都是它喜欢吃的食物。

刚开始驯养时，应配合生食饲喂。一个月后，兑一半生食，另一半为喂家猪的饲料，如玉米面、麸皮加入适量食盐，配合混入饲喂，使其慢慢改掉爱吃生食的习性。待野猪基本适应圈养环境后，再用饲喂家猪的饲料喂野猪即可，并适当添喂一些根类、叶类植物。

一般情况下，公猪的日粮宜以精料为主，少用或不用粗料。精料、青料比在 1∶(1～1.5)。配种后可补喂生鸡蛋 1～2 个。参考饲料配方：玉米 30%、麸皮 15%、米糠 20%、鱼粉 5%、食盐 0.3%、马铃薯或南瓜 30%。非配种季节，日喂精料 2～3kg。配种期日喂精料 3～4kg。夏、秋季日喂 3 餐。春、冬季日喂 2 餐。一般晚餐宜多喂。每餐要求吃完，不剩料。

(2)选种

一般选择体重在 10～22kg，具有野猪典型品种表征，各部分发育匀称，膘情良好，反应灵敏、活泼好动，外生殖器官发育正常，睾丸左右对称、大小一致，以及无严重包皮积尿的纯种野猪进行驯化，可塑性极强。在驯养过程中，采取野猪与家猪混养的方法饲养，一般混群饲养比例为 1∶4。在这样的环境条件下，幼野猪与同龄的家猪会很快合群，让家猪带着幼野猪进行采食、饮水等日常活动。

(3)配种

①初配年龄与体重　野猪通常在春季发情，孕期 4 个月，每胎产仔 4～6 头。以母猪 10～12 月龄、体重 50～60kg，公猪 3 岁、体重 80～100kg，开始进行配种为宜。

②合理使用公、母猪比例与种用年限　有计划地合理使用种公猪，是保证其旺盛的性机能，延长种用年限的重要措施。刚投入使用的青年公猪，由于本身尚待进一步生长，配种不能过频，每周以不超过两头母猪为宜；两岁以上的成年公猪，在自然交配条件下，采用季节配种，一头种公猪可以配 20～25 头母猪。

③配种注意事项

A. 定时、定点配种。定时、定点配种的目的在于培养公猪的配种习惯。配种的适宜时间为 7:00～8:00 和 16:00～17:00；天气寒冷时，宜于中午气温较高时配种。切忌喂饱后立即配种。

B. 外生殖器官消毒。公、母猪外生殖道如阴门、阴茎往往粘有污物，配种前必须先用清水洗净，再用 0.1%的高锰酸钾溶液消毒，防止病原体感染生殖道，引起炎症或其他疾病。

C. 公、母猪个体间大小勿过于悬殊。

D. 野猪养殖场、养殖户必须具备 1～2 头纯种野公猪。选择好的种用野公猪。若用野猪与家猪杂交的特种野猪所产的后代留种，培育出来的后代有返祖现象，即生产出来的仔猪外观有部分不像野猪而像家猪。所以，二元杂交的特种野公猪不宜留作种用。如受条件限制不得不用特种野猪作种公猪，要选择具有 70%以上野猪血缘的三元杂交特种野猪作种猪，在血缘关系上还要防止近亲交配，这样，其后代抗病力强、生长迅速。

E. 公猪 1～2 岁为青年阶段，每周可配种 1 次；2～5 岁为壮年阶段，每天可配种 1～2 次，进行 2 次复配。

F. 做好防暑降温工作，防止公猪发生热应激症。性欲低下时，每天补喂辛辣性饲料或注射丙酸睾酮。

3. 后备母猪的选择与管理

(1)选择

应选择各部分发育匀称、膘情良好、反应灵敏、活泼好动、吃食快、阴部发育良好的仔猪作后备母猪。仔猪的乳头6~7对，左右对称、排列整齐，无异常乳头，倒提仔猪后腿，用拇指、食指分别依次搓掐乳头，感触里面有一圆芯，表示乳管发育正常。

(2)母猪的饲养管理

后备母猪的饲养要注意营养比例，不能过肥或过瘦，否则失去种用价值。一般日粮中保持精料、青料比以1∶3为宜。加强运动，不但能增强新陈代谢，而且锻炼神经系统的生理功能，从而使内分泌与生殖系统正常发育。

①配种期

A. 母猪的发情与配种。

初配年龄：母猪初配年龄为8~9月龄。

发情规律：母猪发情是有一定规律的，通常21天左右发情一次，持续2~5天，经产母猪通常在断乳后3~8天开始发情。发情持续时间因个体差异而不同，平均3天，最短半天，最长一周以上。一般青年母猪发情期长，经产母猪较短。

适配期：一看阴户，由充血红肿变为紫红暗淡，肿胀开始消退，出现皱纹；二看黏液，阴门流出浓浊黏液，往往粘有垫草；三看表情，表情呆滞，喜伏卧，人以手触摸其背腰，呆立不动，双耳直立，用手推按其臀部，反而向人手方向靠拢，此时配种受胎率很高；四看年龄，老龄母猪当天发情下午配种，初配母猪发情第三天配种，中年母猪发情第二天配种。间隔8~12h，复配一次。

B. 饲养管理。母猪过瘦应增强营养，过肥则应减少饲喂量。参考饲料配方：玉米20%、米糠35%、粗糠15%、食盐0.4%、马铃薯或南瓜30%。

②怀孕期　母猪配种受孕后至分娩前称为怀孕期，一般为120天左右。此期间主要抓好安胎、保胎、攻胎工作。每天播放轻音乐给孕期母猪听，可提高仔猪的出生率和成活率。加强对怀孕母猪的饲养管理，防止流产、死胎、化胎。

③分娩期

A. 产前准备。

推算预产期：母猪妊娠期平均114天(3月3周3天)，应做好各项准备工作。

产前20天左右，对母猪肌注大肠杆菌疫苗或临产前3天肌注长效抗生素。

产前7~10天，专人守候，彻底清扫和冲洗产房，并用来苏儿或高锰酸钾溶液消毒，待水泥地面干后铺上垫草，安好电灯，备好产仔箱(冬、春季备好保暖箱)。准备接生用具，如碘酊、脱脂棉球、扎线和消过毒的剪刀、毛巾等物品。

B. 接产与护理。

接产：接生人员剪短指甲，洗净手臂，并将母猪的阴户、乳头用温水清洗干净。仔猪出生后，接生人员用消过毒的毛巾将仔猪口、鼻、眼及全身擦干净，在离腹部三指宽处将脐带扎线后剪断，断处涂上碘酊，再将仔猪放进特制的仔猪箱内保温。如果仔猪产出后羊膜未破，应迅速提起仔猪后腿，用手拍打仔猪臀部，使黏液从气管内排出，促使其呼吸。也可将仔猪仰放在垫草上，进行人工呼吸。

护理：母猪产完仔猪 20min 左右胎盘全部排出（如胎盘长时间难以排出，可肌注缩宫素 3 支，30min 后即可排出），此时应将原垫草和血污清除干净，消毒地面并换上切短的干净稻草，用清洁温水将母猪全身擦干净并轻轻按摩乳房。

C. 分娩前后的管理。

临产前：宜停止喂食。注意喂少量轻泻食物，以防母猪产后便秘。

产后：注意保暖。胎衣排出后，立即取出，防止母猪吞吃。宜喂母猪温麸皮盐水汤，以便解渴通便，并可适量投喂新鲜青料。3 天内，喂料要少而稀，不喂饱。3～5 天，根据膘情和泌乳情况逐日增加饲喂量，以防消化不良。直至 7～8 天，才能按定量喂给。产后 3～4 天，若天气暖和，可以让母猪外出活动。喂料、清扫等工作要有规律，不要影响母猪哺乳和休息。

④哺乳期　每天宜喂 3～4 次，不定量，以满足泌乳的营养需要。

补充动物性饲料，对促进泌乳有特殊的作用。例如，用鱼虾、胎衣等加盐煮熟，以及加喂鱼粉等都有明显效果。多喂优质青料。品质优良的青料营养较全面，含水量多，有倾泻作用，适口性好，便于消化吸收，可促进多泌乳。用青料代替精料，根据品质不同，按 5～10kg 青料抵 1kg 精料。母猪的采食因个体食欲的大小、饲料爱好、消化吸收能力、膘情差异、仔猪头数等因素而有所不同，应区别对待，灵活掌握。充分供应饮用水。猪乳的含水量在 80%以上，加上其他生理用水，每天需要大量的水，必须保证产后母猪有充足的饮用水。单圈饲喂，多运动，多晒太阳，加强卫生、消毒、通风等工作的管理。注意观察仔少奶多时及断奶后几天内母猪乳房的肿胀程度，酌情适当减少喂料量，以防发生乳腺炎。

⑤断乳期（空怀期）　仔猪断乳，早则 30 天，迟则 45 天。断乳后没有配上种的母猪，就是空怀母猪。刚断乳的母猪，应减少精饲料的饲喂量，适当减少饮水，待乳房萎缩后再增加精料。大量投喂青、粗饲料，保持中等膘情。每天喂 3 次，定时定量，每天运动 2～3h。母猪一般在断乳后 3～8 天发情，注意观察。

4. 特种野猪各个生长阶段的饲养管理

（1）哺乳仔猪的饲养管理

①清洁及保温　刚出生的仔猪用消毒毛巾擦干全身，清除口、鼻内的黏液，然后将调成糊状的诺氟沙星放入仔猪舌根部让其吞下，以防止溶血性肠道病（黄白痢和水肿型大肠杆菌病），并在臀部或颈侧肌肉处注射一头份猪瘟弱毒疫苗（一般在吃初乳前 1～2h 注射），将仔猪放入保温箱中。

温度的高低直接影响到仔猪的成活率，所以产房保温尤为重要。最适宜仔猪的温度为 30～32℃，湿度为 60%～70%。

②断脐　在仔猪出生后 15min 内，在距其腹部 4～6cm 处将脐带扎线后用剪刀剪断，并用 3%碘酒涂抹剪断处。断脐不宜过短，否则出血过多。

③吃足初乳　母猪产后3天内分泌的乳汁称为初乳。初乳所含的干物质、蛋白质、矿物质与维生素丰富，特别是还含有免疫球蛋白，可以提高仔猪的抗病能力。因此，仔猪出生后要吃足初乳，最好是人工看护喂奶后再放入仔猪箱内，每隔4h喂奶一次，连续喂3天。

④固定乳头　初生仔猪具有寻找母猪乳头吸乳的本能，对乳头具有选择性，并能建立很稳定的条件反射。母猪靠前的乳头泌乳量高于后边的，所以在产后3天内，要人工辅助仔猪固定乳头，将个大体强的仔猪固定在后部乳头吸乳，将弱小的仔猪固定在前面的乳头吸乳，使整窝仔猪生长均匀。

⑤补铁　补铁的目的主要是预防仔猪缺铁性贫血。要求对出生2~3天后的仔猪注射1~2mL富铁力或右旋糖苷铁注射液。

⑥仔猪的寄养　母猪分娩后，因疾病不能哺乳或产仔数超过母猪有效乳头数时，可以将仔猪送给大致同期分娩的其他母猪哺育。

⑦去势　去势以2~3周龄最佳，不要在外界环境恶劣、生病、免疫、断乳时去势。小母猪可用"小挑花"阉割，伤口小，流血少，易愈合，对生长、增重没有不良影响。

⑧仔猪的补料　补料的作用：一是刺激胃肠道的发育；二是弥补母猪泌乳的不足；三是提高仔猪的均匀度与育成率；四是提高仔猪的增重和降低下痢的发病率。

补料一般在仔猪出生后7天，此时仔猪正处于开始长牙阶段，牙床发痒，有啃食食物或物品的欲望。将豌豆、玉米、小麦等食物炒香、压碎，撒在护仔栏里给仔猪拱食或煮熟加糖诱仔猪取食。诱食要耐心细致，只要有一头学会拱吃食物，其他仔猪就会模仿着争食。

15天后正常补料，母子分食，日喂4次，每头每天喂乳猪料60~80g，逐日添加；到42日龄断奶时，每头每天喂乳猪料与青料各350~400g。另外，通过自动饮水装置供应充足干净的饮用水。

(2)断乳仔猪(保育猪)的饲养管理

①注意保温　猪舍温度保持在20℃以上，保持温暖干燥的环境很重要。

②不换圈，不混群　减少应激反应和混群引起仔猪相互打架等现象的发生。

③注意换料　断奶后的仔猪喂仔猪料，更换饲料需要一周的过渡期，使仔猪有个适应过程。

④断奶后第一周，要特别注意观察仔猪的变化，看吃食、饮水、排便、呼吸、眼睛是否正常。饲料要少喂勤添，定时定量，一般日喂4次，每头每天从350~400g开始，逐日增加，至70日龄时仔猪料每头每天喂量达到800~900g。

(3)商品猪的饲养管理

①合理分群、转群　根据断奶仔猪的体重大小、体质强弱情况分群饲养。猪群密度适中，不宜过大或过小。防止强夺弱食，帮助建立群居秩序，分开排列均匀采食。

②饲喂方法

A. 干湿喂。将饲料与水按1∶1的比例混合，以手握饲料时指缝不流出水、松手料团即松散开为宜。

B. 建立稳定的生活制度。

定时：每天固定喂食时间，形成条件反射，促进消化腺定时活动。

定量：避免饱一顿饥一顿，影响生长发育。一般3~4次/日，肥育后期2~3次/日。

定质：日粮变化不要太大，一定要保持新鲜清洁。变换饲料品种时，新、旧饲料必须逐步替换，使猪的消化机能有一个适应过程，突然改变对猪的健康不利。

定温：根据气温变化调节饲料及饮水温度，应做到冬暖、夏凉、春秋温。

C. 供给充足的饮用水。

E. 合理搭配日粮，先精后粗，少喂勤添。

③注意卫生，定期消毒　每天清扫猪舍，并将污物和残留饲料及时运走；加强调教，训练猪群固定排便地点；定期驱虫。

5. 疫病防治

(1) 预防措施

①定期驱虫　猪群感染寄生虫后体重下降、生长不良，带来很大的经济损失，因此必须定期驱虫。新进场的仔猪在进场后第二周驱除体内、外寄生虫一次；生长肥育猪2月龄时驱除体内、外寄生虫一次；后备猪配种前驱除体内、外寄生虫一次；成年公猪每半年驱除体内、外寄生虫一次。成年母猪在临产前2周驱除体外寄生虫一次。

②定期预防接种

种用公猪预防接种：猪瘟、口蹄疫、猪肺疫、猪丹毒、伪狂犬、乙脑、IP二联等疫苗。

怀孕母猪预防接种：口蹄疫、伪狂犬、乙脑、大肠杆菌、IP二联等疫苗。

后备母猪预防接种：接种以上所有疫苗。

以上疫苗注射仅供参考。每个养殖场应根据各自的实际情况及猪群当前的抗体水平适当调整。

(2) 常见病的诊断与防治

①猪瘟　猪瘟又叫“烂肠瘟”，是一种急性、发热、接触性传染病。病原体是猪瘟病毒。猪感染后，经2~4天发病，主要特征是败血症，内脏器官出血、坏死和梗死，不分年龄、性别、品种，一年四季均可发生。依病程长短可分为最急性、急性、慢性3种。

防治措施：定期预防接种疫苗。

②口蹄疫　口蹄疫又称“五号病”，是由口蹄疫病毒所引起的偶蹄兽急性发热、高度接触性传染病。特征为口腔黏膜和蹄部皮肤形成水疱性溃烂。病原体是口蹄疫病毒，主要通过消化道、黏膜及受损的皮肤和呼吸道感染。

病猪体温升高至41℃以上，精神沉郁，食欲减退。1~2天后，在蹄冠、蹄叉等处皮肤上发生水疱，内有透明液体。水疱破溃后，体温下降，形成红色烂斑。病猪出现拐腿，不愿行走，严重的引起蹄匣脱落。仔猪易感，死亡率高。

防治措施：定期预防接种疫苗。

③猪流行性感冒　本病是由流行性病毒引起的呼吸道传染病，特点是猪突然发生体温升高，全群先后感染发病，出现咳嗽和呼吸道症状。其特征为发病急、传播快、发病率

高、病死率低。

病猪体温突然升至40.3~41.5℃，有的可高达42~42.5℃，精神萎靡，食欲减退甚至完全拒食。呼吸急促，呈腹式呼吸，有阵发性剧烈咳嗽，流清涕，鼻镜干燥，粪便干硬。若护理不当，可引起严重肺炎或继发猪肺疫而死亡。

防治措施：本病尚无有效疫苗。因此加强饲养管理，定期清洁环境卫生，及时隔离患病猪，能较为有效地防治猪流感。

④腹泻　猪腹泻是一种临床症状，很多因素都可引起猪腹泻。在特种野猪养殖中，猪腹泻发生率很高，尤其是1~3月龄的仔猪更为常见。

根据猪龄不同，预防及治疗腹泻时分别注射红痢灭活疫苗，或TGE、PED二联灭活苗，或长效恩诺沙星、氟苯尼考注射液、长效复方磺胺间甲氧嘧啶、土霉素、庆大霉素等，或配合使用右旋糖苷铁注射液提高猪的免疫力。

⑤亚硝酸盐中毒　由于猪所采食的白菜、南瓜苗等幼嫩青饲料是用文火加盖焖煮，或利用锅灶余热、余烬使饲料保温，煮熟饲料长久焖置锅中，或经雨水淋湿、烈日暴晒，使温度达20~40℃，在硝化细菌作用下形成亚硝酸盐，猪食用后发病。分为最急性和急性两种。

防治措施：改善青绿饲料的堆放和蒸煮过程。无论生、熟青绿饲料，采用摊开敞放，在蒸煮过程中充分搅拌，是预防亚硝酸盐中毒的有效措施。发生亚硝酸盐中毒时，可使用特效解毒剂亚甲蓝、甲苯胺蓝，同时配合使用维生素C和高渗葡萄糖。

⑥食盐中毒　食盐作为重要的饲料成分，若采食过多或饲喂不当，会引起猪中毒，其特点是呈现突然的神经症状。

防治措施：平时在利用含盐的残渣废水时，必须适当限制用量，并与其他饲料搭配饲喂。若发生食盐中毒，应立即停喂含盐饲料和严格控制饮水。使用溴化钾、硫酸镁等镇痉药，同时静脉注射葡萄碳酸钙或5%葡萄糖和维生素C；若出现心衰症状，可使用安纳加、樟脑；若胃肠出血，口服阿片酊鞣酸。

思考与练习

1. 特种野猪配种有哪些注意事项？
2. 简述特种野猪哺乳仔猪的饲养方式。
3. 特种野猪疫病的预防方法有哪些？

任务6.2　山羊林下养殖技术

任务目标

掌握山羊养殖技术；了解山羊的生产经营模式、黑山羊常见疾病防治技术。

知识准备

山羊又称夏羊、黑羊或羖羊，和绵羊一样，是最早被人类驯化的家畜之一。全球已有150多个山羊品种，可以分为以下类别：奶山羊、毛山羊、绒山羊、毛皮山羊、肉黑山羊和普通地方山羊。我国山羊饲养历史悠久，早在夏、商时期就有养羊文字记载。山羊生产具有繁殖率高、适应性强、易管理等特点，至今在中国广大农牧区广泛饲养。全国有50%以上的省份山羊头数超过绵羊。南方一些不能养绵羊的地方却可以养山羊。

1. 形态特征

山羊的角细，很长，向两侧开张。瞳孔在扩大时，其形状接近矩形，这是由山羊眼睛玻璃体的光学特性、视网膜的形状和敏感度，以及山羊的生存环境和需要决定的。事实上，大多数蹄趾类动物的瞳孔在放大时都近似于矩形。

2. 生活习性

(1) 好动性

山羊勇敢活泼，敏捷机智，喜欢登高，善于游走，属活泼型小反刍动物，爱角斗。

(2) 觅食性

山羊的觅食力强，食性杂，能食百样草，对各种牧草、灌木枝叶、作物秸秆、菜叶、果皮、藤蔓、农副产品等均可采食，其采食植物的种类较其他家畜广泛。据对5种家畜饲喂植物的试验，山羊采食的植物有607种，不采食的有83种，采食率为88%，而绵羊、牛、马、猪的采食率分别为80%、64%、73%和46%。

(3) 合群性

山羊具有较强的合群性。无论放牧还是舍饲，山羊总喜欢在一起活动，其中年龄大、后代多、身强体壮的山羊担任“头羊”的角色。在头羊带领下，其他羊只能顺从地跟随放牧、出入、起卧、过桥及通过狭窄处。合群性给山羊的大群放牧提供了便利。

(4) 多胎性

山羊性成熟早，繁殖力强，具有多胎多产的特点。大多数品种的山羊每胎可产羔羊2~3只，平均产羔率200%以上，比绵羊产羔率高得多。山羊的多胎性使其繁殖效率远大于绵羊，为自繁自养，发展肉羊规模养殖创造了条件。

(5) 喜洁性

山羊喜清洁、爱干燥，厌恶污浊、潮湿，其嗅觉高度发达，采食前总是先用鼻子嗅一嗅，凡是有异味、沾有粪便或腐败的饲料，以及被污染的饮水或被践踏过的草料，山羊宁愿受渴挨饿也不采食。因此，羊场应选择在干燥、通风、向阳的地方，草料要少给勤添，饮水要放在水槽或水盆里，保持清洁卫生。

3. 品种

我国是世界上山羊品种资源最为丰富的国家。几千年来经过精心选择，培育出了黑山羊等近40个品质优良而又各具特色的山羊品种。按其经济用途，分为乳用型、肉用型、绒用型3类。

(1)乳用型

这是一类以生产山羊乳为主的品种。乳用山羊的典型外貌特征是：具有乳用家畜的楔形体型，轮廓鲜明，细致紧凑型表现明显。产奶量高，奶的品质好。

乳用山羊的代表——关中奶山羊，因产于陕西省关中地区而得名。关中奶山羊为我国奶山羊中著名优良品种。其体质结实，结构匀称，遗传性能稳定。头长额宽，鼻直嘴齐，眼大耳长。关中奶山羊产奶性能稳定，产奶量高，奶质优良，营养价值较高。一般泌乳期为7~9个月，年产奶450~600kg，单位活重产奶量比牛高5倍。鲜奶中含乳脂3.6%、蛋白质3.5%、乳糖4.3%、总干物质11.6%。与牛奶相比，羊奶含干物质、脂肪、热能、维生素C、烟酸均高于牛奶，不仅营养丰富，而且脂肪球小，酪蛋白结构与人奶相似，酸值低，比牛奶更易被人体吸收，是婴幼儿、老人、病人的营养佳品，还是特殊工种、兵种的保健食品。

(2)肉用型

这是一类以生产山羊肉为主的品种。典型外貌特征是：具有肉用家畜的矩形体型，体躯低垂，全身肌肉丰满，细致疏松型表现明显。早期生长发育快。产肉量多，肉质好。其中波尔山羊、黑山羊等为现代农区发展的经济性养殖品种。

(3)绒用型

这是一类以生产山羊绒为主的山羊品种。绒用山羊的外貌特征是：体表绒、毛混生，毛长绒细，被毛洁白、有光泽，体大头小，颈粗厚，背平直，后躯发达。产绒量多，绒质量好。

辽宁绒山羊是我国珍贵的产绒山羊品种，也是世界上绒毛品质优良、产绒量最高的白绒山羊品种，属绒肉兼用品种，产绒量高，适应性强，遗传性能稳定，改良各地土种山羊效果显著，在绒毛品质、产绒量等方面，居世界同类品先进水平，在国内外享有盛誉。所产山羊绒因其优秀的品质被专家称作“纤维宝石”，是纺织工业最上乘的动物纤维纺织原料。

4. 山羊饲养管理要点

(1)及时去势

不宜留种的公山羊，除部分公山羊留作试情公山羊外，其余的在7~60日龄应进行去势，去势后的公山羊性情温和，便于管理。

(2)合理搭配青、粗、精料

山羊属食草动物，饲料应以牧草、树叶为主，精料为辅。在夏、秋季，应多喂些草料、树叶或牧草，禾本科与豆科牧草投喂比例为4：1，适当补充精料。冬、春饲草比较缺乏，有条件的地方应利用冬闲田种植黑麦草作补充，也可通过多喂些混合饲料解决饲草不足的问题。混合饲料参考配方：玉米粉54%、草粉40%、黄豆或花生饼4%、麦麸2%，外加矿物质适量，每只山羊每天喂食盐5g。

(3)供足饮水

为消化食入的粗饲料，山羊每天必须分泌大量的消化液，同时体内循环、养分输送也离不开水分，所以山羊缺水的后果往往比缺料更严重，容易导致食欲下降、消化不良、膘情下降等。因此，应供给充足而干净的饮水，冬季应供应温水。

(4)环境清洁舒适

每天清洁羊舍地面一次，圈舍及其周围要定期消毒，每半个月清除羊粪一次，并将其远离羊舍堆积发酵。重胎母羊、哺乳母羊及其所带羔羊要隔离于小单间饲养(每间 $2m^2$)，以防拥挤造成母羊流产和压死羔羊，小单间应保持干燥、清洁、卫生，阳光充足，空气新鲜，温度以 18~20℃为宜。

任务实施

生产技术流程(以马山县黑山羊饲养为例)：

1. 选址

首先，要选择地理位置较高、场地相对开阔、具有良好的通风性及排水性的地方。其次，羊舍周围要具有丰富的农作物秸秆，为山羊提供饲料。再次，尽可能地在优质牧草地或是河流附近，进而保证羊食物的充足和无害性，同时还能降低饲料运输过程中产生的成本。最后，羊场要设置在空旷的区域内，并且与化工厂、农药厂及养殖场聚集地最好相距 2km 以上。因为化工和农药企业、养殖场的排放物不仅会污染环境，还会对空气和水体造成影响，加大羊感染疾病的概率，不利于养殖业发展。

2. 羊舍建造

羊舍是山羊长期生活的地方，它的主要任务是为山羊提供安全的环境。所以，一栋理想的羊舍要有防雨淋、防太阳晒、防疾病传播、防野兽为害等功能。羊舍必须保证良好的通风性、采光性及合理的温度和湿度，让羊在较为适合的环境中生长，以降低羊病的发生概率，有效促进其健康、良好地成长。要将羊舍进行合理的划分，如公羊舍、母羊舍、羔羊舍及观察舍等。要做好羊舍的保暖工作，通常情况下使用双列式或单列式吊楼，或使用全封闭式的羊舍进行保暖。根据山羊的生物学特性和马山县自然条件，羊舍建造要符合如下要求：羊舍应有足够面积，使山羊在舍内不太拥挤，可自由活动。每只山羊平均占有最小面积是：种公山羊为 1.2~1.5m^2，成年母山羊为 0.8~1.0m^2，哺乳母山羊为 2.0~2.5m^2，幼龄公、母山羊为 0.5~0.6m^2，阉山羊为 0.6~0.8m^2。山羊舍外要有运动场，运动场的面积为山羊舍面积的2~5倍。运动场围墙的高度：小山羊为1.5m，母山羊为2m，公山羊为2.2m。运动场内应架设饮水装置、草架、食槽等。

马山县属高温多湿地区，防暑、防湿重于防寒，因此羊舍要建成内部干燥、空气流通、光线充足、冬暖夏凉的敞开式羊舍，檐高3m以上，舍内架设的羊床离地1~1.5m，舍外应种树以利于防暑降温。屋顶要完全不透水且排水良好，耐火、耐用；要有一定坡度，除平顶和圆拱顶外，若用树皮、瓦、草料做屋顶，分别需要有15°、35°、50°的坡度，以利于防水和排水。马山县气候炎热，羊舍屋顶应侧重于防暑，所以采用水泥屋顶时应设隔热层。门、窗、墙要坚固耐用。羊舍外要建有贮粪池。

3. 种公山羊的饲养管理

种公羊的配种能力取决于其身体素质，充沛的精力和旺盛的性欲是高配种成功率的关键。因此，种公山羊的要求是体质结实，保持中上等膘性，性欲旺盛，精液品质好。而精液的数量和品质取决于饲料的全价性和合理的管理。种公山羊的饲养，要求饲料营养价值高，有足量的蛋白质、维生素A、维生素D及无机盐等，且易消化，适口性好。较理想的饲料中，鲜干草类有柱花草、银合欢、木豆、苜蓿、花生秸等，精料有玉米、豆粕等，其他有胡萝卜、南瓜、糠麸、骨粉等。动物性蛋白质对种公山羊也很重要，在配种期或采精频率较高时，要补饲生鸡蛋、牛奶等。在种公山羊配种前的一个月，就开始逐渐向其饲料中添加玉米、麦麸、豆饼及骨粉等精饲料，每天补充精饲料0.5~0.75kg，供应萝卜等瓜菜汁1.5kg、生鸡蛋2枚，保持充足的饮水。不应用于配种的公山羊应该分开饲养(或拴养)、单独运动和补饲，除配种外，不要和母羊放在一起。整个羊群每只公山羊每年只允许配种一次，杜绝公山羊四季配种的现象。配种季节一般每天采精1~3次，采精后要让其安静休息一会。定期进行检疫、预防接种和防治内、外寄生虫，并注意观察日常精神状态。

4. 母山羊的饲养管理

母山羊除了四季必须补充饲料之外，在交配季节还应该补充更多的蛋白质、矿物质和维生素。

配种前：对母山羊抓膘复壮，为配种妊娠贮备营养。日粮配合以维持正常的新陈代谢为基础，对断奶后较瘦弱的母羊，还要适当增加营养，达到复膘目的。干粗饲料如玉米秆、花生秸等任其自由采食，有条件的每天放牧4h左右，每天每只另补饲混合精料0.15~0.4kg。混合精料配方：玉米60%，豆饼粕25%，糠麸15%。

妊娠期：在妊娠的前3个月，由于胎儿发育较慢，营养需要与空怀期基本相同。在妊娠的后2个月，由于胎儿发育很快，胎儿体重的80%在这2个月内生长，因此应有充足、全价的营养，代谢水平应提高15%~20%，钙、磷含量应增加40%~50%，并要有足量的维生素A和维生素D。每天每只补饲混合精料0.6~0.8kg、骨粉3~5g。产前10天左右还应多喂一些多汁饲料。妊娠母山羊应加强管理，要防拥挤、跳沟、惊群、滑倒，日常活动以“慢、稳”为主，不能饲喂霉变饲料和冰冻饲料，以防流产。

哺乳期：产后1~2个月为哺乳期。在产后2个月，母乳是羔羊的重要营养物质，尤其是出生后20天内，几乎是唯一的营养物质，所以应保证母山羊的全价饲养。但需注意产后3天内，哺乳母山羊不能喂过多精料。为提高母山羊的繁殖力，羔羊出生15~20天，开始补饲商品乳猪全价料，并逐步喂些青饲料，一般羔羊到2月龄左右断乳。到哺乳后期，由于羔羊采食饲料增加，可逐渐减少直至停止对母山羊的补料。羔羊断奶前，应逐渐减少多汁饲料和精料喂量，防止发生乳房疾病。

5. 山羊的繁殖

①性成熟　公山羊一般3~4月龄，睾丸可产生精子和雄性激素；母山羊4~5月龄，卵巢可产生卵子和雌性激素。此期可繁衍后代。母山羊发情表现为不安心食草，鸣叫摇尾，有的爬跨它羊，初期阴部流出透明黏液，末期黏液呈胶状稠样(黏稠)。从发情开始到结束，一般1~2天，发情周期18~21天。母山羊适宜的初配期为8月龄，第一胎于4月初配种，9月初产羔，第二胎10月初配种，第二年3月产羔。目前马山县山羊多为自然交配，因人工授精所需的设备、技术要求较高，推广山羊的人工授精技术和胚胎移植技术条件尚未成熟。

②妊娠与分娩　母山羊配种后20天不再发情，可能已受孕。山羊妊娠期为5个月。母羊受孕1~2个月后，乳房发育、色红润；临产前行走迟缓，腋窝下陷，腹部下垂，阴部肿胀、流黏液，举动不安，时卧时起或回头望腹鸣叫。当阴部流出透明黏液、卧地不起等时为快临产，应做好接产准备。一般情况下，阴部流白黏液为活胎，流红带白黏液为死胎；胎水不破为正产，胎水先破为难产。

6. 羔羊的护理及培育

初乳期：母山羊产后5天以内分泌的乳汁称为初乳，是羔羊出生后唯一的营养来源。初乳中含有丰富的蛋白质(17%~23%)、脂肪(9%~16%)等营养物质和抗体，具有营养、抗病和轻泻作用。羔羊出生后及时吃到初乳，可增强体质，增强抗病能力，促进胎粪排出。初生羔羊应尽量早吃、多吃初乳，吃得越早、越多，增重越快，体质越强，发病越少，成活率越高。

常乳期(6~60日龄)：这一阶段，羊奶是羔羊的主要食物，辅以少量草料。从出生到45日龄，是羔羊体长增长最快的时期；从出生到75日龄，是羔羊体重增长最快的时期。此时母山羊的泌乳量虽然高，营养也很好，但羔羊要早开食，训练吃草料，以促进前胃发育，增加营养的来源。一般从10日龄后开始给草，将幼嫩青草吊挂在羊舍内，让其自由采食。生后20天开始训练吃料：在饲槽里放上用开水烫后的半湿料，引导小羊去啃，反复数次小羊就会取食。注意烫料的温度不可过高，应与奶温相同。

奶、草过渡期(45日龄至断奶)：45日龄后的羔羊逐渐以采食饲草料为主，羊乳为辅。羔羊能采食饲料后，要求提供多样化饲料，注意根据个体发育情况随时进行调整，以促使羔羊正常发育。日粮中可消化蛋白质以16%~30%为佳，可消化总养分以74%为宜，并要求适当运动。随着日龄的增加，羔羊可跟随母山羊外出放牧。

7. 出栏

羔羊出生后各个时期的生长发育不尽相同，绝对增重初期较小，而后逐渐增大，到一定年龄增大到一定程度后逐渐减慢直至停止生长，呈慢—快—慢—停的趋势，相对增重在幼龄时增加迅速，以后逐渐缓慢，直至停止生长，呈快—慢—弱—停的趋势。马山县黑山羊生长至 12 月龄时，增重速度显著减慢，18 月龄时，增长趋于停滞，之后体重处于弱生长，并开始沉积脂肪，以后随年龄的增长体重趋向于停滞。所以，商品肉羊于 12~18 月龄、体重 30~40kg 时出栏最佳，此时出栏既符合羊只的生长规律，又符合市场需求(供港活羊标准)。出栏过早，山羊处于快速生长发育时期，屠宰率不高，肉质虽嫩，但缺乏肉香味；出栏过迟，生长停滞，转为沉积脂肪，肉质变粗，肉中膻味成分含量增加，降低肉品品质，且浪费资金、劳力、饲草，降低生产效益。

8. 常见疾病防治

舍饲养山羊一定要注意疫病的防治，其中一定要做好预防工作。例如：经常对羊群的生长环境进行消毒，为羊群进行驱虫处理，发现病羊，要及早治疗，从而使羊群的健康得到相应的保障。

①消毒　养殖户需要每半个月就对山羊舍的饮水餐具以及饲槽等进行彻底消毒，并每隔半个月或一个月要应用漂白粉溶液喷洒在羊舍内，为羊舍消毒。山羊出栏后一定要对山羊舍进行一次彻底消毒，然后再养下一批山羊。山羊舍内外一定要保持干净，及时清理出现的粪便等污物，防止有害气体伤害羊群。

②驱虫和接种　山羊无体内、外寄生虫时，一般较少感染其他疾病；一旦患有体内、外寄生虫病，由于抵抗力下降，其他疾病接踵而来。因此，必须定期驱虫(2~3 个月驱体内、外寄生虫一次)，特别是在那些有严重寄生虫污染的地区，在母山羊生产完一个月后一定要对其进行驱虫，对断奶的羊羔也需要做好驱虫处理。针对患有体外寄生虫的羊可以应用药浴的方式来驱虫，具体的药浴方法是：在药浴前 8h 山羊不能进食，前 2h 给予充足的饮用清水，预防山羊在药浴时饮用药水而导致中毒。应该注意的是，怀孕 2 个月的母山羊一定不要进行药浴。

同时每年的春季和秋季各接种一次山羊传染性胸膜性肺炎疫苗和山羊三联四防疫苗(两种疫苗免疫间隔的时间至少要一周)。在预防接种时一定要登记每只山羊的健康情况。

思考与练习

1. 简述山羊的生活习性和特点。
2. 简述羔羊的饲养管理要点。
3. 试用山羊疫病的防治方法。

项目 7　林下特种养殖技术

学习目标

知识目标

(1) 掌握林下生产的主要两栖类动物的形态特征和生态学特性。
(2) 掌握林下生产两栖类动物的主要养殖技术流程和技术要点。

技能目标

(1) 会识别主要的两栖类动物(无尾目)。
(2) 会根据两栖类动物的生态学特性建造适合的养殖场地。
(3) 会根据两栖类动物的不同生长期进行培育与管理。
(4) 会根据两栖类动物的营养需求进行饲料配置。
(5) 会防治两栖类动物养殖过程中的病虫害。

任务 7.1　棘胸蛙养殖技术

任务目标

掌握棘胸蛙养殖场地建造技术、培育与管理技术、饲料配置技术、病虫害防治技术；了解棘胸蛙加工技术。

知识准备

棘胸蛙主要分布于我国长江中下游的湖北、湖南、安徽、浙江、广东、广西、福建、四川、贵州、云南和海南等省份。喜欢栖息在丘陵山地，林木葱绿、草木丛生、水质清澈、溪水长流、阴凉安静的山沟或石穴之中，夜间出洞觅食，以昆虫及其幼体、蚯蚓、蝇蛆等小动物为食，不食死的或不活动的食物。其攀爬和弹跳能力都很强，为了觅食常沿着水潭边的石壁攀爬。

棘胸蛙素有“百蛙之王”之美称，不仅营养丰富、味道鲜美，而且还是一种高级营养滋补品，是一种被人们视为“食之长寿，药用化疮”的珍贵野味。蛙肉含有较高的蛋白质、氨基酸、不饱和脂肪酸、钙、磷、铁、硫胺素、核黄素、烟酸、葡萄糖、肝糖等各类维生素和其他营养成分。其肉与鸡、猪、牛等的肉相比，蛋白质含量高，脂肪和胆固醇含量低，营养价值可与中华鳖和河鳗相媲美。肌肉干物质的 17 种氨基酸中 8 种人体必需氨基酸的含量较高。由于其肉质为含脂肪很少的肌纤维，非常细，组织中所含蛋白质结构松软，所以肉质细嫩。烹调后，肌肉蛋白质易分解成氨基酸等易消化吸收的营养物质，且含氮浸出物比一般禽畜肉多，因此味道浓郁可口，食用价值远高于其他蛙类。棘胸蛙还是一种名贵药膳，具有滋补强身、清心润肺、健肝胃和补虚损的功效，特别是对病后体弱、心烦口燥、老年支气管炎、哮喘病、肺气肿、少儿营养不良等症，都具一定的药用功效。棘胸蛙皮薄而质地坚韧、柔软，经刮油、洗涤、干燥、修整、防腐等加工处理后，可制作上等钱包、手套、皮鞋、弹性领带、乐器配件等皮革产品。棘胸蛙内脏、头部等副产品经过干燥粉碎后可作为动物性蛋白质饲料，质量超过鱼粉。

1. 形态特征

棘胸蛙俗称石鸡、岩蛙、棘蛙、石蛤蟆等。一般成蛙体长为 10～15cm，体重为 250～400g。成年雌蛙体型小，背部有分散的圆疣，胸部无棘状棘突，腹部细嫩光滑，呈白色，前肢短小，无咽侧身囊孔。雄蛙体型较大，背部有许多窄长疣，胸部有黑色棘突，用手摸有粗糙感，腹部粗糙，呈淡黄色，前肢粗壮发达，有咽侧身囊孔。在同龄棘胸蛙中，雄蛙个体往往大于雌蛙个体，这与虎纹蛙等蛙类雌蛙个体大于雄蛙个体的情况有所不同。

2. 生态习性

(1)温度条件

温度对棘胸蛙的性腺发育、成熟和胚胎形成发育均有直接的影响。每年春暖花开时节，水温升到 18～20℃，棘胸蛙开始发情、抱对、产卵、排精等繁殖活动。水温降至 12℃以下，则进入冬眠状态，开始穴居、闭目绝食的生活。此时，呼吸次数减少，甚至停止呼吸，耗氧量降低。棘胸蛙生长发育与繁殖的适宜温度为 20～30℃，最适温度为 25～30℃。棘胸蛙受冻致死的临界温度为 0℃，在水面结冰的情况下，因水中缺氧，造成窒息死亡。但若将冰敲碎，可能还会成活。水温超过 35℃，棘胸蛙烦躁不安，急剧挣扎、蹿游、跳跃，蛙体失去平衡，不久即死亡。

蝌蚪耐寒性较强，在冰下洁净的水中可安全越冬。4℃时开始冬眠，5. 8℃时冬眠结束，9℃时开始摄食。蝌蚪生长发育的最适温度为 25～30℃。蝌蚪对高温的忍耐性较差，水温达 35℃时，即出现不安、浮头，40℃时即死亡。

在冬季低温时，如将棘胸蛙置于恒温暖房内过冬，将有利于棘胸蛙的性腺发育，并能正常摄食，棘胸蛙的产卵期可比常年提早半个月左右。

(2)湿度条件

蝌蚪像鱼一样用鳃呼吸，离开水就不能生活，短时间离开水体也会因此致死。幼蛙、成蛙多在水中或高湿度的岸边生活。幼蛙在干燥的空气中日晒30min即致死。置于干燥空气中20h也会干死。成蛙对干旱的忍耐力比幼蛙稍强些，但在50℃的干燥空气中超过3h也会很快致死。

(3)光照条件

光照对棘胸蛙的热能代谢、行为和生活周期都有一定的影响。棘胸蛙喜栖于温度、潮湿、食物较丰富的向阳生态环境，有利于生长发育与繁殖。光照季节性变化影响性腺的活动。昼夜光照的变化同样影响棘胸蛙促性腺激素的分泌，每天凌晨时分至上午是促性腺激素分泌的高峰期。因此，在繁殖季节，常可见到棘胸蛙在黎明时开始抱对、产卵等活动，这可能与促性腺激素分泌的日循环变化有关。

光照季节性变化，通过感觉器官和神经、体液系统而影响性腺的活动。若将棘胸蛙长期饲养在黑暗条件下，则性腺成熟中断，或性活动受到抑制，以致停止产卵、排精。棘胸蛙害怕强烈的阳光直射，喜阴暗，但趋向弱光，喜蓝色光线，昼伏夜出，阴雨天气活动频繁。

(4)水质条件

水质条件包括水中的溶氧量、pH、盐度及微生物、浮游生物的含量等。棘胸蛙成体可进行肺呼吸，一般来说，水中溶氧量对其影响不大；但对卵的孵化，蝌蚪的成活、变态，以及幼体的生长发育影响极大。通过试验，蛙卵孵化时，不用增氧机，卵的孵化率仅在50%左右，用增氧机后，水体溶氧量达5mg/L，卵的孵化率达到85%以上。水的溶氧量与水温关系密切。水温高，气压低，水的溶氧量低；水温低，气压高，水的溶氧量高。夏季池塘藻类或微生物繁殖过多，常导致水中缺氧。如果蝌蚪养殖密度大，又管理不当，也会产生缺氧现象。各种规格的蝌蚪，对水中溶氧量的需求有所不同。一般来说，体长在3cm以下的蝌蚪，要求水中溶氧量不低于3.5mg/L；而体长在3~4cm的蝌蚪，由于肺部逐渐发育，能蹿出水面吸收空气中的氧气，因此水中的溶氧量保持1.5mg/L便可。水中溶氧量对棘胸蛙不仅有直接影响，而且能产生间接影响。水中氧气能促进好气性细菌对有机物的分解，加快水体内的物质循环。水中溶氧量低时，有机物分解缓慢，水体物质循环速度变慢，甚至引起厌气性细菌的滋生，这些细菌对有机物的分解将产生还原性的有机酸、氨、硫化氢等有毒物质，使棘胸蛙抗病力降低。人工养殖条件下，可利用流水或使用增氧机等提高水的溶氧量。

水的酸碱度(pH)对棘胸蛙会产生直接或间接影响。pH过高，破坏了棘胸蛙体液的平衡；pH过低，会妨碍棘胸蛙的正常呼吸，使摄食强度下降，生长受到影响。碱性过大的水体，会腐蚀蝌蚪的鳃组织和刺激棘胸蛙的皮肤，使棘胸蛙在水体中生活感到不适，严重时会引发表皮溃烂病、眼球发白、红腿病等，乃至中毒死亡。棘胸蛙生活水体适宜的pH为6.0~8.2，最适pH为6.5~7.8。棘胸蛙养殖的水质保持中性稍偏碱性较为安全，对蝌蚪和幼蛙的生长有利。

水中常含有盐酸盐、硫酸盐、碳酸盐和硝酸盐等，盐度主要通过水的密度和渗透压而对棘胸蛙产生影响。如果水中盐度高，棘胸蛙体内液体盐度低，体内水分就会大量失去造成死亡。因此，棘胸蛙在高盐度的海水中是不能生存的。据试验，幼蛙和成蛙在水体电导率大于10μS/cm时，就会大量失水致死。盐度对卵的孵化和蝌蚪的生活影响极大。用于卵的孵化和饲养的水，其电导率均不能超过2μS/cm，当电导率大于3μS/cm时，会引起死亡。此外，施过化肥和农药的农田水，不能用作养蛙水。

适量的浮游动物可为蝌蚪及幼蛙提供饵料，但过量的浮游生物和水草会导致水体溶氧量下降，影响受精卵的孵化，蝌蚪的发育、变态，以及幼蛙的活动。在水体富营养的状态下，尤其应做好棘胸蛙病虫害的防治，并适当控制浮游生物和水草的繁殖速度与数量。

任务实施

生产技术流程：

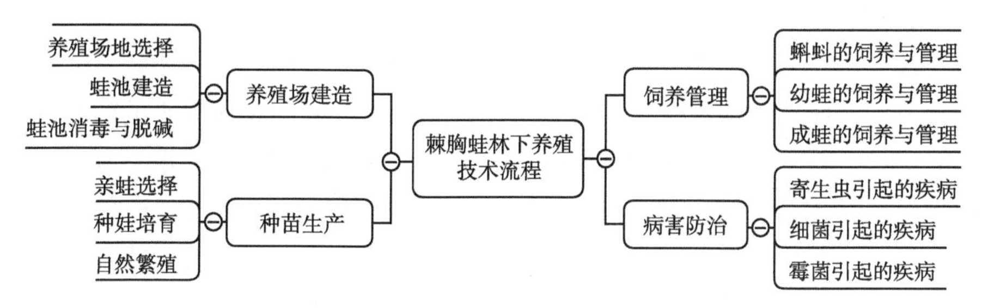

1. 养殖场建造

(1) 养殖场地选择

棘胸蛙是两栖类动物，离不开水或潮湿的栖息地。选址需要得天独厚的自然条件：一是要求棘胸蛙的栖息环境阴凉、潮湿，选址时尽量避开人类活动频繁、喧闹的地方和阳光直射时间较长的地方，其中以安静偏远的山区为主，山区气候具有冬暖夏凉的特点，适宜棘胸蛙的养殖。二是要求有优质的水源，长年流水不断，水流量大、水质优良，雨季发洪水不影响养殖场，雨后能尽快恢复清澈流水。水源应以山溪水、冷泉水和地下水为主。针对棘胸蛙生长对水源的要求，夏季水温应低于30℃，冬季水温应在18~26℃。三是要求场地电力、交通方便，以临近山路主干道为宜，适合棘胸蛙养殖过程中的运输，客观上便于先进技术的使用，并有利于设备的管理。四是要求场地面积宽广，便于扩大养殖规模。

(2) 蛙池建造

棘胸蛙养殖地要根据其不同生长发育阶段及繁育特点来设计建造。蛙池有水泥池、三合水池，但高密度集约化养殖以水泥池为好，方便循环用水和饲养管理。蛙池有长方形和圆形等几种。池内设置水域、陆地、洞穴、水草和活动场等，为蛙创造一个模仿自然条件的良好生态环境。为防止暴雨期间高山洪水袭击蛙池，各类蛙池应建立在洪水线以上，同时在池边与坡脚之间开挖一条泄洪沟，以便及时排泄地表径流。建造蛙池要统一规划、合理布局，蛙池要排列整齐、排灌方便，在每排蛙池之间需留有一定的通道，以利于操作管理。

一般建造两类蛙池，即繁殖用池和养殖用池。繁殖用池包括种蛙池、产卵池、孵化池、蝌蚪池等。养殖用池可分为幼蛙池、成蛙池和观察池等。

①种蛙池　种蛙池宜建在安静、弱光处，池高为1.2m，面积为5~10m^2。池边用石块建筑洞穴，并用水草隐蔽遮阴。池水深为15~20cm，池水与陆地面积之比为3∶1，按雌、雄1∶1的比例搭配，并在交配产卵之前雌、雄蛙分池养殖。种蛙池的构筑和设施与成蛙相类似，但养殖密度应适当稀一点，通常以5只/m^{2}为宜。种蛙池水源采用喷雾式进水系统以确保池内水源的长期流动，保持水质清洁。

②产卵池　主要用于亲蛙产卵，有土池和水泥池两种。如果要进行人工催产繁殖，为避免人员下池造成水质混浊，影响孵化，最好采用水泥池。若采用自然产卵繁殖，则使用土池比较合适。产卵池的建筑规格不宜太长，一般以10~15m^{2}为宜，产卵池的陆地面积占全池面积的1/3左右。产卵池最好设2~3个，以供未发情、产卵的亲蛙抱对产卵、排精使用。产卵池的水位较浅，浅水区面积明显大于种蛙池，水深为15~20cm。池内种植水生生物，如马来眼子菜、聚合菜、水葫芦、茭白、慈姑等，以营造天然条件，并使蛙卵黏附在水生植物上，便于移入孵化池。

③孵化池　用于受精卵孵化和培育早期蝌蚪的水池，面积为1~2m^2，可连接数个池子，以便按不同产卵期分池孵化。用砖石水泥浆砌而成，或用相应大小的塑料桶代替，池壁高0.6m，水深为0.15~0.4m，要求池面光滑(最好用瓷砖面)不渗水，有一定坡度。水池两端应设进、排水口，进、排水口相对呈直线，排水口用直径为3cm的PVC塑料管，在其两端均安上一个同规格的塑料弯头。孵化池近出口处稍凹陷，便于收集蝌蚪。池面应放些消毒后的水草，如水葫芦、革命草等。用水泥池孵化蛙卵，可减少人为操作所引起的水质混浊，池水温度容易控制，便于清除有害生物。

④蝌蚪池　蝌蚪池用于培育蝌蚪，直至蝌蚪全部变态为幼蛙。蝌蚪池一般采用水泥池，水中适当放养水草，以供蝌蚪栖息。同时要设置进、排水口，用于调节水位和更换新水。池长4m，宽1m，高20~30cm，便于蝌蚪在水中活动和呼吸。池子也采用里高外低，自然微流水，池内放置部分1~2cm的光滑鹅卵石，在池边或池中设有一定面积的陆地、陆岛。陆地、陆岛近水部分可用砖石块和水泥板建造多个洞穴，以供刚变态的幼蛙栖息。食台采用白色平底瓷碗搭建，同时蝌蚪池采用塑料网覆盖以防有害生物侵入。

⑤幼蛙池　刚变态的幼蛙个体较小，抵抗外界环境的能力差，因此应采用小面积的水泥池培育，以便于捕捞、分类和清池。个体较大的幼蛙也可利用土池培育。幼蛙长至体重50g左右便可移入成蛙池。

幼蛙池以长方形为好，池底坡度5%，以利于放水排污。面积以15~20m^{2}为宜，池深为0.8~1m。由于幼蛙已能水陆两栖，因此，幼蛙池的水深宜浅一些，控制水深在15~20cm即可。池中铺设大小鹅卵石，形成的石隙和垒叠露出水面部分可供幼蛙栖息。池边及池中构筑陆岛、陆岸及水沟，近水面用石块和水泥板等建造多个洞穴，也供幼蛙栖息。洞穴前的水面上设置一些水泥板或木板，作为幼蛙登陆的跳板和饵料台，板下架空，可供幼蛙休憩。水中栽培水生植物，可以起到遮阴降温与净化水质的作用。一般幼蛙池宜建3~4个，以便在培育过程中按大小分级养殖，防止大蛙吞食小蛙。

⑥成蛙池　养殖150g以上的商品蛙。成蛙池结构与幼蛙池类似。可用水泥池，也可用

土池。池形以长方形为好，面积一般为20~30m^2，池深为0.8~1m。池底坡度5%，略向排水口倾斜，以利于排污。池内设进水孔与排水孔，孔离池底10~20cm，用以调节水位高低。水面与陆地面积比为1∶2。设2个进水孔和1个排水孔。池中铺设鹅卵石，构筑陆岛、陆岸、水沟、穴洞；搭棚遮阴，池边栽种常绿灌木和水生植物，以起到防暑遮阴的作用。

⑦观察池　用于观察各类蝌蚪和蛙的病情变化与治疗情况。观察池应建于远离养殖场的较偏僻地方，以免感染健康蛙。

(3)蛙池消毒与脱碱

①土地的消毒　无论是旧池或新池，都可用生石灰或漂白粉进行消毒。生石灰消毒法：先在池底挖几个小坑，再在小坑内放入生石灰，用量为100g/m^2左右，池中蓄水10~20cm深，待石灰溶化后，用水瓢将石灰浆全池泼洒，然后用铁耙将石灰浆耙匀，使石灰浆与池泥混合。清池1周后可注入新水放养幼蛙。用生石灰清池，既可杀死池中的寄生虫和病菌等，还可改良水质，使池水呈微碱性，同时还可从淤泥中释放氮、磷、钾等营养素，增加池水肥度，促使浮游生物繁殖。漂白粉消毒法：每亩投放5~10kg漂白粉，若带水清池，水深为1m时，每亩用量为20kg左右，溶化后全池泼洒。漂白粉兑水后释放次氯酸，可杀死病菌和有害生物，一般清池后3~5天即可放养幼蛙。

②水泥池的脱碱　新建水泥池在使用前需进行脱碱处理，目前常用的脱碱方法有3种。一是过磷酸钙法：按新建水泥池中的水体积，加入1000mL/L过磷酸钙，浸泡2天，即可脱碱。二是冰醋酸法：用10%的冰醋酸洗刷水泥池表面，然后将池水灌满，浸泡1周左右，可使碱性消除。三是薯类法：若小面积水池急需脱碱，可用甘薯(地瓜)、马铃薯(土豆)等薯类擦抹池壁，使淀粉浆黏在池表面，然后注满水浸泡1周，可起到脱碱作用。

经过以上脱碱法处理后的水泥池，可用pH试纸进行测试，以了解水泥池的脱碱程度，水的pH以6.0~8.2为宜。经过脱碱处理的水泥池必须用清水洗刷干净，然后灌水，放入几尾蝌蚪或幼蛙试水1天，确定无不良反应时，再放苗饲养。

2. 苗种生产

选择种蛙是做好人工繁殖的基础。在冬眠之后、春季之前就要对成蛙进行一次认真选种工作。种蛙运输工作要根据气温、运输路程及运输工具等诸多因素来考虑。引种数量少、运输路程短的，除夏季外其他季节都可进行。引种数量大、运输路程短的，宜在春季或冬季进行，因气温低，运输更安全。

(1)亲蛙选择

种蛙的优劣直接影响到繁殖效果，以及今后蝌蚪的发育变态和幼蛙的生长速度，因此，用于繁殖的亲蛙必须严格挑选。要求个体较大，体质健壮，肤色一致，发育良好，无病、无伤，生长年龄2年以上，体重为200~250g。雄蛙要求体躯较大，前肢短粗、强壮有力，婚垫明显，胸部黑刺发达，鸣声洪亮，而雌蛙则要求体型丰满，腹部膨大柔软，卵巢轮廓隐约可见，用手摸富有弹性。为了正确搭配雌、雄的配种比例，必须分清雌蛙和雄蛙。如选择的种蛙来源于人工养殖，还要注意血缘关系，杜绝"近亲交配"，避免种质退化。

(2)种蛙培育

环境条件对种蛙的健康、繁殖影响极大。生存环境好坏，直接影响着配种产卵，也间接影响受精率、孵化率和蝌蚪的成活率。种蛙池要求池水容量相对稳定，水深15~20cm，水质清洁，pH为6.5~7.0，无有害寄生虫。一般在采食旺季每隔2~3天换水1次。选留的种蛙在冬眠前应加强饲养，使之膘厚体壮，保证安全过冬。种蛙的培育除需具备适宜的环境条件外，还必须保证有充足的饵料供应。棘胸蛙每年以5~9月摄食量最大，发情期间食量减少，产卵后期食量增大。饵料投喂量为蛙体重的5%~7%，以采食后略有剩余为宜。每次投喂做到均衡，不要忽多忽少，饥饱不均。要依照具体情况酌情增减投饵时间，一般在18:00~19:00投饵，每天投喂1次。

(3)自然繁殖

种蛙一般在21:00至凌晨抱对，配种母蛙于04:00~07:00排卵，产出卵块通常黏附在石块、池壁、水草上。一般每次产卵300~600粒，极少数达到1000粒以上。卵粒呈圆形，受精卵的动物极呈灰黑色，植物极呈浅黄色，未受精卵经2~3天后动物极明显变为黄色，植物极呈白色，不透明。刚产出的卵在1h内尽量不要移动，以免卵块破碎，降低孵化率。在种蛙配种产卵时，要防止惊动或强光照射，否则将会影响配种、排卵和受精，因此，要人为营造一个光照弱、环境幽静、水质清洁、水位稳定、适宜配种产卵的良好环境。产出的卵块应在4h内用不锈钢的捞勺轻轻地捞起，移入孵化池内。未受精的卵块应及时捞出，以免影响水质。受精率一般可达90%以上。

在孵化前要对孵化池进行1次全面消毒，水深保持在10~15cm，水中溶氧量在4mg/L以上，光线以散射光偏阴为好，千万不能让阳光直射孵化池。

3. 饲养管理

(1)蝌蚪的饲养与管理

刚孵化出膜的蝌蚪，个体小、体质嫩弱，对外界环境和敌害的抵抗能力差，其生活环境与鱼类相似，完全在水中生活。因此，要加强水质管理才能提高蝌蚪的成活率。

①蝌蚪的放养密度　决定于培养条件、饵料供给、蝌蚪大小和管理水平等条件。土池生态条件较差，水质易混浊，放养密度宜稀不宜密。密度过大，投饵量相应增加，容易引起水质污染，造成水中溶氧大量减少，严重时蝌蚪因缺氧而死亡，同时还会造成大蝌蚪吃小蝌蚪的不良现象，使成活率极大降低。通常蝌蚪的放养密度为：20日龄蝌蚪350~500尾/m^2，30日龄蝌蚪200~300尾/m^2，80日龄至变态为幼蛙之前的蝌蚪放养100~150尾/m^2。水泥池管理和换水条件较好，水质清洁时，放养密度可比土池大1倍。同池放养的蝌蚪应日龄大致相同，规格基本一致。防止大、小蝌蚪混合饲养，否则会引起两极分化，甚至出现咬口现象，不利于蝌蚪的正常生长发育。有足够的饲养水面时，幼小蝌蚪的放养密度以稀为好。在进行蝌蚪密度疏散时，幼小蝌蚪要用细眼网捞取，先在桶里装水，捞出蝌蚪后立即将网袋伸入水桶，让幼小蝌蚪离网入水。较大的蝌蚪可倒入水桶。装入水桶内的蝌蚪不能久放，否则蝌蚪容易死亡。

②早期蝌蚪的培育　刚孵化出的蝌蚪全长为0.6~1.0cm，体形似鱼，大多侧卧于孵

化池底部，也常利用自身的吸盘吸附在池壁或水草的枝叶上休憩，稍微惊动一下有些蝌蚪还会做短距离蹿游。水温在25℃以上时，出膜后3天的蝌蚪开始摄食和靠长尾(基边缘有发达的游泳膜)的摆动在水中游泳。因此，应在池中投些水生植物如水浮莲、水葫芦、金鱼藻、浮萍、杨树根等(约占水面的1/3)作为蝌蚪的附着体，使其不会沉入池底被泥沙覆盖致死。刚脱膜的蝌蚪游泳能力差，尚不能采食，主要吸收卵黄为营养来维持生命。因此，此时的蝌蚪不宜转池，不需投喂饵料，也不需要搅动水体，让蝌蚪休息。一般脱膜5~6天两鳃盖完全形成后才开始向外界采食。这时可投喂一些营养丰富且易消化的蛋白质流汁饵料，如将煮熟的鸡蛋黄(或薯类)捏碎拌水成浆，全池均匀泼洒，早、晚各投喂1次。一般5000尾蝌蚪投喂1个熟蛋黄即可。在投喂蛋黄浆的同时，可隔天投人工培养的绿藻、硅藻等浮游生物。蝌蚪开食后要及时投喂，否则饥饿时会互相吃咬。但投喂量应适宜，过多会污染水质。20日龄之后以投喂植物性饵料为主，如熟番茄、南瓜、米饭、豆浆、藻类、水生植物等。随着蝌蚪的长大，摄食能力增强，转入蝌蚪池后，投喂的饵料由麸皮50%、玉米粉40%、青菜10%组成。用水调匀至含水量为70%左右(用手捏成团不散开为度)，蒸熟放凉后，用水捏成小团，每池可投5~10团。一般1天投喂1次。如当天没有吃完，第二天一定要拣出，以免蝌蚪吃进变质饵料而患肠胃病。小蝌蚪经培育半个月以后，即可转入蝌蚪池饲养，进入蝌蚪的后期培育阶段。

③变态期蝌蚪的培育　蝌蚪从长出后肢芽到前肢伸出和尾部完全吸收，这个时期称为变态期。这段时间的蝌蚪不吃不动。但由于蝌蚪的变态是不同步的，即使是同一日龄的蝌蚪，早变态的已长出四肢，而迟变态的仍具一条长尾。因此，就整体而言，要继续投喂，只是投喂量要逐渐减少，直至全部变态成幼蛙。这时的蛙即由水生过渡到水陆两栖。因此，在池内既要有浅水，又要有砂质陆地(水陆比为4：1)，同时要放些水草或木板之类的漂浮物，使变态时的蝌蚪停在上面，露出水面呼吸和休息，而不能让其长时间滑在水中，并尽可能地防止惊动，使其有个安全的环境变态成幼蛙。蝌蚪的变态受温度、饵料营养及放养密度等因素的影响。一般在上半年产卵孵化的蝌蚪，尽可能加强喂养，提高温度，多投喂动物性蛋白质饵料，进行强化培育，使其当年变态成幼蛙。如果是下半年孵化的蝌蚪，要适当增加放养密度，降低温度，控制饵料投喂量，多投喂植物性饵料，使其只长个体，延缓变态，尽量让其以蝌蚪的形态越冬，到第二年变态成幼蛙。如果有日光温室，能采取保温措施，则可照常喂养。

④蝌蚪饵料投喂

定质：要求投喂的饵料新鲜、清洁、适口，切忌投喂腐坏的饵料，鲜饵在投喂前要洗净消毒。在饵料中适当加酵母粉和穿心莲粉，可有效地预防疾病的发生。

定位：为便于清理残饵和保持水环境清洁，水池应设置食台，做到定位投放饵料。同时，要注意不要把饵料投到池底软泥处，以免污染池底环境，影响蝌蚪生活。

定时：每日投喂2次，即清晨和傍晚各投喂1次。但若投喂配合饲料，每天应不少于5次。

定量：根据蝌蚪的体长、摄食情况、天气变化、水温、水质及投饵品种等具体情况，投喂一定数量的饵料。一般情况下，每天的投饵量应控制在蝌蚪总重量的1%~3%。水温高时，适当多投；水温低时，减少投喂。同时，要注意每日的投饵量切勿时多时少，以免蝌蚪饥饱失常，影响正常生长。

⑤冬眠期蝌蚪的管理　蝌蚪的越冬与水温密切相关。据观察，当水温降至 8～9℃时，蝌蚪即趋于休眠状态，不吃不动，潜伏水底或水草丛中冬眠；当水温回升到 10℃以上时苏醒。蝌蚪的冬眠是极不稳定的，在整个越冬期间，只要天气晴朗，水温上升，就会浮上水面慢慢游动，但天气转冷，水温降低时又会沉到水底冬眠。蝌蚪池水深保持在 0.8～1.0m，采用长流水，并采用在饵料池顶加盖等保温措施，就能安全越冬。如果遇到天气寒冷，水面结冰，应将冰层敲破，以免造成池中缺氧，致使蝌蚪窒息死亡。蝌蚪的御寒能力较强，故越冬成活率较高，一般能达到 90%以上。正处于变态阶段、已长出后肢或四肢的蝌蚪，耐寒能力差，应加倍护理，最好能在池上搭棚，或转入塑料棚内培育使其顺利越冬，减少损失。当水温升到 15℃时，蝌蚪活动加强，此时应适当投喂高蛋白质、高脂肪和高能量的饵料，进行强化培育，以增强其体质。越冬期间保持环境安静，防御敌害及水质变坏。

(2)幼蛙的饲养与管理

①幼蛙的饲养　蝌蚪饲养 70 天变态完毕，长出四肢，成为幼蛙，由水生变水陆两栖。刚变态的幼蛙个体很小，要精心饲养，加强管理，提高幼蛙阶段的养殖成活率。幼蛙主要以动物性饲料为食，包括蝇蛆、黄粉虫、蚯蚓等。要注意保持池周安静、光线暗，白天要避光，池水深一般为 10～15cm，水质要求与蝌蚪期相同，禁用含氯自来水，换水视水温、水质变化而定，20～26℃时每天换水 1 次，气温超过 37℃时，水深保持 10～20cm。采取活水饲养，水池、饲料台应定期进行消毒，特别是高温季节，为幼蛙活动、采食的旺季，更应做好消毒预防工作，以减少疾病的发生。对幼蛙采用分级饲养，按蛙的个体大小分级，养殖密度一般掌握在 100～200 只/m^2。为防鼠害，蛙池上口加盖纱窗盖。防止潜逃，同时做好防冻、防暑工作。虽然幼蛙尾巴消退后就开始觅食，但觅食量很少，一般每 2 天 1 次，每次只能吃 1 条 2 日龄的小蝇蛆。饲料的投喂时间在傍晚天黑前，投饵量视其采食量而定，一般保持池内略有饵料剩余为宜。10 天以后，幼蛙就进入正常的活动和觅食状态，每只蛙每天可食 1 条 4 日龄的蝇蛆。此时幼蛙的四肢还很脆弱，表皮的防御机制还不完善，对水质的要求更为严格，否则容易感染一些皮肤病，如红腿病、水霉病。幼蛙在 1 月龄之内喂蝇蛆为主，1 个月以后可以投喂日本大平 2 号蚯蚓，以后以蚯蚓为主料，一般不喂蝇蛆。45 天以后，可以喂本地小蚯蚓。随着幼蛙日龄的增长和体重的增加，所投喂的蚯蚓也可不断地增粗，且喂量也要不断加大。到 2 月龄以后就可投喂如筷子粗细的土蚯蚓，但小幼蛙不宜喂大蚯蚓。在投饵方式上要注意将活的饵料投放在池内食台上，不能直接投到池水中以免污染水质，并应掌握定位、定时、定量、定质的原则，每日投饵在傍晚前后，按体重的 5%～10%进行投喂，同时依食欲、气候、气温而酌情增减。饲料要求种类多样，新鲜、富营养，足量、少次地进行投喂，以保证幼蛙营养全面，生长迅速，少患疾病。

②越冬期的管理　冬季寒冷时幼蛙都蛰伏起来，不吃不动，双眼紧闭，对外界没有反应，进行冬眠。一般在霜降后开始(水温降至 10℃左右)，惊蛰前后(水温在 15℃以上)结束，整个冬眠时间为 100 天左右。入冬前可人为地给幼蛙提供一个良好的越冬环境。

A. 洞穴越冬。在蛙池四周挖掘松土，并在向阳避风处离水面 20cm 的地方挖几个直径约为 13cm、深约为 1m 的洞穴。洞穴要保持湿润，略高于水面，但不能让池水淹没。幼蛙在入冬后会自动钻入洞内越冬。

B. 塑料棚越冬。在原幼蛙池离水面 30cm 高处，覆盖塑料薄膜保护幼蛙越冬。也可在池上方用竹木或钢筋搭成拱形或“人”字形的棚架。棚顶距地面约为 2m，上盖 2 层塑料薄膜，与池边连接成一密封的保温罩，棚架四周的地脚处薄膜用泥土压实，薄膜上再盖 1 层大眼网片，以防大风把薄膜掀起吹走。棚外气温降至 0℃以下时，薄膜上可覆盖 1 层稻草帘，晴天则掀开草帘让阳光照射，使池温保持在 10℃以上，晚上封盖。幼蛙冬眠一般不需要喂饵。气温回升时，幼蛙会出来活动觅食，此时可适量投喂些优质饵料，以增强其抗寒能力。同时，在白天可掀开部分薄膜，让空气流通，不致过热。

C. 加深水层越冬。越冬期间将蛙池水位控制在 1.0~1.2m，以防天气变化水温突变。同时池中放养些水生植物，让幼蛙在水草中越冬。室外土池可在池底铺一层 30~40cm 厚的沙土或淤泥，供幼蛙潜伏冬眠。淤泥既具有保温作用，又可在发酵时散热(可使水温升高)。在较寒冷的地区，可在池面上方搭架覆盖杂草、玉米秆或麦秸等，既能抵御寒潮的侵袭，又能防止外来敌害。

D. 草堆越冬。在蛙池的东北面堆一个土丘挡北风，离水面 30cm 处架一个大草堆(棚)，草堆周边与池边紧贴，以防冷风吹入池内，并在池的东北面深水处放置几个筒瓦，供幼蛙栖息越冬。在越冬期间，水温一般保持在 10℃左右，幼蛙能安全过冬。

(3)成蛙的饲养与管理

①放养成蛙　成蛙的放养密度取决于养殖条件、饵料供应情况和蛙体大小等因素。如为长流水养殖，同时活动场地较大，遮阴条件好，放养密度可大些，反之则小。通常体重为 50~80g 的棘胸蛙，放养 30 只/m^2；100g 以上的，放养 20 只/m^2。放养前，用 7mg/L 的高锰酸钾溶液浸浴蛙体 20min 进行消毒。由于棘胸蛙生长速度不一，要根据蛙体大小分级放养。凡达到商品蛙重量，即 150g 以上的，要立即出池，投放市场。

②投喂饲料　蛙池设置食台，可做到集中投喂，集中觅食，保洁水体，减少损失，提高饲料利用率，利于防治蛙病。食台是用水中不易腐烂的树木制成。选用 1cm 厚的木板，规格视蛙池面积而定，能大能小。一般为长 1m，宽 0~5m，在食台四周钉上高约 3cm 的木条作框，使幼蛙在食台上觅食时不易将饲料拖下食台污染水质并造成浪费。食台高度以不淹漫为度(若食台有水，食台上的昆虫就会被淹死)。食台底下有 4 只饵料台(不固定，可以移动)，台下供蛙群居栖息。食台要每半个月清洗消毒 1 次，以防残食腐败，滋生细菌，引发疾病。饲料颗粒大小以幼蛙能取食为宜，投喂量视天气、水及实际摄食量等情况随时调整。水温在 16~26℃时，成蛙摄食多，排泄物也多，易造成水质污染。为了保持水质清洁，减少污染和疾病发生，最好采用微流长流水养殖。也可通过换水使池水保持清洁。夏天要求每 3~4 天换水 1 次，换去池水总量的 1/3 左右；冬天每 5~6 天换水 1 次，换去池水总量的 1/4 左右。日常管理和越冬管理与幼蛙养殖基本相同，可参考幼蛙的管理和越冬方法。

4. 病害防治

(1)寄生虫引起的疾病

①车轮虫病和斜管虫病　由车轮虫和斜管虫寄生而引起。5~8 月为车轮虫病的流行

期，斜管虫病冬、春季发病。主要症状为：蝌蚪游动迟缓或离群独游；食欲减退甚至停食，最终衰弱而死。防治方法：每升水体用0.5mg硫酸铜和0.2mg硫酸亚铁兑水，全池泼洒；每亩水面用切碎的韭菜250g与黄豆混合磨浆，全池泼洒，连用2~3次；每立方米水体用25g苦楝树叶煮水，全池泼洒。

②舌杯虫病　病原体为舌杯虫。每年7~8月为该病的发病高峰期，尤其在养殖密度高的蝌蚪池中易发生。防治方法：每升水体用0.5mg硫酸铜和0.2mg硫酸亚铁或敌百虫(含量90%)0.2~0.4mg兑水后全池泼洒；放养前用生石灰彻底清塘，平时注意保持蛙池卫生。

③锚头鳋病　由锚头鳋寄生引起。防治方法：用20mg/L的高锰酸钾溶液浸泡蝌蚪20min；每立方米水体用0.5g敌百虫溶解稀释后全池泼洒；用新鲜松针捣烂成汁，全池泼洒。

(2)细菌引起的疾病

细菌引起的疾病主要有红腿病、出血病、烂鳃病、表皮溃烂病、肠炎、爱德华菌病、腹水病等。根据具体病情选择相应的病害防治方法：一是清塘，一般每亩水体用100~200kg生石灰干法和带水清塘，保持水质清洁，勤换水；二是抗生素拌饲投喂，常用硫酸新霉素10mg/kg、卡那霉素10~30mg/kg、土霉素30~50mg/kg、氧氟沙星10mg/kg、氟苯尼考15~20mg/kg拌在饲料中，一天一次，3~5天一个疗程；三是药液浸浴，用高锰酸钾10mg/L或链霉素50万单位/万尾浸浴30min。

(3)霉菌引起的疾病

①水霉病　病原菌为水霉或绵霉。水温10~15℃时流行，危害蛙卵及体表破损的蝌蚪、幼蛙、成蛙。患水霉病的蝌蚪或幼蛙、成蛙活动迟缓，肉眼可见到体表有成团菌丝。菌丝长短不一，一般为2~3cm，白色棉絮状，由伤口向四周扩散。患病的蝌蚪、蛙觅食困难，食欲减退或停止摄食，日益消瘦直至死亡。防治方法：尽量避免蛙体(蝌蚪)体表受伤，定期更换池水和消毒，发现水霉感染时慎用抗生素类药物；用1.0~2.0mg/L的聚维酮碘药浴48~72h；用1.5~2.0mg/L的高锰酸钾溶液药浴12~18h，隔天1次，连用2次；用0.4%的食盐和0.4%的小苏打混合溶液药浴36~48h。

②鳃霉病　病原菌为血鳃霉或穿移鳃霉。在池水被污染、有机质多的养殖池内最易发生。鳃霉病的症状与水霉病相似。患病蝌蚪、蛙的鳃部苍白，有时呈现点状充血或出血。病情严重时鳃丝溃烂、缺损，呼吸受阻而窒息死亡。防治方法：防止池水被污染，对已受污染的蛙池要用生石灰清塘消毒，加速有机质的分解；用0.7%~1.0%的食盐溶液药浴3~5天；用硫酸铜或螯合铜全池泼洒，隔天1次，连用3~5天。在上述处理后，在饲料中添加0.05%~0.10%的制霉菌素，连续投喂5~7天。

思考与练习

1. 养殖棘胸蛙日常管理需要注意什么？
2. 棘胸蛙的病虫害有哪些？防治方法有哪些？

任务7.2 中华大蟾蜍养殖技术

任务目标

掌握中华大蟾蜍养殖场地建造技术、中华大蟾蜍养殖繁育技术、中华大蟾蜍病虫害防治技术；了解蟾酥加工技术。

知识准备

中华大蟾蜍俗称癞蛤蟆、蚧蛤蟆、癞团、獭肚子等，是一种药用价值相当高的经济动物。中华大蟾蜍耳后腺和皮肤腺分泌的白色浆液经收集加工制成的蟾酥，是我国传统的名贵药材。蟾酥含有蟾蜍毒素、精氨酸等物质，还含具有强心作用的甾体类物质，有强心利尿、消肿开窍、解毒、麻醉止痛等功能。以蟾酥为主要成分制作的中成药在我国已达100余种。近年来的研究还发现蟾酥具有一定的抗癌作用。蟾衣是蟾蜍自然脱下的角质衣膜，为我国近年来研究发现的新动物源中药材，具有清热解毒、消肿止痛、镇静、利尿等功效，对慢性肝病、多种癌症、慢性气管炎、腹水、疔毒疮痈等有较好的疗效。中华大蟾蜍去除内脏后的干燥全体以及皮、舌、头、肝、胆均可入药，分别称为干蟾、蟾皮、蟾舌、蟾头、蟾肝、蟾胆。中华大蟾蜍还是农作物害虫的天敌，是捕捉害虫的能手。中华大蟾蜍被列入《国家保护的有益的或者有重要经济、科学研究价值的陆生野生动物名录》，是进行生理学研究、医学研究的重要实验动物。

1. 生物学特性

中华大蟾蜍为脊索动物门脊椎动物亚门两栖纲无尾目蟾蜍科蟾蜍属。根据成蟾和蝌蚪的形态特征可分为3个亚种：指名亚种、华西亚种、岷山亚种。中华大蟾蜍指名亚种在我国分布于黑龙江、吉林、辽宁、河北、河南、山西、陕西、内蒙古、甘肃、青海、四川、贵州、湖北、安徽、浙江、江西、湖南、福建、台湾，在国外分布于俄罗斯和朝鲜。中华大蟾蜍华西亚种在我国分布于甘肃、陕西、四川、云南、贵州。中华大蟾蜍岷山亚种在我国分布于青海(祁连山南端)、甘肃(卓尼)、宁夏(六盘山)、四川(阿坝州)。

中华大蟾蜍外形似蛙而较大，体粗壮，体长一般在10cm以上，雄体较小，整体可分为头、躯干、四肢3个部分。中华大蟾蜍头宽大于头长，头顶部光滑，吻端圆厚，嘴巴宽大，吻棱明显；雄体无声囊；两鼻孔接近吻端，具鼻瓣；可开闭眼睛一对，大而突出，位于头部两侧，有上、下眼睑，下眼睑连接薄而透明的瞬膜，向上覆盖眼球，是对陆栖生活的适应；眼球突出，视野开阔，对活动物体敏感，对静止物体较为迟钝；上眼睑之宽为眼间距的3/5，眼间距大于鼻间距；头两侧有耳，鼓膜圆形、明显。眼和鼓膜的后方有大而长的耳后腺。躯干粗短，皮肤极粗糙，背部及体侧分布有大小不等的疣粒，为皮肤腺形成的瘤状突起(也可采取蟾酥)。背部无花斑，体色变化较大。在生殖季节，雄性背面呈黑绿色，体侧有浅色的斑纹；雌性背面颜色较浅，疣粒乳黄色，有时自眼后沿体侧有斜行的黑色纵斑。腹面不光滑，乳黄色，有棕色或黑色的花斑。前肢长而粗壮，指稍扁而略具缘膜，指长顺序为3、4、1、2，雄性内侧3指有棕或黑色的婚垫。后肢短粗，宜于匍行，胫跗关节前达肩部，左、右跟部不相遇，皮肤疣粒明显，具5趾；趾略扁，趾长顺序为4、3、5、2、1，趾侧缘膜在基部相连形成半蹼。

2. 生态习性

(1)温度条件

中华大蟾蜍的新陈代谢速率对温度有很大的依赖性，体温随温度变化而变化。适宜温度为20~32℃，最适温度为25~30℃。中华大蟾蜍对低温有一定的耐受能力，当温度低于10℃时进入冬眠状态，在4.15℃左右时失去定向运动力，在1.5℃左右呈现昏迷状态，在-2℃时可导致死亡。温度过高，则会使其皮肤散失过多的水分，影响呼吸。当在高温中(39~40℃)暴露一定时间后，中华大蟾蜍的皮肤开始干燥，体温出现上升或下降趋势，其生理机能出现紊乱，进入此期后开始出现死亡。

温度的变化也会影响到中华大蟾蜍的活动和采食量。温度适宜，中华大蟾蜍的活动增加，采食次数及采食量也相应增多。当气温达12℃以上时，中华大蟾蜍的活动量开始增加。夏季，当气温在20℃以上，气候温暖潮湿时，昆虫数量增多，中华大蟾蜍的活动和采食量也增多，利于其生长和发育。同时，中华大蟾蜍的毒腺及耳后腺浆液充足，利于蟾酥的采收。秋末，温度逐渐降低，食物减少，中华大蟾蜍的活动也减少，并为越冬做准备。中华大蟾蜍卵孵化的温度范围是10~30℃，最适温度为18~24℃，低于10℃或高于30℃时，中华大蟾蜍卵就会受到影响而减产或停产。

(2)湿度条件

中华大蟾蜍不同发育阶段对湿度的要求不同，变态幼蟾对湿度要求最高，以后随月龄的增长而逐渐降低。变态后的幼蟾湿度要求控制在85%~90%，1~2月龄幼蟾湿度要求控制在80%~85%，3月龄以上的蟾蜍湿度控制在70%~80%即可。中华大蟾蜍对较低环境湿度的耐受性与环境温度及日晒密切相关。温度越高，中华大蟾蜍所需的湿度越大。尤其是幼蟾蜍，更怕干燥和日晒。

(3)光照条件

中华大蟾蜍的行为、繁殖等都受光照的影响。中华大蟾蜍喜阴暗，有畏光习性，尤其是逃避强光直射。中华大蟾蜍一般夜间、阴雨天气活动频繁，而日照强光会使其躲入洞穴、草丛，长时间日照和干旱天气会影响其活动和采食，从而影响其生长发育。但中华大蟾蜍的生长发育也不可没有光照，适宜的光照对机体的发育、性腺的成熟有促进作用。若将中华大蟾蜍长期饲养在黑暗条件下，则性腺成熟中断，或活动受到抑制，以致停止产卵、排精。另外，光照可以增加气温和水温，有利于陆地昆虫和水中浮游生物的生长、繁殖，从而为中华大蟾蜍提供充足的食物；光照可以防止霉菌的生长，减少中华大蟾蜍疾病的发生。

(4)水与水质的影响

水的溶氧量对于中华大蟾蜍卵的孵化、蝌蚪的生存、变态及幼体的发育等影响较大。水中溶氧的来源是空气中的氧气，因此水的溶氧量与水温、气压及水的流动有密切关系。一般来说，流动水的溶氧量高于静止水，水温高，气压低，水的溶氧量低；水温低，气压高，水的溶氧量高。胚胎发育与蝌蚪呼吸均需求水中有较高的溶氧量，适于胚胎发育与蝌蚪生长的正常溶氧量为6mg/L。人工养殖时，必要时可利用缓流水或使用增氧机，以提高水中的溶氧量。

水的酸碱度直接影响蝌蚪和成蟾的生存。水的酸碱度过高，会破坏中华大蟾蜍体液的平衡；酸性水会妨碍中华大蟾蜍的正常呼吸，使其摄食强度下降，生长受到影响。适宜中华大蟾蜍生活的水体 pH 为 6~8，碱性浓度太大的水会腐蚀蝌蚪的鳃组织和刺激中华大蟾蜍的皮肤，使中华大蟾蜍在水中生活感到不适，严重时会引起蓝皮病，眼球发白，红腿病等。一般未被污染的缓流小溪、江、河、池塘等的水体均能满足上述要求，人工养殖时尽量加以利用，但需注意废水、粪便的流入会引起水质腐败。

水中还有许多盐类，如硝酸盐、铵盐、硫酸盐、碳酸盐等。水的含盐量主要通过影响水的密度和渗透压对中华大蟾蜍产生影响。中华大蟾蜍身体外表的皮肤角质化程度低，如果水中含盐量过高，体内液体和血液里盐度低，体内水分就会大量失去，造成死亡。水中含盐量过高对蝌蚪及孵化中的卵影响更大，这种失水也会造成在水中孵化的卵和幼嫩的蝌蚪快速死亡。中华大蟾蜍饲养用水适宜的含盐量应在1%以下，否则会影响蝌蚪及中华大蟾蜍的生存。养殖中华大蟾蜍的水中一般不要撒化肥和药品，若确是防病需要，可适当应用某些药品，待病害消除后，应适当换水。同时要注意不要用被农药、化肥污染的水养殖中华大蟾蜍。

自然环境的水中，往往生存有大量的浮游生物、微生物和水生植物(水草等)，适量的浮游生物可为蝌蚪及大蟾蜍提供饵料，适量的水草利于蝌蚪和幼蟾栖息，也利于成蟾产卵和卵的孵化。但要注意，如果水质过营养或是高温季节，水中容易滋生有害病菌，浮游生物及有害藻类(铜绿微囊藻、水花囊藻、蓝藻、水绵、双星藻、转板藻等)也会大量繁殖，导致水中溶氧量下降。藻类分解的有害物质会使蝌蚪及卵因缺氧或受毒害而死亡，或使中华大蟾蜍被藻类机械性缠绕而致死。因此，夏季养殖时，要控制水生植物的过度生长，定期更换池水，饵料的投放要适度，以防过多饵料沉入水底造成水体污染，影响蝌蚪及幼蟾的生长发育。

任务实施

生产技术流程：

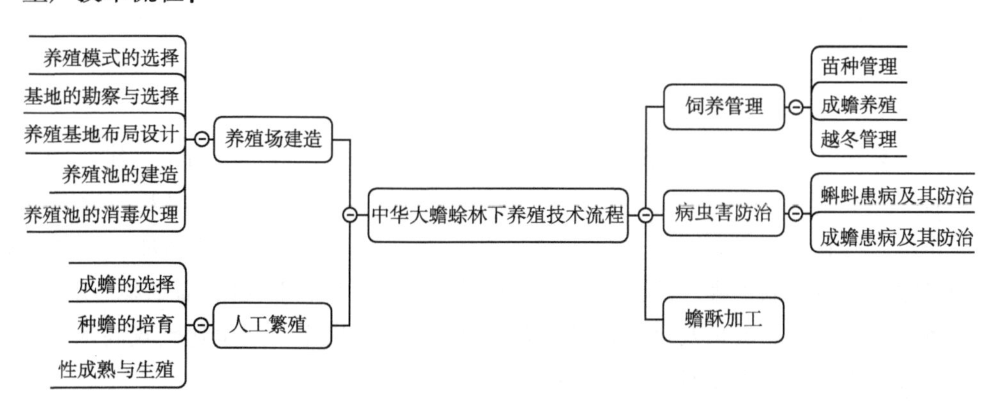

1. 养殖场建造

(1)养殖模式的选择

中华大蟾蜍养殖包括圈养和半野生人工抚育两种模式。圈养是指在缺少天然防逃屏障或在养殖需要的情况下，人为设置围栏将中华大蟾蜍圈在固定地方开展养殖获取蟾酥的方法。半野生人工抚育是指在中华大蟾蜍原生或类似环境中，利用野生资源辅以人工抚育，人为增加其种群数量，使野生资源能被采集利用，并能继续保持种群平衡的生产方式。目前中华大蟾蜍养殖主要借助合适的自然环境开展半野生人工抚育养殖。

(2)基地的勘察与选择

养殖基地应符合以下条件：

①半野生人工抚育养殖场地面积至少 66.67hm^2(1000 亩)。环境符合《农产品安全质量 无公害水产品产地环境要求》(GB/T 18407.4—2001)中 3.1 节和 3.3 节的规定，即养殖地、养殖池不能建立在垃圾场和工业“三废”区域。

②地势平坦开阔，向阳，坡度不能超过 30°，植被条件较好，下层为低矮草本、枯枝落叶层、沙石滩或部分裸露平地等，中层无或有灌木，上层可以为遮阴乔木(天然阔叶林或针阔混交林)或果树或其他高大遮蔽物，有利于保持空气湿润、土壤潮湿和昆虫繁衍。不避讳靠近村庄、畜禽养殖场等虫源丰富地区。自然的“两山夹一沟”有天然围墙，有利于大面积养殖。

③水源充足，位于河流、溪流、池塘、水库附近，排灌方便，水质偏肥且清洁，pH 6~7。基地周围有适合中华大蟾蜍养殖的水文条件或方便建设孵化池、越冬池等的地面条件，能满足蟾蜍的产卵、孵化、变态和越冬等需求。陆地和水域面积比以大于 10∶1 为宜。靠近河道的养殖区，要有适合挖掘养殖池的陆地条件。水源水质应符合《渔业水质标准》(GB 11607—1989)的规定，养殖池水质应符合《无公害食品淡水养殖用水水质》(NY 5051—2001)的规定。自然环境安静，不喧闹。基地内应有适宜的蟾蜍躲避条件，基地有便于运输的交通条件，有电力条件和通信条件。

④基地应为中华大蟾蜍野生资源分布区域。

⑤气候条件应符合中华大蟾蜍的养殖需要，包括年平均气温、年辐射量、最大温差、年无霜期和降水量等。

⑥对该地蟾蜍样品进行检测，蟾蜍质量要符合 2015 版《中国药典》“蟾蜍”项要求，指标成分含量不少于 6.0%，质量条件合格或优良方可建养殖场。

(3)养殖基地布局设计

中华大蟾蜍养殖场的建设规模应根据生产需要、资金投入等情况而定。建造一个完整的、具有一定规模的中华大蟾蜍养殖场，要有产卵池、幼蟾池、成蟾池及相应的活动场所，贮水池、孵化池、蝌蚪池、活饵料培育场、饲料加工场、药用产品加工车间、贮备室、药品室、水电控制室等。这就需要较大的养殖场地。在建设规模(总面积)条件下，养殖场的各类建筑大小、数量及比例必须合理，使之周转利用率和产出达到较高水平。具体养殖场建设应根据生产需要具体规划设计。

一个完整的养殖场，首先应建造围墙和大门，要有相应的设施及加工场舍、仓库、排灌系统等。除此之外，要建造各种养殖池，准备陆地活动场所和越冬场所。要注意布局合理，使之既便于生产管理，又为蟾蜍的生长、繁殖提供良好的环境条件。中华大蟾蜍养殖池根据用途可分为种蟾(产卵)池、孵化池、蝌蚪池、幼蟾池、成蟾池等。对于自繁自养的养殖场，场内各种养殖池的面积比例大致为5∶0.05∶1∶10∶20。对于种苗场，可适当缩小幼蟾池和成蟾池所占的面积比例，相应增加其他养殖池的面积。各类养殖池最好建多个，但每个养殖池面积大小要适当。过大则管理困难，投喂饵料不便，一旦发生病害，难以隔离防治，造成不必要的损失。过小则浪费土地和建筑材料，增加操作次数，同时面积过小的水体其理化和生物学性质不稳定，不利于中华大蟾蜍的生长、繁殖。养殖池一般建成长方形，长与宽的比例为(2~3)∶1。贮水池要建在较高的位置，这样在流入下面的养殖池时可以自然增加溶氧量；利用贮水池供水时，不能让水由一个养殖池流到另一个养殖池，要分别有可控的供水管道，以便于防止水质污染、疫病流行和寄生虫的传播。

(4)养殖池的建造

建造各种养殖池时，均需设计进水孔、出水孔、溢水孔，各孔处应加设细目耐腐蚀的丝网，各池均有通向水源或贮水池的专用可控水流管道。池内种植水生植物，为蝌蚪及成蟾提供适宜栖息环境。池周有排水沟，溢水孔和排水孔的废水均需进入排水沟。进水孔设在池的上方，排水孔设在池的底部，溢水孔可根据所需水深设置一个或几个，孔上加设可控水流的装置，以利于不同水深时溢水的需要。

①种蟾池　又称为产卵池，用于种蟾的抱对、产卵。种蟾池可采用土池或水泥池，如果进行人工催产，为避免人员下池活动造成水质浑浊，影响孵化，最好采用水泥池。若自然产卵繁殖，则使用土池比较合适。如果选用养鱼池等作为产卵池，在放进种蟾之前要彻底清池，清除野杂鱼和其他两栖类动物等。

中华大蟾蜍抱对时要求环境安静，因此种蟾池宜建在养殖场中较为僻静的地方。种蟾池大小要根据养殖量确定，面积过大既造成场地的浪费，也不利于卵块的收集。面积过小时，水体易变质，同时不利于中华大蟾蜍的游泳活动。根据生产规模、便于观察和操作等因素综合考虑，一般以10~15m^2较为适宜(至少要保证每对种蟾占有1m^2左右的水面)。池深1m^2，池壁坡度1∶2.5，水深50~80cm，形成四周浅、中间深的水体结构，浅水区用于产卵，深水区用于中华大蟾蜍游泳。活动池中种植一些水生植物，用以净化水质，使产出的种卵能附着在水草上而浮于水面，从而便于收集卵块。为满足种蟾的生活需求，养殖池的四周需留有一定的陆地供中华大蟾蜍陆地活动，池四周留有陆栖活动场所，与池水面积比为1∶1。也可在池中建一个小岛，作为中华大蟾蜍取食和栖息之地。陆地场所或水池内要设置饵料台，并加设诱虫灯诱虫，搭建荫棚。陆地场所要绿化，遮阳保湿。池边应建造一些洞穴，以利于中华大蟾蜍栖息、藏身。种蟾池的进水孔、排水孔和溢水孔都要有目较密的铁丝网，以防流入杂物或防止蝌蚪随水流走。种蟾池与其他养殖池要在四周加圈网，以防中华大蟾蜍逃逸和敌害侵入。规模较小的养殖场也可以不设立专门的种蟾池，而以成蟾池代替。

②孵化池　中华大蟾蜍对受精卵无保护行为，其受精卵较小，在孵化期间对环境条件

的反应敏感，同时容易被天敌吞食。为提高受精卵的孵化率，孵化池最好建成水泥池，以避免卵块沉入水底被泥沙埋没。孵化池面积不必太大，一般 2~4m²，养殖规模较大时可连接数个池子，以便按不同产卵期分池孵化。水深 15~25cm，要求池壁光滑(最好用瓷砖贴面)、不渗水，有一定坡度。

孵化池的进水孔与排水孔应设于相对处，进水孔的位置高于排水孔。排水孔用弯曲塑料管从池底引导出来。如果池水水位过高，则通过排水管溢出池外，从而调节水位。排水孔处设每平方厘米 40 目的纱网，以免排出卵、胚胎或蝌蚪。利用进水孔和出水孔可保证池内水有流动性，一方面增加水中溶氧量，提供胚胎发育所需氧气，提高孵化率；另一方面，可保水质清洁。流动水最好是经过日照和曝气的水，以保证孵化温度的恒定。同时在池内种养一些水草，供孵出的蝌蚪附着和栖息。如果在孵化池中续养蝌蚪，还要设置饵料台。饵料台的大小以占 1/4 水面为宜，浸入水面 5cm 左右。在孵化时，孵化池上方宜设置荫棚。在水面上放些浮萍等水草，将卵放在水草上既没入水中，又不致使卵落入池底而窒息死亡，同时有利于刚孵出的蝌蚪吸附休息。也可以在离池底 5cm 处搁置每平方厘米 40 目的纱窗板，使卵在纱窗板上方不沉入池底。

③蝌蚪池　大规模养殖时，需要有专门的蝌蚪池用于饲养蝌蚪。小规模养殖时，可继续在孵化池内饲养蝌蚪。分级分群饲养有利于蝌蚪的生长发育。为了便于统一管理，在同一地段可集中建设相同宽度的水泥池数个，毗邻排列，以利于捕捞和分群管理。蝌蚪池的数量和每个池的大小应根据养殖规模而定。蝌蚪池一般采用水泥池，水泥池便于操作管理，成活率较高，但要注意池底宜铺一层约 5cm 的泥土。大小以 5~20m² 为宜，长形或方形皆可；池深 0.8~1m，池壁坡度 1∶2.5，池周围也可留出一定面积的陆栖场所，与水面面积比为 1∶1，以利于变态后的幼蟾上岸活动和休息。分设进水孔、排水孔和溢水孔。进水孔在池壁最上部。排水孔设在池底，作换水或捕捞蝌蚪时排水用。溢水孔设在距池底 50~60cm 处，以控制水位。进水孔、排水孔和溢水孔都要在孔口装置丝网，以防流入杂物或蝌蚪随水流走。初始，蝌蚪浮游能力差，池水浅一些利于呼吸氧气。随着蝌蚪长大，增加水深，可增加游动空间。水深一般控制在 20~30cm，不宜过浅，以防太阳照射后水温过高，造成蝌蚪伤亡。如果不是缓流水，每天换水一次，每次换掉池水的 1/5~1/3，加换的新水要富含浮游生物。水流动温差不大于 2℃时，在蝌蚪池中放养一些水浮莲、槐叶萍等水生植物，放置浮板或建凸出于水面的石台，以便于蝌蚪休息或变态后的幼蟾栖息，否则刚变态的幼蟾会因无法呼吸而死亡。炎热多雨季节，可于池的上方搭建遮阳篷，防止太阳暴晒和雨大积水外溢。池中设置数个饵料台，台面低于水面 5~10cm。池中央高于水面 20~30cm 处安装诱虫灯，诱使昆虫落浮于水中供蝌蚪及幼蟾捕食。气候多变季节，可在池上方搭建大棚，以防风、雨或寒流的侵袭。在蝌蚪变态为幼蟾之前，在池四周或一边的陆地上用茅草、木板覆盖一些隐蔽处，或用砖石(或水泥)建造多个洞穴，让幼蟾躲藏其中，以便于捕捉。同时在池周加圈网，以防提前变态的幼蟾逃逸。也可设置永久出水性御障。

④幼蟾池　用于养殖蝌蚪变态后 2 个月以内的幼蟾。幼蟾池可采用土池或水泥池。土池面积较大，底有稀泥，难以捕捞，是其缺陷，但造价低，虽使用效果不及水泥池，但仍

有可取之处。蝌蚪完全变态后转变成幼蟾，移入幼蟾池饲养。幼蟾个体小、活动少，所以池面积不需太大，以免在选择大小和转移等操作方面造成困难。一般20~30m^2，池深60~80cm。为便于给饵等管理，幼蟾池宜采用长方形，池壁坡度1：(2.5~3)，池底放10cm厚的沙，池中种养水草。每平方米水面可放养30~100只幼蟾，生产中视幼蟾发育情形随时调整，做到分群饲养，以免发生以强凌弱的现象而影响发育。幼蟾吃活饵，在池中应设陆岛或饵料台，其上种一些遮阳植物或搭棚遮阳，供幼蟾索饵、休息。池中陆岛上还可架设黑光灯诱虫，以增加饵料来源。幼蟾池周围还应设置高1m左右的御障，以防幼蟾逃逸。池与陆地面积比为1：1，陆地活动场所种植草坪，供幼蟾索饵、休息、活动。此外，每个幼蟾池都要设置灌水、排水管，以便控制水位。

⑤成蟾池　是中华大蟾蜍养殖场的主要部分，其大小、排灌水管、适宜生态环境的创建等可与幼蟾池相仿。但成蟾个体大，且具有喜静、喜潮、喜暗、喜暖等习性，建池面积、陆地活动场所可较幼蟾池大些。为防止成蟾间以强欺弱、相互残伤，影响发育的整齐度，规模较大的养殖场成蟾池数目要依实际需要而定，可多建几个成蟾池，将不同大小、不同用途的成蟾如商品成蟾、刮浆成蟾和种用成蟾分池饲养。

成蟾池长方形或方形均可，单池面积一般为20~50m^2，池底坡度1：2，水深30~50cm，池底铺10cm厚沙，池内种养水草，每平方米水面养10~30只，水面与陆地面积比1：(3~5)。陆地上要种树和草坪，搭荫棚并建多孔洞的假山以供成蟾栖息，安装诱虫灯招引昆虫。为诱使成蟾索饵，可取消陆岛，以饵料台代替。成蟾池四周要设立防止成蟾逃逸的御障，其高度为1.5m左右。

为促进刮浆后的成蟾迅速恢复体质，刮浆蟾池水体宜浅，面积宜小，一般刮浆蟾池水深15 ~20cm，水面面积15~20m^{2}较为适宜。

⑥越冬场所　中华大蟾蜍多数是水下越冬，可建深为2.5~3m的大型水池(越冬池)。越冬池可由养殖池直接加深或垫高周围池壁而成，池底铺设0.5m厚的泥沙、稻草等混合物。池水深2m以上，进水孔设置在池壁泥沙表面的高度，而在池壁上水面高度处设置溢水孔。进水孔或溢水孔设置耐腐蚀的细目滤网，防止敌害和杂物进出堵塞管道，同时要在较高的位置建造较大的贮水池及封闭的通水管道，以便加压供水。越冬期间控制进水及溢水流速，以缓流为好，这样既可防止水体冻结，又可增加溶氧量，以免影响中华大蟾蜍冬眠。有条件的可在池上加盖塑料大棚，增加保温性能，提高越冬成活率。

⑦御障(养殖场围墙)　中华大蟾蜍养殖场围墙内侧要光滑，墙高不低于1.5m，墙向场内倾斜，不大于70°角，墙头向场内水平延伸不少于15cm，墙壁不能有洞。中华大蟾蜍还具有一定的挖掘能力，所以墙基要加深50cm，墙与地面接触处内侧用水泥铺抹50cm宽，防止中华大蟾蜍掘洞。建墙的材料可用砖石，也可用木板、竹板、水泥空心板、塑料瓦、石棉瓦等。砖围墙坚固耐用、保护性能好，但费用较高。无论采用哪种材料，墙内面均要光滑、无洞。围墙要根据需要设置门、窗。门要能关得严，窗口应钉以铁丝网或塑料窗纱，以防中华大蟾蜍逃逸。养殖场围墙外适当种植丝瓜、葡萄等作物，为夏季中华大蟾蜍生长提供较好的生活条件。场内养殖池御障一般高1m左右。蝌蚪池的御障可低些，因其只在蝌蚪变态后短期起作用。蝌蚪变态成幼蟾后，尽快转移至幼蟾池，其间幼蟾的跳、

钻能力尚不发达。从养殖池御障到池边应相距1~3m，既可供中华大蟾蜍栖息，又可繁殖杂草和栽种花卉，以引诱昆虫类供中华大蟾蜍捕食。养殖池御障材料可因地制宜地选择木板、石棉瓦、塑料网等。

(5)养殖池的消毒处理

种质、营养、环境是决定中华大蟾蜍养殖成败的三大要素，所有技术管理措施都围绕这3个环节进行。养殖池是中华大蟾蜍栖息的场所，也是病原体滋生的场所。养殖池环境是否清洁，直接影响到中华大蟾蜍的健康。无论是蝌蚪、幼蟾、成蟾，在放入养殖池之前均要对养殖池进行消毒处理。

①水泥池的处理　旧的水泥池不能出现破损、漏水现象，需用药物进行消毒处理后方可用于中华大蟾蜍的放养。新建造的水泥池含有大量的水泥碱，会渗出碱水，使pH增加(碱度增加)，而且新建水泥池的表面对氧有强烈的吸收作用，使水中溶氧量迅速下降。这一过程会持续较长时间，使池水不适于中华大蟾蜍的生长。因此，用水泥制品新建的养殖池都不能直接注水放养中华大蟾蜍，必须经过脱碱处理后，经试水确认对中华大蟾蜍安全后方可使用。目前水泥池常用的脱碱方法有以下几种：

过磷酸钙法：将新建水泥池内注满水后，每1000kg水加入1kg过磷酸钙，浸1~2天，即可脱碱。

酸性磷酸钠法：新建水泥池内注满水后，每1000kg水中加入20g酸性过磷酸钠，浸泡1~2天，更换新水后即可投放种苗。

冰醋酸法：将新建水泥池注满水后用10%的冰醋酸洗刷池表面，然后注满水浸泡1周左右，可使水泥池碱性消除。

水浸法：将新建水泥池内注满水，浸泡1~2周，其间每2天换一次新水，使水泥池中的碱性降到适于中华大蟾蜍生活的水平。

漂白粉法：在新建水泥池中注入少量水，用毛刷洗刷全池各处，再用清水洗干净后，注入新水，用10mg/L漂白粉溶液泼洒全池，浸泡5~7天。

薯类法：小面积的水泥池急需使用而又无脱碱的药物时，可用甘薯(地瓜)、马铃薯等薯类擦池壁，使淀粉浆粘在池壁表面，然后注入新水浸泡1天便可起到脱碱作用。

经脱碱处理后的水泥池，可通过pH试纸测试pH，以了解水泥池的脱碱程度。水的pH为6.0~8.2时适于饲养中华大蟾蜍。水泥池在使用前必须洗净，然后注水，在池内先放入几尾蝌蚪或中华大蟾蜍，一天后确无不良反应，方可正式投入使用。

②土池的处理　新开挖的池塘要平整池底，清整池埂，使池底和池壁有良好的保水性能，减少池水的渗漏。池塘使用过程中，各种害虫、野鱼等很容易进入，引起各种敌害大量繁殖。同时，池底沉淀的残饵、杂物及大量污泥会促使病原菌繁殖、生长。此外，在夏季水温较高，池塘内的腐殖质急速分解消耗大量的氧气，使池水缺氧，并产生很多有害气体(如二氧化碳、硫化氢、甲烷)。这些因素严重影响中华大蟾蜍的正常生长发育和繁殖。另外，使用后的旧池塘，难免发生塘坎坍塌损坏、进出水孔阻塞等情况，易导致中华大蟾蜍从坍塌缺口逃逸。因此，旧池塘的检查、修整、清除淤泥、晒塘和消毒是土池养蟾不可缺少的重要一环，须高度重视。

A. 清塘，加固塘基。在冬季，先放干塘水，挖出池底过多的淤泥堆在塘坎坡脚，让烈日暴晒20天左右，使塘底干涸龟裂，促使腐殖质分解，杀死有害生物和部分病原菌。经风化日晒，改良土质。同时要加固整修塘基，预防渗漏。

B. 消毒。池塘经过20天以上的暴晒并清除淤泥后，对其进行消毒。常采用生石灰消毒、漂白粉消毒、茶枯消毒等。

生石灰消毒：生石灰和水作用后，生成氢氧化钙，具有强碱性，除能杀死在淤泥中的乌鱼、黄鳝、水生昆虫、蚂蟥、青苔等有害生物，以及池水中或泥土中的寄生虫、致病菌外，还能与有机质中和生成有效的中性肥料，使腐殖质由有害变为有利。生石灰常用于蝌蚪池、养殖场的消毒、清池，用后1周可以投放蝌蚪或成蟾。具体操作：选择晴天，排干池水，将池塘暴晒4～5天后，先在池底挖几个小坑，再在小坑内放入生石灰，用量为100g/m^{2}左右；将生石灰用少量水溶化并搅匀，用水瓢将石灰浆均匀泼洒全池，然后用铁耙将石灰浆耙匀，使石灰浆与塘泥混合；经7～10天暴晒后，经试水确认无毒，即可投放种苗。或每666.7m^{2}水面用生石灰50kg加水溶化搅匀后，均匀泼洒全池，10天左右毒性消失。

漂白粉消毒：干法消毒，在池内放约10cm深的水，按每平方米加15g漂白粉计算，用少量水将漂白粉搅匀，均匀泼洒全池，并用池内漂白粉水泼洒池壁，3～4天后毒性消失。带水消毒，在池内放约1m深的水，按每立方米池水加10g漂白粉计算，用少量水将漂白粉溶解，搅匀，均匀泼洒全池，5天左右毒性消失。漂白粉消毒与生石灰消毒效果相同，但漂白粉用量小、药效消失快，对运输不便的地方或急于使用池塘时，采用此法较好。

茶枯消毒：茶枯即茶饼，是山茶科植物油茶等果实榨油后留下的渣饼，来源很广，是南方许多地区常用的十分有效的清塘药物。在平均水深0.5m的情况下，每666.7m^{2}水面用茶枯20～25kg，先将其打碎成粉末，加适量水均匀洒布全池即可，6～7天后药效消失。茶枯还能杀死蟾蜍卵，不宜用于产卵池消毒。

用上述药物消毒养殖地，待毒力全部消失后方可放养中华大蟾蜍。毒力是否消失，除了根据前面介绍的毒力有效时间确认外，亦可试水确认。试水的方法是：在消毒后的池内放一只箩筐，先用几尾蝌蚪或几只成蟾放存试养。也可将蝌蚪或成蟾直接放在池中试养，观察是否有不良反应。如果在24h内生活完全正常，即可大批放养。如果24h内有试水的蝌蚪或成蟾死亡，则说明毒性还没有完全消失，这时可以再次换水，1～2天后再试水。

2. 人工繁育

(1)成蟾的选择

①个体特征　作为种用中华大蟾蜍，要具备本种体形特征，个体要大而健壮，体色鲜艳、有光泽，第二性征明显，无病、无伤；雌蟾要体形丰满，腹部膨大、柔软，卵巢轮廓可见，富有弹性；雄蟾前肢有明显的婚垫，抱对能力强。

②年龄　一般选择2～5龄的青壮年中华大蟾蜍作种用，该阶段雄蟾开始产生精子，雌蟾卵细胞数量多、质量好，卵的受精率高。

③血缘关系　选择亲缘关系较远的雌、雄个体配对，受精率、孵化率及成活率高，幼蟾期、成蟾期生长状况较好。

④成熟度　最好从同一批后备种蟾中挑选生长形态和体形一致的个体作种蟾，可使种蟾成熟度尽量一致，产卵时间集中，便于孵化管理。

⑤雌、雄性别比例　一般认为雌、雄比例宜在(1~3)：1，不超过3：1.2。

(2)种蟾的培育

①种蟾投喂　要求饵料种类多、适口性好、营养丰富且全面。每日投饵量为体重的10%，越冬前加强投喂，使其贮存足够营养。

②放养密度、水质与环境要求　放养密度一般为1~2只/m^2；要求水质清洁，每周换水1~2次；应保持环境宁静，切忌嘈杂；注意敌害防治。

(3)性成熟与生殖

①性成熟　中华大蟾蜍的性成熟指中华大蟾蜍生长发育到一定阶段，生殖器官发育完全，能产生成熟的生殖细胞，具备繁殖能力。幼龄到性成熟一般需要3年。

②生殖季节　光照、温度、降水、饵料供应都会影响中华大蟾蜍的生殖活动，其中光照影响最为强烈。水温回升至10℃以上时，中华大蟾蜍进行繁殖，产卵季节由南至北逐渐延后。

③求偶与抱对　繁殖季节，雄蟾先选择进入产卵场地后发出求偶鸣声，参与繁殖的雌蟾听到叫声后向离其较近且持续鸣叫的雄蟾移动，随后雄蟾主动移动靠近后抱对，抱对时间一般为9~12h。

④产卵与受精　抱对成功后，经一段时间选好产卵场地，两性活动达到高峰，即开始产卵，产卵时间随产卵量多少而异，通常为10~20min，产卵数量一般为2000~8000粒。

3. 饲养管理

(1)苗种培育

3月下旬到4月下旬是中华大蟾蜍产卵盛期。一是在产卵季节雨后在静水处寻找中华大蟾蜍卵块，捞回后在池中孵化，每平方米放250粒卵，温度15~25℃，3天就可孵化出小蝌蚪。此法必须选择同一天产的卵，并一次放足，否则孵化时间不一致，蝌蚪大小不一，影响成活率。二是在惊蛰后气温稳定在10℃以上时，到野外潮湿的地方或浅水边捕捉越冬成体，选择健壮、无病、无伤、发育良好的个体，雌、雄比按3：1放到产卵池内养殖，让其自行交配、产卵、受精，每天收集卵放到孵化池中孵化，产后的亲蟾另池存放。三是到养殖单位购买优良亲蟾或在野外采捕优良亲蟾，每平方米放2~3只，人工催产孵化。刚孵出的小蝌蚪常吸附在卵壳或水草上，靠自身卵黄囊供给营养。2~3天后，小蝌蚪可吃水中藻类或其他饵料。养殖池提前1周施入少量发酵的猪、牛粪，繁殖浮游生物。蝌蚪入池后不能再泼洒粪尿，以免伤害蝌蚪。蝌蚪池水深保持30cm左右，以后随个体增大应逐渐加深。若水质营养不够丰富，可投喂些菜叶、鱼肠和猪(牛)血及淘米水或酵母粉，每天1~2次。经半个月培育，体长达3cm。

(2)成蟾养殖

成蟾养殖方式有3种：一是利用水沟、池塘精养，每平方米水面放幼蟾40~50只；二是在玉米田、棉花田、稻田及菜地粗养，以自行捕食为主，不另投饵，每100m^2放幼蟾80~100只；三是在果园、花园、苗圃中每1000m^2放幼蟾1000~2200只。

中华大蟾蜍喜食蜗牛、蚂蚁、蜘蛛、蝗虫、蚊虫、叶蝉、金龟子、蜻蜓、隐翅虫等昆虫及螺、小虾等水生动物与藻类。幼蟾生长快、食量大，食物来源：一是在养殖场上空装黑光灯，晚上开灯诱虫；二是将畜禽粪堆积在养殖池陆地上一角，让其自行诱集与滋生虫子，供幼蟾捕食；三是寻找蛆虫或养殖蛆虫；四是在无农药处理的厕所里捞取蝇蛆，冲洗干净并消毒后投喂；五是在果园或花卉苗圃中将杂草与粪便堆积在树下，繁衍虫类供食用。如果饵料仍不足，可用30%饼粕类、40%屠宰下脚料、5%大豆粉做成含蛋白质30%以上的配合饲料驯食投喂。夏、秋季池塘应根据水色变化及时灌注新水，保持水质清洁。果园里或旱作物田内挖若干个坑，保持水深15~20cm，供中华大蟾蜍沐浴。作物收获时，将中华大蟾蜍一同捕起，放在池内养殖待售或者刮浆制酥。霜降后，气温降到10℃以下，中华大蟾蜍隐蔽在土中或钻入洞穴中，也有的在池塘深水处集群冬眠。越冬期间，池塘要保持一定水位，陆地上洞穴要覆盖柴草保温。翌年惊蛰水温回升到10℃以上时，中华大蟾蜍开始醒眠、活动、觅食，这时应抓紧投喂。

(3)越冬管理

每年11月前后，水温10~12℃时，中华大蟾蜍进入冬眠期，此时下水越冬。水下越冬管理措施有：中华大蟾蜍越冬前在饲养场中间或周边地带开挖数条水沟，水沟总面积占场地面积10%~20%，沟内蓄水30~100cm深，北方宜深些。每平方米水面积放养10~30只。严冬季节如结冰，早上应把冰面打破，以利于氧气溶入水中，不使因冰封而导致水下蟾蜍窒息死亡。也可利用塑料薄膜大棚越冬，保持棚内气温1~10℃即可。应及时通风换气，防止晴好天气中午棚内温度过高。不管采用室外或室内还是大棚越冬，如果受当地条件限制在漏水之处建池，要防止漏水，定时检查，及时补水。如不漏水，水不变质，整个冬季不必换水。

越冬蟾蜍入水前，对池水及蟾蜍用100mg/kg漂白粉溶液喷洒消毒1次，以防病菌侵入。春季，日平均气温上升到10℃以上时，蟾蜍即自行交配产卵于水中，此时，应用网兜把卵粒捞出，放入孵化池中孵化，同时越冬蟾蜍也陆续上岸。

4. 病虫害防治

(1)蝌蚪患病及其防治

①车轮虫病　3~7月蝌蚪生长季节水温20~28℃时易发生。症状有：皮肤和鳃表面呈青灰色斑，尾鳍发白，严重时被腐蚀。防治方法：用2%~4%食盐水溶液浸泡20~30min，或用0.5~0.7mg/L硫酸铜、硫酸亚铁合剂(5∶2)全池泼洒。

②舌杯虫病　3~7月蝌蚪生长季节易发生。症状为游动迟缓，呼吸困难，尾部呈毛状物，严重时感染全身。防治方法：用0.5~0.7mg/L硫酸铜、硫酸亚铁合剂(5∶2)全池泼洒，或用1mg/L漂白粉(28%有效氯)泼洒。

③水霉病　3~7月蝌蚪生长季节易发生。症状为：体表特别是伤口处可见大量棉絮状浅白色丝状物。防治方法：用5mg/L高锰酸钾溶液浸泡30min，连续3天。

④气泡病　3~7月蝌蚪生长季节，水温25~30℃时易发生。症状为：腹部膨大，身体失去平衡，漂浮于水面。防治方法：及时换水，停止投喂食物，用4%~5%食盐水浸泡或用20%硫酸镁全池泼洒。

⑤出血病　3~7 月蝌蚪生长季节易发生。症状为：蝌蚪腹部及尾部有出血斑块。防治方法：将池水全池置换，水体定期消毒，将用一定溶度的抗生素浸泡 15~30min。

(2) 成蟾患病及其防治

①红腿病　常年可见。症状为：后肢、腹部红肿，出现红斑，肌肉充血，舌、口腔有出血性红斑。防治方法：用 5%高锰酸钾溶液浸泡 24h 或用 0.7μL/L 硫酸铜溶液消毒。

②腐皮病　由坏死性梭菌病感染所致，4~10 月易发生。症状为：头部表皮腐烂发白，四肢关节处腐烂，严重时四肢红肿。防治方法：用 1.5μL/L 漂白粉溶液全区泼洒或用维生素 A 营养液拌饲料饲喂。

③肠胃炎病　4~5 月或 9~10 月易发生。症状为：体色变浅，瘫软不活动，不吃食。防治方法：每 1000g 饲料中加压碎的增效联磺片 1 片、酵母片 2 片，与饲料拌匀，饲喂几天可治愈。

④脱肛病　7~9 月常见。症状为：直肠外露于泄殖腔外 1~2cm，食欲减退，行动不便，体质消瘦。防治方法：用 2%~4%淡盐水将翻出的直肠洗干净后塞进泄殖腔内，放在干燥陆地暂养一段时间，有一定疗效。

5. 蟾酥加工

养殖中华大蟾蜍的主要目的是采集蟾酥。6~7 月是刮浆高峰期，每 2 周可采 1 次。先准备好铜制或铝制的夹钳、竹片、大口瓶或小瓷盆、竹篓等工具，然后将蟾蜍身上的污渍用清水洗去。左手握住蟾蜍的后腹部，使其耳后腺充满浆液，用夹钳适当用力夹裂耳后腺，将流出的白浆装入容器中。用竹片在背上疣粒刮浆。刮浆时忌用铁器接触，否则浆液变黑。刮过浆的蟾蜍不要放在水中，要放在潮湿的地上，防止伤口感染。刮出的浆液在 12h 内用 60~80 目尼龙筛绢或铜筛过滤除杂，过滤后的浆液放在通风处阴干或晒至七成干，然后放在铜盆或瓷盆中晒干制成蟾酥，也可放在 60℃恒温箱中烘干。

思考与练习

1. 蟾蜍越冬在管理上要注意什么？
2. 蟾蜍的孵化池规格是多少？如何进行建造？

项目8 林下养蜂技术

学习目标

知识目标

(1)熟悉林下养蜂的4种模式。
(2)掌握林下养蜂场地选择的要点。
(3)掌握林下养蜂4种模式的技术要点。

技能目标

(1)会选择林下养蜂场地。
(2)会识别常见的蜜源植物。
(3)会根据林下养蜂场地选择要点因地制宜地改造林下环境。
(4)会根据不同林下养蜂模式开展养殖关键技术。
(5)会预防和诊断常见的蜜蜂病虫害。

任务8.1 林下养蜂技术

任务目标

熟悉和掌握林下养蜂的4种模式及技术要点；掌握林下养蜂场地的选择及因地制宜地改造林下养殖环境；掌握和识别常见的蜜源植物，能预防和诊断常见的蜜蜂病虫害。

知识准备

我国是中华蜜蜂的发源地，养蜂历史悠久。东汉时期，人们便开始学习驯养蜜蜂。20

世纪初，随着西方蜜蜂的引入，活框养蜂技术开始在我国逐步推广。近年来，我国各地依托林地丰富的蜜粉资源，大力发展林下养蜂业，取得了较好的经济效益和生态效益。目前，我国已成为世界养蜂大国，蜜蜂饲养量超过900万群，年生产蜂蜜约50万t、蜂王浆4000t、蜂花粉10 000t、蜂胶450t，养蜂业总产值达40多亿元，我国也是世界第一蜂产品出口大国。养殖蜜蜂不占耕地、不耗粮食、无污染，且投入少、见效快、效益高，深受广大养殖户喜爱。发展林下养蜂，当年可实现养蜂收益，把单一林业引向复合林业、立体林业、生态林业，实现林、蜂双丰收。与此同时，蜜蜂为林木授粉，对保持植物的多样性、维持生态平衡都具有十分重要的作用。因此，林下养蜂已成为很好的林业经济发展模式，已在很多地区广泛运用，前景广阔。

1. 蜜蜂的外形特征

蜜蜂属于膜翅目蜜蜂科。蜜蜂种类很多，体长8~20mm，黄褐色或黑褐色，生有密毛；头与胸几乎同样宽；腰部较胸部、腹部纤细；触角膝状，复眼椭圆形，口器嚼吸式，后足为携粉足；有两对膜质翅，前翅大，后翅小，前、后翅以翅钩列连锁；腹部近椭圆形，体毛较胸部为少，腹末有螫针。蜜蜂是完全变态昆虫，一生要经过卵、幼虫、蛹和成虫4个虫态。蜜蜂为社会性昆虫，蜂群由蜂王、雄蜂、工蜂等个体组成。

2. 蜜蜂的习性

(1)食物

蜜蜂是完全以花(包括花粉和花蜜)为食的昆虫，外界蜜源丰富时蜂群将采集回来的花蜜酿制成蜂蜜并储存在蜂巢中，这些储存的蜂蜜实际上是蜂群以备不时之需而储备的食物。例如，冬季蜂群不能出巢采集食物，则以储备的蜂蜜为食，在养蜂生产中养蜂人也常用白糖及豆粉等作为饲料来饲喂蜜蜂。

(2)采集区域

蜜蜂的采集半径一般在3km左右，在外界蜜源匮乏时蜂群也会飞到5km左右的地方采集食物，但这样会大大降低蜜蜂的采集效率。另外，蜜蜂在出巢采集之前先由侦查蜂外出侦查蜜源，侦查蜂找到蜜源后以“蜂舞”的形式告知其他工蜂，之后大批工蜂才根据侦查蜂指示的方位前往蜜源处采集。

(3)修筑蜂巢

蜜蜂的蜂巢是用蜂蜡筑成的，蜂蜡是蜂群中工蜂分泌的脂肪性物质。整个蜂巢的最小单位是六边形的巢房，巢房整齐排列起来组成半圆形的巢脾，巢脾再平行排列组成半球形的蜂巢。蜂群在蜂巢中哺育幼虫和储备食物。

(4)寿命

蜜蜂(主要是指工蜂)的寿命是极为短暂的，其中蜂王在蜂群中寿命一般为4~5年，最长可达8年之久；雄蜂的寿命平均在3个月左右，但一旦与蜂王交尾则立即死亡；工蜂的寿命与季节有很大的关系，越冬期的工蜂最长可活3~6个月，其他季节一般在2个月左右，最短为采蜜期，寿命只有28天。

(5)蜇人

蜜蜂因尾部有毒针而被人们所畏惧，实际上蜜蜂一生中只能蜇一次人，蜇人后飞离时毒针会将部分内脏也带离出来，蜜蜂很快便会死亡，因此蜜蜂不到万不得已一般不蜇人，但若蜂巢受到威胁，蜂群会群起而攻之。

3. 蜜源植物

能分泌花蜜供蜜蜂采集的植物称为蜜源植物，能分泌花粉供蜜蜂采集的植物称为粉源植物，在养蜂实践中将它们通称为蜜源植物。蜜源植物是养蜂生产的基础，是蜜蜂生活的饲料来源。根据泌蜜量、利用程度和毒性，可将蜜源植物分为主要蜜源植物、辅助蜜源植物和有毒蜜源植物。我国蜜源植物丰富，有几十种主要蜜源植物可生产商品蜜；辅助蜜源植物一般情况不能生产商品蜜，但对蜂群的繁殖是十分重要的，同时也可进行蜂王浆和蜂花粉的生产。

(1)主要蜜源植物

主要蜜源植物是指蜜蜂喜欢采集的数量多、分布广、花期长、泌蜜丰富、能够生产商品蜜的植物。主要蜜源植物如下：

①刺槐　别名洋槐，豆科。栽种面积大，分布区域广。全国种植面积约114万hm^2，主要分布于山东、河北、河南、辽宁、陕西、甘肃、江苏、安徽、山西等地。花期4~6月，因生长地的纬度、海拔高度、局部小气候、土壤、品种等不同而异。花期为10~15天，主要泌蜜期7~10天。刺槐泌蜜量大，蜜多粉少，气温20~25℃、无风晴暖天气，泌蜜量最好，每群蜜蜂1个花期的产蜜量可达30~70kg。影响刺槐泌蜜的因素很多，主要有天气、地形、地势、土质、树龄、树形等，尤其是风对泌蜜影响很大，刺槐花期忌刮大风。

②柑橘　别名宽皮橘、松皮橘，芸香科。分布区域广，现有20个省份有栽培，面积约6.3万hm^2。以广东、湖南、四川、浙江、福建、湖北、江西、广西、台湾等省份面积较大，其次是云南、重庆、贵州。其他省份栽培面积小。花期2~5月，因品种、地区及气候而异。花期20~35天，盛花期10~15天。气温17℃以上开花，20℃以上开花速度快。泌蜜适宜温度22~25℃，空气相对湿度70%以上。5~10年生树开花泌蜜量最大。开花前降水充足，开花期间气候温暖，则泌蜜好。干旱期长、开花期间雨量过多或低温、寒潮、北风，则泌蜜少或不泌蜜。柑橘蜜、粉丰富。正常情况下，每群蜂产蜜10~30kg，有时可高达50kg。

③枣树　别名红枣、大枣、白蒲枣，鼠李科。在我国数量多，分布广。主要分布于河北、山东、山西、河南、陕西、甘肃等省份的黄河中下游冲积平原地区，其次为安徽、浙江、江苏等省份，总面积约43万hm^2。开花期为5月至7月上旬，因纬度和海拔高度不同而异。日平均气温达20℃时进入始花期，日平均气温22℃以上时进入盛花期，连日高温会加快开花进程，缩短花期。阴雨和低温会延缓开花。群体花期长达35~45天，泌蜜期25~30天。气温26~32℃，空气相对湿度50%~70%，泌蜜正常；气温低于25℃泌蜜减少；空气相对湿度20%以下，泌蜜少、花蜜浓度高，蜜蜂采集困难。若开花前雨量充足，

开花期间适当降雨，则泌蜜量大。雨水过多、连续阴雨天气或高温干旱、刮大风等对开花泌蜜不利。枣树蜜多粉少。每群蜂可产蜜 15~25kg，有时可高达 40kg。

④乌桕　别名棬子、木梓、木蜡树，大戟科。主要分布于秦淮河以南各省份及台湾、浙江、四川、重庆、湖北、贵州、湖南、云南，其次是江西、广东、福建、安徽、河南等。多数省份乌桕的开花期在 6~7 月，花期约 30 天。泌蜜适宜温度 25~32℃，当气温为 30℃、空气相对湿度 70%以上时泌蜜最好；高于 35℃泌蜜减少，阴天气温低于 20℃时停止泌蜜。一天之中，9:00~18:00 泌蜜，以 13:00~15:00 泌蜜量最大。花期夜雨日晴，高温湿润，泌蜜量大；阵雨后转晴、温度高，泌蜜仍好；连续阴雨或久旱不雨则泌蜜少或不泌蜜。乌桕蜜、粉丰富。每群蜂可产蜜 20~30kg，丰年可达到 50kg 以上。

⑤柿树　别名柿子，柿树科。分布广，数量多。河北、河南、山东、山西、陕西为主产区。种植后 4~5 年开始开花，10 年后大量开花泌蜜。开花期在萌芽抽梢后约 35 天，要求日平均气温在 17℃以上。山东、河南开花期为 5 月上中旬，花期 15~20 天。一朵花的开放期约 0.5 天，早晨开放，午后即凋谢。空气相对湿度 60%~80%，晴天气温达 28℃，泌蜜量最大。蜜多粉少，蜂群产量可达 10~20kg，流蜜有大小年现象。

⑥荔枝　别名荔枝母、离枝、大荔，无患子科。原产于我国热带及南亚热带地区，全国种植面积约 7 万 hm^2。有早、中、晚三大品种，主要分布于广东、福建、台湾、广西、四川、海南、云南、贵州。其中，广东、福建、台湾和广西的面积较大，是我国荔枝蜜的主产区。开花期 1~4 月。群体花期约 30 天，主要流蜜期 10 天左右。荔枝在气温 10℃以上才开花，18~25℃时开花最盛，泌蜜最多。荔枝夜间泌蜜，温暖天气傍晚开始泌蜜。以晴天夜间暖和、微南风天气、空气相对湿度为 80%以上，泌蜜量最大。若遇北风或西南风则不泌蜜。有大小年现象，蜜多粉少。大年每群蜂可产蜜 10~25kg，丰年可达 30~50kg。

⑦龙眼　别名桂圆、圆眼、益智，无患子科，是我国南方亚热带名果树。全国种植面积约 7.5 万 hm^2。主要分布于福建、广西、广东、台湾及四川，海南、云南、贵州等省份种植面积较小。开花期为 3 月中旬至 6 月中旬，泌蜜期 15~20 天，品种多的地区花期长达 30~45 天。开花适温 20~27℃，泌蜜适温 24~26℃。在夜间暖和南风天气，空气相对湿度 70%~80%时，泌蜜量最大。蜜多粉少，有大小年现象。正常年份群产 15~25kg，丰年可达 50kg 左右。

⑧荆条　别名荆柴、荆子，马鞭草科。华北是荆条分布的中心，主要产区有辽宁、河北、北京、内蒙古、山东、河南、安徽、陕西、甘肃、四川、重庆等。开花期 6~8 月，主花期约 30 天。因生长在山区，海拔高度和局部小气候等不同，开花有先后，浅山区比深山区早开花。气温 25~28℃时，泌蜜量最大；夜间气温高、湿度大的“闷热”天气，次日泌蜜量大。一天中，上午泌蜜比中午多。蜜多粉少。每群蜂可产蜜 25~40kg。

⑨苕子　别名兰花草子、巢菜、广东野豌豆，豆科。种类多，分布广。我国约有 30 种，全国种植面积约 67 万 hm^2。主要分布于江苏、广东、陕西、云南、贵州、安徽、四川、湖南、湖北、广西、甘肃等省份，新疆、东北、福建及台湾等省份也有栽培。开花期为 3~6 月。因种类和地区不同，开花期不尽相同。一个地方的花期 20~25 天。气温 20℃开始泌蜜，泌蜜适温 24~28℃。蜜、粉丰富，每群蜂产蜜可达 15~40kg。

⑩紫云英　别名红花草、草子，豆科，原产于我国中南部，主要分布于长江中下游及南部省份，其中种植面积较大的有湖南、湖北、江西、安徽和浙江等。每年种植面积约 800 万 hm^2。一年生或二年生草本植物，高 0.5~1m。生长在湿润爽水的砂土、重壤土、石灰质冲积土上泌蜜良好。开花期因地区、播种期和品种等不同而有差异，一般为 1~5 月。泌蜜期 20 天左右，早熟种花期约 33 天，中熟种约 27 天，晚熟种约 24 天。泌蜜适温为 20~25℃，空气相对湿度 75%~85%。天气晴暖，泌蜜较多。蜜多粉多，每群蜂产蜜 20~50kg。

⑪紫椴　别名籽椴、小叶椴，椴树科。主要分布于长白山、完达山和小兴安岭林区，面积约 32 万 hm^2，主产区为黑龙江、吉林。紫椴开花期为 7 月上旬至下旬，花期约 20 天；糠椴开花期为 7 月中旬至 8 月中旬，花期 20~25 天。两种椴树开花交错重叠，群体花期长达 35~40 天。大年和春季气温回升早而稳定的年份开花早，阳坡比阴坡开花早。泌蜜适温 20~25℃，高温、高湿泌蜜量大。大年每群蜂可产蜜 20~30kg，丰年可达 100kg。

⑫大叶桉　别名桉树，桃金娘科。主要分布于长江以南各省份，如广东、海南、广西、四川、云南、福建、台湾等，湖南、江西、浙江和贵州等省份的南部地区也有种植。开花期 8 月中下旬至 12 月初。花期长达 50~60 天，甚至更长，盛花泌蜜期 30~40 天。气温高、湿度大的天气泌蜜量大，花蜜浓度较低；寒潮低温、北风盛吹时泌蜜减少或停止。寒潮过后，气温上升至 15℃以上仍可恢复泌蜜。气温 19~20℃时，泌蜜最多。每群蜂产蜜量可达 10~30kg。

⑬沙枣　别名桂香柳、银柳，胡颓子科。主要分布于新疆、甘肃、宁夏、陕西、内蒙古等地。是我国西北地区夏季主要蜜源植物。开花期为 5~6 月，花期长约 20 天。生长在地下水丰富、较湿润的地方，泌蜜量较大。蜜、粉丰富。每群蜂可产蜜 10~15kg，最高可达 30kg。

⑭枇杷　别名芦橘，蔷薇科。主要分布于浙江、福建、江苏、安徽、台湾等省份，为冬季主要蜜源。开花期 10~12 月，开花泌蜜期 30~35 天。泌蜜适温 18~22℃，空气相对湿度 60%~70%，夜凉昼热、南方天气泌蜜多。每群蜂可产蜜 5~10kg。

⑮油菜　别名芸薹，十字花科。分布区域广，品种多，是我国南方冬、春季和北方夏季的主要蜜源植物。主要分布于广东、浙江、福建、广西、贵州、云南、台湾、江西、江苏、上海、湖南、湖北、安徽、四川、山东、河南、河北、山西、甘肃、宁夏、青海、西藏、新疆、内蒙古、辽宁、黑龙江及吉林等地。其类型分 3 种：白菜型，如黄油菜；甘蓝型，如胜利油菜；芥菜型，如辣油菜。流蜜适温 24℃左右，一般花期 1 个月，花期较长，蜜、粉丰富，蜜蜂喜欢采集。油菜开花期因品种、栽培期、栽培方式及气候条件等不同而异，同地区开花先后顺序依次为白菜型、芥菜型、甘蓝型，白菜型比甘蓝型早开花 15~30 天。同一类型中的早、中、晚熟品种花期相差 3~5 天。开花泌蜜适宜的相对湿度为 70%~80%，泌蜜适温为 18~25℃，一天中 7:00~12:00 开花数量最多，占当天开花数的 75%~80%。开花早的可用来繁殖蜂群，开花晚的可生产大量商品蜜，比较稳产。南方某些地方如遇寒流，阴雨天多，会影响产量。油菜蜜浅黄色，易结晶，蜜质一般。

⑯紫苜蓿　别名苜蓿、紫花苜蓿，豆科，是我国北方优良牧草。主要分布于黄河中下

游地区和西北地区，全国栽培面积约66.7万hm^2，以陕西、新疆、甘肃、山西和内蒙古面积较大，其次是河北、山东、辽宁、宁夏等地。开花期为5~7月，花期约30天。泌蜜适温为28~32℃。蜜多粉少。每群蜂产蜜50kg以上。

⑰柠檬桉　别名留香久，桃金娘科。主要分布于广东、广西、海南、福建、台湾，其次是江西、浙江南部、四川、湖南南部、云南南部等地。始花期，雷州半岛为11月中旬，广州、南宁为12月上旬，花期长达80~90天。气温18~25℃，空气相对湿度80%以上，泌蜜量最大。蜜多粉少。每群蜂可产蜜8~15kg。

⑱向日葵　别名葵花、转日莲，菊科。主要产区是和黑龙江、辽宁、吉林、内蒙古、新疆、宁夏、甘肃、河北、北京、天津、山西、山东等地区。种植面积70万~100万hm^2。花期7月至8月中旬，主要泌蜜期约20天，气温18~30℃时泌蜜良好。蜜、粉丰富。每群蜂可产蜜15~40kg，最高可达100kg。

⑲山乌桕　别名野乌桕、山柳、红心乌桕，大戟科。广泛分布于南方热带、亚热带山区，主要分布于江西、湖南、广东、福建、浙江、广西、云南、贵州等地山区。开花期因海拔、纬度、树龄、树势等不同而异，4月中下旬形成花序，5月中下旬开花。花期约30天，泌蜜期20~25天，泌蜜适温28~32℃。蜜、粉丰富。每群蜂可产蜜15~20kg，丰年可达25~50kg。

⑳玉兰　泌蜜量较大，花期为3月。分布在我国江西、浙江、贵州、华南地区。玉兰不耐移植，一般在萌芽前10~15天或在花刚刚凋谢而未展叶时移栽较好。

㉑石楠杜鹃　泌蜜量大，花期为3~5月。石楠杜鹃是温带高山植物，大部分品种原产于我国的西南部，主要分布在海拔2000~4500m的高原山区。

㉒泡桐　泌蜜量大，花期为3~4月。除东北北部、新疆北部、内蒙古、西藏等地区外全国均有分布。

㉓络石藤　泌蜜量大，花期为4~5月。分布于山东、河南、浙江、安徽、江苏、福建等地。生长于山野、路旁、溪边、林缘或杂木林中，一般缠绕于树上或攀缘于岩石、墙壁上。喜湿润、温暖、半阴环境。

㉔洋槐　泌蜜量大，花期为4~6月。普遍分布在黄河流域，其中在关中平原生长非常好。我国北至乌兰浩特，南至广州，东达江苏，西到青海、新疆，都可种植。

㉕女贞　泌蜜量大，花期为6~7月。主要分布在长江流域以南各省份及甘肃南部、陕西，主要省份有浙江、江苏、湖南、广西、福建、四川、江西。

㉖火炬树　泌蜜量大，花期为6~7月。分布在我国的东北南部、华北、西北。

㉗胡枝子　泌蜜量大，花期为7~9月。分布在我国河北、内蒙古、湖北、江西、浙江、福建等省份。

㉘冬桂花　泌蜜量较大，花期为1~2月。分布在我国的湖南、江西、湖北、浙江、广东等省份。

㉙梨　泌蜜量小，花粉量较大，花期为3月。全国各省份都有分布。

㉚欧李　泌蜜量较大，花期为6月。主要分在我国西北、华北等地。

㉛三叶草　花期为5~6月，泌蜜量大。对土壤要求不严，可适应各种土壤类型，在

偏酸性土壤上生长良好。喜温暖、向阳、排水良好的环境条件，在我国分布广泛。

㉜轮叶党参　花期为 7 月，泌蜜量小。最适生长在海拔 300~900m 的灌木林中，分布在我国东北及河北、山西、山东、河南、安徽、江西、湖北、江苏、浙江、福建、广西等地。

㉝荞麦　花期 5~9 月，泌蜜量大。抗性强，适应能力强，在我国各地都有分布。

㉞大豆　花期 7~8 月，泌蜜量大。在我国分布较为广泛，主要分布在东北三省、黄河流域、长江流域、江南各省份及广东、广西、云南地区。

㉟党参　花期 7~8 月，泌蜜量小。主要分布在我国东北、华北、西北部分地区。

㊱野坝子　花期为 10~12 月，泌蜜量大。主要分布于云南、贵州、四川等省份，其中以云南的大理和楚雄面积最大，泌蜜量最多。生于海拔 1300~2800m 的山坡草丛、灌丛、路旁。在西南地区的林间广泛分布，野生居多，是一种极好的秋、冬季蜜源植物。

㊲杏树　花期为 3~4 月，蜜、粉较多。在全国各地都有分布。

㊳杧果　花期为 1~3 月，泌蜜量大。分布在广东、广西、台湾、福建、海南、云南及四川等地。

㊴芭蕉　花期为 8~9 月，泌蜜量少。分布于上海、浙江、湖南、湖北、云南、贵州、陕西、江苏、四川、广西等地，生长于海拔 500~800m 的地区，常生长在河谷、村边及山坡林缘。

㊵茴香　花期为 6~7 月，泌蜜量小。分布在我国台湾、福建、广东、广西、云南、贵州等地。

㊶藿香　花期为 6~9 月，泌蜜量大。分布在我国台湾、广东、海南、广西、福建等地。

(2) 辅助蜜源植物

辅助蜜源植物是指具有一定数量，能够分泌花蜜、产生花粉被蜜蜂采集，供蜜蜂维持生活和繁殖用的植物。辅助蜜源植物在我国分布区域很广，种类也很多。下面仅对一些重要的辅助蜜源植物做简单介绍。

①五味子　别名北五味子、山花椒，木兰科落叶藤本植物，雌雄同株或异株。花期 5~6 月，蜜、粉较多。分布于湖南、湖北、云南东北部、贵州、四川、江西、江苏、福建、山西、陕西、甘肃等地。

②西瓜　别名寒瓜，葫芦科一年生蔓生草本植物。花期 6~7 月，蜜、粉较多。全国各地都有栽培。

③黄瓜　别名胡瓜，葫芦科一年生蔓生或攀缘草本植物。花黄色，雌雄同株。花期 5~8 月，蜜、粉丰富。全国各地均有栽培。

④蒲公英　别名婆婆丁，菊科多年生草本植物。花期 3~5 月，蜜、粉较丰富。全国各地都有分布。

⑤益母草　别名益母蒿，唇形科一年生或二年生草本植物。花期 5~8 月，蜜、粉较丰富。全国各地都有分布。

⑥苹果　蔷薇科落叶乔木。花期 4~6 月，蜜、粉丰富。主要分布于辽东半岛、山东

半岛、河南、河北、陕西、山西、四川等地。

⑦金银花　别名忍冬、双花，忍冬科野生藤本植物。花期3~6月，泌蜜丰富。分布于全国各地。

⑧萱草　别名金针菜，百合科多年生草本植物。花期6~7月，蜜、粉丰富。分布于河北、山西、山东、江苏、安徽、云南、四川等省份。

⑨草莓　别名高丽果、凤梨草莓，蔷薇科多年生草本植物。花期5~6月。全国各地都有栽培。

⑩玉米　别名苞米，禾本科一年生草本植物，栽培作物。春玉米6~7月开花，夏玉米8月至9月上旬开花。花期一般20天。单群采粉量100g左右。全国各地广泛分布，主要分布于华北、东北和西南。

⑪马尾松　松科常绿乔木。马尾松、白皮松、红松等都具有丰富的花粉。花期3~4月，在粉源缺乏的季节，蜜蜂多集中采集松树花粉。除了生产花蜜供蜜蜂繁殖、食用外，还可生产蜂花粉。主要分布于淮河流域和汉水流域以南各地。

⑫油松　别名红皮松、短叶松，松科常绿乔木。花期4~5月，有花蜜和花粉。主要分布于东北、山西、甘肃、河北等地。

⑬杉木　别名杉，杉科常绿乔木。花粉量大，花期4~5月。主要分布于长江以南和西南各省份，河南桐柏山和安徽大别山也有分布。

⑭钻天柳　别名顺河柳，杨柳科落叶乔木。花期5月，蜜、粉较多。广泛分布于东北林区和全国各地。

⑮胡桃　别名核桃，胡桃科落叶乔木。花期3~4月，花粉较多。全国各地都有分布。

⑯鹅耳枥　别名千斤榆、见风干，桦木科落叶灌木或乔木。花期4~5月，花粉丰富。分布于东北、华北、华东，以及陕西、湖北、四川等地区。

⑰白桦　别名桦树、桦木、桦皮树。花期4~5月，花粉较丰富。主要分布于东北、西北、西南各地。

⑱鹅掌楸　别名马褂木，木兰科落叶乔木。花期4~6月，蜜、粉较多。分布于长江以南各省份。

⑲柚子　芸香科常绿乔木。花期5~6月，蜜、粉丰富。主要分布于福建、广西、云南、贵州、广东、四川、江西、湖南、湖北、浙江等地。

⑳楝树　别名苦楝子、森树，楝科落叶乔木。花期3~4月，蜜、粉较多。

㉑枸杞　别名仙人仗、狗奶子，茄科蔓生灌木。花期5~6月，泌蜜丰富。分布于东北、宁夏、河北、山东、江苏、浙江等地。

㉒板栗　别名栗子、毛栗，壳斗科落叶乔木。花期5~6月，花期20多天，花粉丰富。在全国各地都有分布。

㉓中华猕猴桃　别名猕猴桃、红藤梨，猕猴桃科藤本植物。花期6~7月，蜜、粉较多。分布于广东、广西、福建、江西、浙江、江苏、安徽、湖南、湖北、河南、陕西、甘肃、云南、贵州、四川等地。

㉔李　别名李子，蔷薇科小乔木。花期3~5月，蜜、粉丰富。全国各地都有分布。

㉕樱桃　蔷薇科乔木。花期4月，蜜、粉多。全国各地都有分布。

㉖梅　别名干枝梅、酸梅、梅子，蔷薇科落叶乔木，少有灌木。花期3~4月，蜜、粉较多。分布于全国各地。

㉗杏　别名杏子，蔷薇科落叶乔木。花期3~4月，蜜、粉较多。全国各地都有分布。

㉘山桃　别名野桃、花桃，蔷薇科落叶乔木。花期3~4月，蜜、粉丰富。分布于河北、山西、山东、内蒙古、河南、陕西、甘肃、四川、贵州、湖北、江西等地。

㉙锦鸡儿　别名柠条，豆科小灌木。花期4~5月，蜜、粉丰富。分布于河北、山西、陕西、山东、江苏、湖北、湖南、江西、贵州、云南、四川、广西等。

㉚沙棘　别名酸刺、醋柳，胡颓子科落叶乔木或灌木。花期3~4月，蜜、粉丰富。分布于四川、陕西、山西、河北等地。

㉛合欢　别名绒花树、马缨花，豆科落叶乔木。花期5~6月，蜜、粉较多。分布于河北、江苏、江西、广东、四川等地。

㉜栾树　别名栾、黑色叶树，无患子科落叶乔木。花期6~8月，花粉丰富。分布于东北、华北、华东、西南、陕西、甘肃等地。

㉝榆　别名家榆、白榆，榆科。花期3~4月。分布于东北、华北、西北、华东等地。同属种类若干种，都是较好的蜜源植物。

㉞盐肤木　别名五倍子树，漆树科灌木或小乔木。花期8~9月，蜜、粉丰富。分布于华北、西北、长江以南各地。

(3)有毒蜜源植物

有些蜜源植物所产生的花蜜或花粉能使人或蜜蜂出现中毒症状，这些蜜源植物称为有毒蜜源植物。蜜蜂采食有毒蜜源植物的花蜜和花粉，会使幼蜂、成年蜂和蜂王发病、致残和死亡，给养蜂生产造成损失；人误食蜜蜂采集的某些有毒蜜源植物的蜂蜜和花粉后，会出现低热、头晕、恶心、呕吐、腹痛、四肢麻木、口干、食管烧灼痛、肠鸣、食欲不振、心悸、眼花、乏力、胸闷、心跳急剧、呼吸困难等症状，严重者可导致死亡。

毒蜜大多呈琥珀色，少数呈黄、绿、蓝、灰色，有不同程度的苦、麻、涩味。大部分有毒蜜源植物的开花期在夏、秋季，林下养蜂场选址时应远离有毒蜜源植物的分布地。

①雷公藤　别名黄蜡藤、菜虫药、断肠草，卫矛科藤本灌木。分布于长江以南各省份及华北至东北各地山区。在湖南为6月下旬开花，在云南为6月中旬至7月下旬开花。泌蜜量大，花粉为黄色、扁球形，赤道面观为圆形，极面观为3裂或4裂(少数)圆形。若开花期遇到大旱，其他蜜源植物少时，蜜蜂会采集雷公藤的蜜汁而酿成毒蜜。蜜呈深琥珀色，味苦而带涩。

②黎芦　别名大黎芦、山葱、老旱葱，百合科多年生草本植物。主要分布于东北林区，河北、山东、内蒙古、甘肃、新疆、四川也有分布。花期在东北林区为6~7月。蜜、粉丰富。花粉椭圆形，赤道面观为扁三角形，极面观为椭圆形。蜜蜂采食后发生抽搐、痉挛，有的采集蜂来不及返巢就死亡，并能毒死幼蜂，造成群势急剧下降。

③紫金藤　别名大叶青藤、昆明山海棠，卫矛科藤本灌木。主要分布于长江流域以南

至西南各地。开花期 6~8 月，花蜜丰富。花粉粒呈白色，多数为椭圆形。全株剧毒，花蜜中含有雷公藤碱。

④苦皮藤　别名苦皮树、马断肠，卫矛科藤本灌木。主要分布于陕西、甘肃、河南、山东、安徽、江苏、江西、广东、广西、湖南、湖北、四川、贵州、福建北部、云南东北部等地。开花期为 5~6 月，花期 20~30 天。粉多蜜少，花粉呈灰白色，花粉粒呈扁球形或近球形。全株剧毒，蜜蜂采食后腹部胀大，身体痉挛，尾部变黑，喙伸出呈钩状死亡。

⑤钩吻　别名葫蔓藤、断肠草，马钱科常绿藤本植物。主要分布于广东、海南、广西、云南、贵州、湖南、福建、浙江等地。开花期为 10 月至翌年 1 月，花期长达 60~80 天，蜜、粉丰富。全株剧毒。

⑥博落回　别名野罂粟，罂粟科多年生草本植物。主要分布于湖南、湖北、江西、浙江、江苏等省份。花期 6~7 月，蜜少粉多。花粉粒呈灰白色，球形。蜂蜜和花粉对人和蜜蜂都有剧毒。

任务实施

生产技术流程：

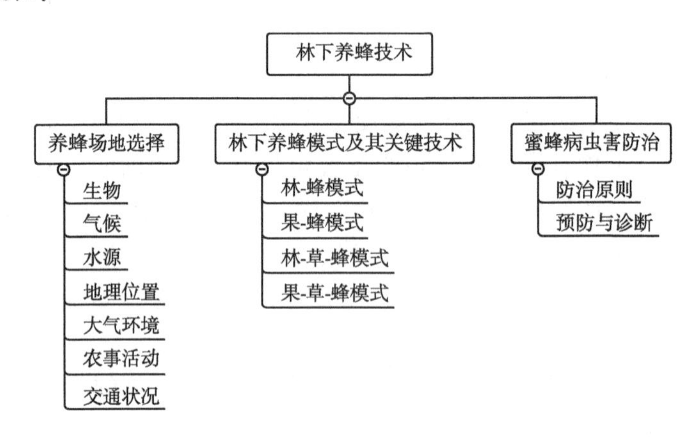

1. 养蜂场地选择

林下养蜂场地是否理想，直接影响养蜂生产的经济效益。在选择林下养蜂场地时，首先要考虑有利于蜂群的发展和蜂产品的优质高产，同时兼顾养蜂人员的生活条件。林下养蜂场地的选择必须通过现场勘察，了解当地的气候条件和疫病流行情况等，经过综合分析，才能做出场址选择的最终决定。理想的林下养蜂场址，应具备蜜源丰富、交通方便、小气候适宜、水源良好、场地面积开阔、蜂群密度适当和人蜂安全等基本条件，要注意生物、气候、水源、地理位置、农事活动、交通状况对蜂群的影响。

(1) 生物

林下蜂场周围必须有充足的蜜源植物，应无蜜蜂天敌危害、无流行蜂病发生和有毒蜜源。

①蜜源植物　蜜源植物是蜜蜂营养的主要来源，是蜂群长期赖以生存的基础，也是评价蜂场周围环境优劣的主要指标，因此，没有充足的蜜源或存在有毒蜜源植物的区域均不宜建立养蜂场。

林下蜂场周边2km以内，在蜂群繁殖和生产季节要求有2种以上的主要蜜源植物，并且泌蜜、吐粉情况良好。从有利于蜜蜂采集来看，蜂场离蜜源植物越近越好。对要施用杀虫剂和农药的蜜源植物，为减少蜜蜂农药中毒，蜂场要尽量避免在此选址。在蜜蜂越冬期，零星的蜜源植物会诱使蜜蜂外出采集，刺激蜂王产卵，所以蜂群越冬期蜂场要设在无蜜源植物的地方。

②蜜蜂天敌　林下蜂场应远离对蜜蜂有危害的兽类、鸟类、两栖类、昆虫类等动物，它们常以侵袭性行为危及蜜蜂生存。例如，黑熊盗取蜂蜜甚至会直接破坏蜂巢；黄喉貂常破坏蜂巢盗食蜂蜜；蜂虎会袭击婚飞的蜂王；蜘蛛网常捕途经的蜜蜂；青蛙、蟾蜍吞食蜜蜂；胡蜂咬死或捕食蜜蜂；巢虫不但蛀食巢脾，而且还会导致白头蛹病。

③微生物　林下蜂场应避免建在有害微生物繁衍的环境中，因为有害微生物会给蜂群带来疾病，如幼虫芽孢杆菌会引起蜜蜂美洲幼血腐臭病的发生，蜂囊菌孢子会使蜂群发生白垩病。但是，有一些微生物对蜜蜂并无害处，反而是有益的，例如，乳酸菌能帮助蜜蜂把采进的花粉酿成蜜粮，双歧杆菌有利于蜜蜂度过漫长的严冬。

(2)气候

林下蜂场周围气候要适宜，要考虑温度、湿度、风速、日照等气象因素对蜂群的影响。气候是对蜜蜂影响最大的因素之一，直接影响蜜蜂的巢内生活和飞翔、排泄、采集等活动，间接影响蜜源植物的生长、开花、流蜜和散粉。养蜂场地最好选择地势高燥、背风向阳的地方，如山腰或近山麓南向坡地上，北面有高山屏障，南面是一片开阔地，阳光充足，中间布满稀疏的高大林木。这样的蜂场春天可防寒风侵袭，盛夏可免遭烈日暴晒，并且凉风习习，有利于蜂群的生产活动。

①温度　林下蜂场周围的气温应适合蜜蜂生活的需要。蜜蜂飞翔最适气温为15～25℃，成年蜂生活最适气温为20～25℃，蜂群产卵最适巢温为34.4℃。气温低于13℃时，工蜂出勤就可能被冻僵；当外界气温达到28℃时，为维持正常巢温，蜜蜂在巢门口扇风降温；外界气温达到30℃时，出勤减少；外界气温达到40℃时，蜜蜂停止出勤。蜜蜂是变温动物，其体温接近气温，但因社会性的群居生活，整个蜂群犹如一个恒温动物，对环境的适应能力很强，可在-40℃的外界气温下安全越冬，在气温高达46～47℃条件下也可以生存。

②风　林下蜂场应避风。风大时蜜蜂出巢采集减少或停止采集；强大的风暴、台风会吹掉蜂箱盖，甚至把蜂箱吹倒，毁坏蜜源。冷空气直吹的蜂群，蜂巢热量散失严重，不利于蜂群正常生活和繁殖。

③湿度　林下蜂场应具有较大的环境湿度。较大的湿度可促进蜂王产卵、子脾发育和蜜蜂生活，也有利于蜜源植物的生长、开花和流蜜。但是高湿不利于蜂蜜的成熟，也不利于白垩病的防治。

④日照　日照对蜜蜂出巢影响很大。早晨能照到阳光的蜂群比下午阳光才能照到巢门

口的蜂群，工蜂上午的出勤率高约3倍。在流蜜期，日照对提高蜜粉产量作用很大。另外，日照对蜜源植物及时开花具有十分重要的影响，长日照地区比短日照地区蜂蜜产量显著提高，但酷暑季节应注意遮阴防暑。

⑤雨水　林下蜂场的选址需考虑雨水对蜂群生活及蜜源植物的影响。在养蜂生产中，花期阴雨，蜜蜂无法外出采集，严重时会造成蜂群饲料不足，危及生存，甚至还会导致蜂群飞逃。雨水少，虽然对工蜂出勤有利，但出现旱情后不利于蜜源植物的生长和流蜜，也会造成蜂场歉收和蜂群饲料不足等问题。冬雪在北方有保温作用，而在长江以南地区由于雪过天晴，少数工蜂趋光出巢，常被冻死在外，对蜂群造成不利影响。

(3) 水源

林下蜂场应建立在常年有流水或有充足水源的地方，且水质良好，无毒、无污染。没有良好水源的地方不宜建立蜂场。地表水源距蜂场要近，水量要充足。如果工蜂找不到水源，性情会变得非常暴躁，给蜂群管理带来不便。如果蜂场周围没有充足水源，应设置喂水装置。

(4) 地理位置

林下蜂场地势要平坦，干燥，冬暖夏凉，周边无糖厂、农药厂和其他污染源。潮湿低洼地、山顶、谷口不利于蜜蜂繁殖和采蜜，还会导致蜂群生病，不宜选作养蜂场地。

蜂场不可紧靠水库、湖泊、大河，因为蜜蜂回巢时很容易被风刮到水里，蜂王交尾时也很容易落水溺亡。

在山区的林下蜂场宜坐落在山脚下的避风处。蜜源在山坡上对蜜蜂采蜜最为有利，便于蜜蜂空腹登高而上、满载顺坡而下，降低了工蜂劳动强度，提高了工蜂的采蜜效率。我国东南沿海是典型的季风气候区，冬天寒潮频繁，蜂场的正北、西北、东北方向最好有山，可阻挡北方寒流长驱直入，改善蜂场小气候，使其冬暖夏凉，有利于蜜蜂繁衍生息和酿蜜。初春蜂群应背风向阳，如果摆放在没有屏障的场所，寒流直吹蜂箱，会影响蜂巢温度，蜂群发展缓慢，上继箱的时间一般比放在避风向阳处的蜂群晚1周左右。

(5) 大气环境

林下蜂场周围大气应洁净、无污染。蜂场应远离含硫氧化物、氟化物、氧化烟雾、酸雨等污染物的大气区域。在自然界中，蜜蜂对有毒有害成分十分敏感，特别是对毒性较强的氯和氯化氢、氟化物等反应强烈。废气中有毒物质和气体可直接通过蜜蜂气门进入体内，麻痹神经致使其中毒死亡。

(6) 农事活动

林下蜂场不要建在农事活动繁忙的区域。农事活动对蜂群的影响主要有3个方面：一是农作物防虫治病施药给蜜蜂的直接危害，如飞机喷洒治虫、治病、除草农药；二是对蜜蜂采集活动的干扰；三是开荒种地对蜜源植物数量的影响。

(7) 交通状况

林下蜂场周边交通要方便，要有利于蜂群的转场和饲料、蜂产品的运输。蜂场应与公路干线接轨，进入蜂场的公路路面应晴雨无阻。在有水运条件的地方，要求机动船可达蜂场附近，水陆两便，进出自如，以便蜂群和蜂产品运输。

2. 林下养蜂模式及其关键技术

(1) 林–蜂模式

林–蜂模式是为了使蜜蜂一年四季都有充足的蜜源植物采集，根据现有林地蜜源的种类和面积，人工种植四季蜜源植物，如洋槐、乌桕、荆条、五倍子、冬桂花等，并在林中养殖蜜蜂，既达到绿化造林的目的，又能获取蜂产品的一种养蜂模式。

林中生长着各种蜜源植物，不同植物开花时间各异，为蜜蜂周年繁育提供了物质基础。但其缺点是蜜源植物不同季节流蜜量不一致，有的季节蜜源植物开花少，不能生产商品蜜，甚至不能维持蜜蜂的生活需要。因此，应根据当地的蜜源植物开花情况，栽种一些流蜜量大、流蜜期长的蜜源植物或辅助蜜源植物，以提高养殖和种植效益。

①蜜源植物的选择　首先应充分掌握当地的蜜源植物情况，特别是野生蜜源植物情况，包括种类、数量、流蜜量等，再根据当地的气候条件和地理条件，种植适应性强、流蜜好的蜜源植物。林–蜂模式可种植的主要蜜源植物较多，但最好选择当地野生蜜源缺乏时开花的蜜源植物进行人工种植；为了提高某个季节或某种蜂蜜的产量，也可人工种植某种蜜源植物。各季节的蜜源植物如下：

A. 春季蜜源植物：玉兰、石楠、杜鹃、泡桐、络石藤、白榆等。

B. 夏季蜜源植物：洋槐、五味子、乌桕、荆条、女贞、合欢、火炬树、胡枝子等。

C. 秋季蜜源植物：五倍子、栾树等。

D. 冬季蜜源植物：主要有冬桂花，泌蜜量较大，花期为 1~2 月。在我国的湖南、江西、湖北、浙江、广东等省都有分布。

②蜂群布置　灌木高度一般在 5m 以下，可将蜂箱摆放在灌木林下，以避免阳光暴晒；蜂箱巢门最好向南或东南方向，应放在通风、向阳、遮阴的地方(图 8–1–1)。进入蜜源场地后要做好紧脾工作，尽早使蜂群达到蜂脾相称。

图 8–1–1　林下养蜂

为了提高蜂群的采集能力，通常继箱蜂群不少于 12 框蜂，平箱蜂群要多于 7 框蜂。继箱蜂群蜂箱放 6 张产卵脾、1 张蜜粉边脾，继箱放 2~3 张蜜脾，剩下的是储蜜空脾；平箱内需留有 1~2 张蜜脾，剩余的空脾和蜜脾全部拿出。

③关键技术　A. 蜂场半径 3km 范围内应至少有 2 个主要蜜源及花期交替的辅助蜜源。蜂场周边无有毒蜜源植物，并靠近清洁的水源。B. 组织采集群。主要流蜜期，应集中弱群的蜜蜂，组成群势强大的采蜜群，才有利于获得高产。患病群不能取蜜，应迁出蜂场隔离治疗；流蜜期不得使用抗生素、抗病毒药物或治螨药物，以免污染天然成熟蜂蜜；治疗蜂病和蜂螨应选择在非产蜜期进行，治疗药物最好灌入粉脾饲喂。C. 注意预防胡蜂的危害。每天注意观察巢门是否有胡蜂袭扰，出现胡蜂要及时消灭，否则会招来更多胡蜂，甚

至危及整个蜂场。D. 西方蜜蜂应注意治螨，及时脱粉取蜜。若花粉较为丰富，泌蜜量少时，可以生产蜂花粉，但要保证蜂群繁殖需要的花粉。若林木花粉流蜜较好，可以逐渐抽走蜜脾取蜜或将其作为蜜蜂的越冬饲料。E. 及时培育蜂王。培育的蜂王可以用于更换老王，同时也能够为临时组织部分季节性双王群提供便捷的条件，使秋繁速度加快。F. 注意培育越冬蜂。为了培育很多越冬蜂，应促进蜂王产卵。在外界流蜜较少时，要提早给蜜蜂补足饲喂以促进蜂群繁殖，做到继箱蜂群有 7~8 张大子脾，平箱蜂群有 5~6 张大子脾；要做好保温工作，若花期昼夜温差较大，需缩小蜂箱的通风口，并观察气温变化适当加盖棉垫或覆布以保温，同时做到繁殖区蜂多于脾，以保证幼蜂能够正常地生长发育；利用老蜂酿制越冬饲料，避免花期结束后饲喂糖水而引起盗蜂。饲喂越冬饲料，完全出房后，需及时抽出多余的空脾，放入储备的蜜脾，补足蜜蜂的越冬饲料。G. 应选择没有农药、化肥污染的野生蜜源植物如刺槐、枣树、荆条等生产天然蜂蜜。严禁利用喷洒过农药的林木生产蜂产品。H. 养蜂人员要勤洗澡、勤洗头、勤理发、勤换衣，取蜜时要勤洗手，严禁吸烟、喝酒，采蜜时必须穿戴白大褂、白色帽子和口罩等。

(2)果-蜂模式

根据当地的气候条件和蜜源情况，种植果树为蜜蜂提供蜜源，同时在果树下养殖蜜蜂为果树授粉，提高果树产量，改善果品品质，这种生产模式就是果-蜂模式。可作为蜜源的果树有：樱桃、梨、柑橘、枣树、龙眼、欧李、猕猴桃、苹果、荔枝、枇杷等。选择果-蜂模式的果树应具有一定面积规模，才有利于生产商品蜜。

①蜜源植物的选择　不同品种果树泌蜜情况不一致，有的果树只有粉，没有蜜，有的果树则蜜多粉少，为确保蜜蜂有足够的食物，需要根据该区域内果树的生长情况，选择适宜当地种植、流蜜量大且流蜜稳定的果树进行栽培。同时，还要注意使每个季节都有一定规模和数量的蜜源植物，以满足蜜蜂的四季需要，并确保每年有 1~2 个主要蜜源和 2~3 个辅助蜜源。

A. 春季蜜源植物：樱桃、梨、柑橘、龙眼。

B. 夏季蜜源植物：猕猴桃、苹果、枣树、欧李。

C. 秋季蜜源植物：枇杷。

②蜂群布置　蜂群应放置在树冠较大的果树下，中蜂群应分散布置，西蜂群可适当密集放置。蜂箱适当垫高，巢门向南或东南方向。

流蜜期，西蜂单王群，巢箱放 8 张脾，继箱放 7 张脾；西蜂双王群，巢箱和继箱各放 8 张脾，其余各类巢脾的布置与单王群的布置一样。巢箱中放虫脾、卵脾、粉脾和空脾，继箱放蜜脾和封盖子脾。

在果树开花前期组织采集群，将一强两弱的 3 群蜂作为 1 组，强群放在中间作为主群，2 个弱群分别放在强群的两边作为副群。在大流蜜期，移除 2 个副群，让它们的外勤蜂投入到主群之中。主群可根据蜂量的多少叠加继箱，移走的副群因为哺育蜂并未削弱，仍然繁殖正常，可为下一个蜜源采蜜创造良好的条件。

③关键技术　根据当地的气候和蜜源特点，引进或培育适合当地条件的优质蜂王，以培育后代。根据果树的蜜、粉情况，对流蜜好的果树，生产优质蜂蜜；对蜜少粉多的果

树，应采集花粉。由于果树会经常使用农药，要注意对蜂群的保护，如关闭巢门、搬离果林等，避免农药中毒。有的果树流蜜期短或受外界气候条件影响大，因此，果树开花前应组织群势强大的采集群。果树蜜如荔枝蜜、柑橘蜜等香味浓郁、品质优良，在市场上价格高、需求大。因此，应生产优质成熟蜜，以提高养蜂收入。果树林需要管理和施肥，林间人员活动频繁，既要防止蜜蜂蜇人，又要注意尽量减少对蜜蜂采集活动的影响。

(3)林-草-蜂模式

即在"林-蜂"模式的基础上，在林下种草，特别是种植牧草等蜜源植物，如三叶草、苜蓿、紫云英等，为蜜蜂提供更多的蜜源，既可获取更多的蜂产品，又能为农民养殖牲畜提供牧草，实现多种收入，以获得更大的经济效益。

①蜜源植物的选择　蜜源植物的选择与"林-蜂"模式一致。林间所种的草建议最好选择开花牧草，既可作为养蜂的蜜源，又能作为牲畜的饲料。可用作蜜源的花草有：三叶草、苜蓿、紫云英、轮叶党参、苕子、野坝子、荞麦、大豆等。

②蜂群布置　蜂群应放在大树下，遮阴向阳的地方；蜂箱应适当垫高，以免牧草阻挡蜜蜂飞行和蟾蜍危害。根据蜜源分布布置蜂群，蜜源集中的地方应适当多放置些蜂群。林地一般海拔较高，要注意避风。流蜜期，西蜂双王群应具有16张以上的脾，其中子脾9~12张，并且封盖子脾应在8张以上。卵脾、虫脾在2张以上。若达不到该群势，需从其他弱群中提出带幼蜂的封盖子脾补足。

③关键技术　要根据林木的流蜜情况种植流蜜量大而稳定的牧草，确保周年的蜜源供应。在防治林木病虫害时，要尽量避免使用高毒农药和杀虫剂等，以免引起蜜蜂中毒死亡。在严寒的冬季要注意给蜜蜂保暖，防止蜜蜂受冻，以免影响蜜蜂越冬和春季的快速繁殖。适当调整蜂箱巢门宽度，使蜂群保持适宜的温度和湿度；要及时消除"分蜂热"，对已有"分蜂热"的蜂群，进行脱蜂全面检查，去除自然王台，抽出封盖子脾，加入虫卵脾；必要时，进行人工分蜂。

林草地蜜蜂的敌害较多，要经常进行检查，尤其注意防治蚂蚁、胡蜂和蟾蜍等的危害。

(4)果-草-蜂模式

在"果-蜂"模式的基础上，采用套种模式，利用果树下的空地种植开花牧草，不仅可以为农户提供优质的饲草，而且牧草和果树为蜜蜂提供蜜源，同时蜜蜂为果树和牧草授粉，既能提高果树的产量和果品品质，又能增加蜂产品产量，并且利用牧草饲喂牲畜，获得更多的牲畜产品，最终实现养殖上畜产品和蜂产品双丰收、种植上水果和种子双丰收的多赢局面。

①蜜源植物的选择　果树一般选择樱桃、梨、桃、杏、柑橘、荔枝、板栗、猕猴桃、龙眼、杧果、芭蕉、柿树、苹果、枇杷、枣树等，牧草一般选择紫云英、苜蓿、三叶草、苕子、野坝子、荞麦、大豆、蚕豆、茴香等。

②蜂群布置　蜂群一定要放在树冠较大的果树下，利用树枝为蜂群遮阴。尽量不要放在草丛中和低洼处，避免潮湿积水。根据所种牧草的高度，将蜂箱垫高离地20~50cm，以利于蜜蜂的飞行。中蜂应分散布置，西蜂可适度密集放置；如果果林面积较小，可将蜂群放置在果林的中心；如果果林面积较大，应将蜂群分散均匀放置在林场内。

③关键技术　必须全面了解果林和牧草的流蜜情况，在大流蜜期用王笼把蜂王囚禁起

来，限制蜂王产卵，才能调动所有采集蜂采蜜，以增加蜂群产量。每次囚蜂王的时间应根据当前蜜源流蜜时间的长短和与下一个蜜源流蜜的时间间隔而定。种植的果树和牧草要保证蜜蜂四季都有花蜜采集，使其花期尽量重合，并尽量拉长全年流蜜的时间和流蜜量，以获得较多的蜂产品。由于果树和牧草的品种较多，要避免流蜜期对果树或牧草使用农药和杀虫剂，同时还要考虑施药后农药和杀虫剂的残效期。有的果树粉多蜜少，因此在实际生产中，可根据蜂群情况适时生产蜂花粉，提高养蜂收入。

3. 蜜蜂病虫害防治

蜜蜂在长期进化过程中形成固有的生物学特性，对周围的生物和非生物因素具有一定的适应性。如果周围因素发生剧烈变化，其影响超过蜜蜂蜂群和个体的适应与调节能力的最大限度，蜜蜂的正常代谢就会遭到干扰和破坏，其生理功能或组织结构、行为就会发生一系列的病理变化，表现出异常、病态甚至死亡。

引发蜜蜂疾病的原因十分复杂，通称为病原，包括生物因素与非生物因素。生物因素主要是病毒、细菌、真菌、原生动物、昆虫、螨类、线虫等。非生物因素主要为食物、机械损伤、理化因素伤害等。蜜蜂个体小，免疫功能不健全，受外界因素影响较大，很容易染病，有时多种病害还会同时发生；蜜蜂是营群体生活的昆虫，一旦有少数蜜蜂感病，很容易传染给其他蜜蜂或整个蜂群，甚至在蜂场间传播和流行。因此，做好蜜蜂病虫害的防治工作是养蜂生产的重要前提。

(1) 防治原则

根据蜜蜂病虫害的发生、发展规律，在蜂病的预防与治疗上，要坚持以下几个基本原则。

①预防为主　首先，要注意蜂场的卫生。蜂场应保持清洁、干燥，在蜂群进场前，进行彻底消毒处理，平时也要做好定期消毒工作。其次，做好蜂箱内的清洁卫生。要经常清扫蜂箱，扫除死蜂和蜡屑，堵好蜂箱的缝隙和漏洞。再次，蜂机具消毒。在每年春季蜂群摆放好后和晚秋蜂群进入越冬期之前，对所有的蜂箱都要进行一次彻底的消毒处理。此外，还要经常观察蜂群的健康状况，若发现患病蜂群应立即进行隔离治疗，并对其他蜂群进行普遍性预防给药治疗 1~2 次，以免疾病传播蔓延。

②综合治疗　由于病害的发生和流行常常是由多种因素综合作用的结果，因而必须采取综合的措施，才能收到较好的效果。综合治疗措施要坚持“两个结合”，即将药物防治与消毒措施结合起来，将药物防治与加强饲养管理措施结合起来。另外，加强选育抗病的优良蜂种也非常重要。

③对症下药　不同的蜂病是由不同的细菌、病毒、真菌等病原引起的，所以在蜂病防治上对症下药是提高药效的关键。否则，蜂病不但得不到有效治疗，还有可能引起其他副作用或者疾病的发生，甚至污染蜂产品。如磺胺和抗生素类药物一般情况下只能适用于细菌性病害的治疗，而盐酸依米丁、甲硝唑只用于原生动物所引起病害的治疗等。

(2) 预防与诊断

①蜜蜂病虫害的预防

A. 预防措施。科学有效的蜂病预防措施如下：养蜂人员要注意个人卫生，注意保持蜂场和蜂群内的清洁卫生，蜂箱、蜂机具要按规定进行消毒，彻底消灭病源；收野蜂，不到传染病发病区域购买或放蜂，发现病蜂群要及时隔离，有效切断病原物的传播途径；春繁、秋繁时期，饲喂蜂群清洁盐水和补充蛋白质饲料，全面提升蜂群的抗病力。

B. 预防常用药物及使用方法。一般在每年春季和秋末进行整个蜂场的预防性消毒。

蜂箱、蜂机具、巢脾消毒：84 消毒液，杀菌用 4%浓度，10min，消灭病毒用 5%浓度，90min；漂白粉 5%~10%，30~120min；食用碱 3%~5%，30~120min。

仓库墙壁地面消毒：石灰乳 10%~20%，注意现配现用。

细菌、真菌、孢子虫、巢虫的防治：可用 30%饱和盐水，4h 以上。

蜂螨、果虫防治：冰醋酸 8%~9%，1~5 天，10~20mL/箱；40%甲醛，10~20mL/箱，注意密封；硫黄 2~5g/箱，24h，每次 5 个箱子。

②蜜蜂病虫害的诊断

A. 蜂体观察诊断法。

状态：患病蜜蜂常表现痴呆，反应迟钝，失去活力，不能起飞，神情不安，栖于一侧或在蜂箱内外缓慢地滚爬。

头部：健康蜂的头部活动自如。当表现摇头搔痒时，可能有蜂螨等寄生虫。

翅膀：健康蜂四翅完整，张合自如，飞翔自由。病蜂翅膀残缺不全，或振翅颤抖，失去飞翔能力。有的幼蜂翅膀卷曲，多是患有卷翅病，翅膀残缺多由蜂螨危害造成。

脚肢：健康蜂行动灵活，爬行迅速。如果腿脚麻木，强直失灵、爬行迟缓或不能爬行，多是患有麻痹病。

背腹：健康蜂的背腹密生绒毛，环节能有节律地频频伸缩，色泽鲜艳，体表干燥。而病蜂的腹部表现膨大或缩小，不能自由伸缩，绒毛脱落，毛色变暗或发黑，体表湿润，有时像油浸过一样，这是麻痹病的典型症状。

死蜂：健康蜂一般不会死在蜂箱内，也很少死在蜂箱周围。在越冬期如果发现箱底有大量死蜂，且蜂体颜色变暗、发软、恶臭，很可能是由于患副伤寒或失血症所引起。采蜜季节在蜂箱周围发现死蜂喙伸出，两翅后翻，腹向内弯曲，是农药中毒所致。

B. 子脾检查诊断法。健康蜂子脾房内的幼虫呈乳白色，端正而整齐地盘卧于巢房底部，无异味，变蛹后的房盖饱满，颜色淡黄(图 8-1-2)。而病群的幼虫体色苍白或变黄甚至变黑，变蛹后的房盖略微下陷或有针眼样小孔，房盖颜色较深。如果幼虫多数是在封盖前死亡，有酸臭味，尸体无黏性，易从巢房内清出，封盖子脾出现“花子”现象，可诊断为欧洲幼虫腐臭病；如果幼虫多数是在封盖后死亡，有鱼腥臭味，尸体有黏性，不易从巢房内清出，可诊断为美洲幼虫腐臭病；如果死亡幼虫头部上翘，用镊子将尸体夹起时，整个幼虫像一个小囊袋，里面充满颗粒和乳白色液体，无臭味，即可诊断为囊状幼虫病。

图 8-1-2　蜜蜂子脾

思考与练习

1. 林下养蜂的 4 种模式有哪些？
2. 常见的 10 种蜜源植物为哪些？
3. 如何根据不同林下养蜂模式开展养殖关键技术？

单元3

林下采集技术

学习内容

项目9　野生菌类采集技术

任务9.1　红菇采集技术

项目10　竹笋采集技术

任务10.1　毛竹笋采集技术

任务10.2　绿竹笋采集技术

项目11　松脂采集技术

任务11.1　松脂采集技术

项目 9　野生菌类采集技术

知识目标

(1) 掌握林下生产的主要野生食用菌的形态特征和生态学特性。

(2) 掌握野生食用菌的主要食用价值、野生采集地环境和促进增产技术。

技能目标

(1) 会识别主要的林下野生食用菌。

(2) 会根据林下野生食用菌的生态学特性选择合适的采集地。

(3) 会根据林下野生食用菌的生态学特性选择合适的采集时间。

(4) 会促进野生食用菌的增产。

任务 9.1　红菇采集技术

任务目标

掌握红菇的形态特征和生态学特性、红菇的生长环境和采集时间、红菇的食用价值和经济价值；了解红菇人工培养所需要的条件和环境。

知识准备

红菇(*Russula*)隶属于担子菌纲红菇目红菇科红菇属，是具有很高食药用价值的珍稀菌根性食用菌。国际上已报道 317 种红菇属真菌，我国记载 90 余种，绝大多数都具有食药用价值。许多红菇的有效成分对治疗腰腿疼痛、手足麻木、筋骨不适、四肢抽搐有很好的疗效，被用于制成著名的中药“舒筋丸”。红菇中的一些种类还含有抗癌物质，是当今探索和发掘抗癌药物的重要物质材料。红菇含有红菇多糖、麦角甾醇和一些珍稀脂类、酸类等功能性成分，可以利用这些功能性成分开发具有相应保健功能的红菇保健品。如利用红菇具有的治疗失血性贫血的功能，可开发新型的补血产品。有些红菇种类可产生抗生素，如血红菇、毒红菇和脆红菇均可产生一类抗生素。变绿红菇的药用表现为明目、去肝火、散内热。中草药革质红菇和全绿红菇可以抗风湿。

红菇多可食，蛋白质、游离氨基酸、甾醇和多糖的含量较高。据测定，正红菇含有油酸、亚油酸等 28 种脂肪酸，16 种氨基酸，总氨基酸中 54.4%为必需氨基酸，含 2.74%多糖。此外，还含有较丰富的 B 族维生素和维生素 C，具有极高的营养价值。在民间已有数百年的食用红菇习惯，如炖鸡鸭、炖蛋、炖猪排等配些红菇使得汤色鲜红，香甜可口，常喝可补血健体。在闽南及内蒙古等地，妇女产后经常食红菇补充营养。

在国内，红菇主要分布在福建、辽宁、江苏、云南、安徽、河北、广西等，其中福建的红菇尤为出名。福建有正红菇(*Russula vinosa*)、大红菇(*Russula alutacea*)、红菇(*Russula lepida*)和大朱菇(*Russula rubra*)等种类，其中药用和保健功效最佳的当属正红菇，且分布最广、产量最多，在福建俗称的红菇主要是指正红菇。每到夏、秋季，在气温适宜、降水较多、相对湿度较大的气候条件下，在植被类型具丰富营养物质的林间腐殖质层就会生长出呈单丛、散生或小区域群生的野生红菇。

1. 生物学特性

红菇属真菌子实体通常较大，菌盖直径一般为 3~15cm，初扁半球形，后平展，中部下凹、呈深红至暗(黑)红色，边缘较淡呈深红色，盖缘常见细横纹。菌肉白色或灰色，厚。菌褶白色，褶间具横脉，老后变为乳黄色，稍密至稍稀，近盖缘处可带红色，常有分叉。菌柄白色，长 3.5~5cm，粗 0.5~2cm，一侧或基部带浅珊瑚红色，向下渐细或为圆柱形，松软或中实。孢子印白色或灰白色。孢子无色，似球形，有小疣，囊状体近梭形。与其他伞菌不同，红菇属产生由较典型菌丝绕捆着成群髓球胞的异型子实体菌髓，但是没有乳汁菌丝，菌褶受伤时无乳汁溢出，通常无锁状联合，大多数种类为外生菌根菌，且产生只具有菌柄和菌盖的简单担子果子实体，菌褶与菌柄相连。

红菇属真菌与多种植物形成外生菌根，这些植物主要包括冷杉属(*Abies*)、落叶松属(*Larix*)、云杉属(*Picea*)、松属(*Pinus*)、黄杉属(*Pseudotsuga*)和铁杉属(*Tsuga*)等裸子植物，以及山毛榉目(Fagales)、金虎尾目(Malpighiales)、龙脑香科(Dipterocarpaceae)、豆科(Fabaceae)、桃金娘科(Myrtaceae)、紫茉莉科(Nyctaginaceae)、蓼科(Polygonaceae)、山榄科(Sapotaceae)和椴科(Tiliaceae)等被子植物。红菇属外生菌根可以促进植物根系的生长和营养吸收，提高植物抗逆性和培育与移植过程中的成活率，并产生可供动物食用的子实体，是生态系统的重要组成部分。

2. 生态习性

(1) 出菇时间和地点

野生红菇一般每年发生两茬，在 6 月 25 日至 7 月 25 日发生第一茬，出菇时间约为 10

天；8 月 15～30 日发生第二茬，出菇时间约为 15 天，即每年端午节(农历五月初五)前后和中元节(农历七月十五)后为野生红菇的盛产期。有的年份因天气持续干旱或者雨水的影响，红菇的出菇时间会前后推移。红菇的出菇地点相对较固定，俗称"菇位""菇场"等。野生红菇发生地一般属于山地地形，海拔 300～2000m 不等，从垂直结构上看植被和土壤分布明显，坡度为 10°～45°的缓坡地至斜坡地。

(2)出菇地气候条件

据实地考察和调查，气候条件在很大程度上影响着红菇的发生，不仅会影响到每年红菇的出菇时间，还关系到出菇量。红菇发生季，林间适宜温度为 25～27℃，年降水量达到 1700～1900mm，空气相对湿度达到 65%～85%。红菇子实体发生前一般需适宜的降水量，降雨过后需晴朗的气候条件。雨季的发生期，前期的降水量及雨后是否天晴，这些气候条件与出菇开始期和出菇量有显著关系。研究表明，野生红菇要正常出菇并获得良好的出菇量，需要满足 3 个方面的条件：一是要有充分的前期降雨；二是在出菇期要有充足的热量和一定的降雨条件；三是出菇期内晴雨相间的水热条件。晴雨交换可能为红菇子实体的发生提供适宜的温度和湿度，同时为红菇的共生植物创造适宜的代谢环境，从而为子实体的成熟提供所需的碳水化合物等营养物质。

(3)出菇地的土壤条件

对红菇生长地土壤条件的研究表明：红菇一般发生在温带冷灰壤、红棕壤及红壤坡地上，土质多富含有机质，透气和保水性较好，质地疏松。红菇发生处 pH 为 4.2～4.5，要求偏酸性，肥力中等偏低，红菇发生季节土壤含水量要达到 40%以上。同其他许多外生菌根真菌一样，红菇的发生和分布反映了其宿主植物的类型、发生地土壤的营养状况、水分、温度、pH 等生态条件，这些因子在很大程度上决定红菇的发生和分布。

(4)出菇地的森林结构

研究表明，红菇的发生与植物群落密切相关，常散布于针叶林、阔叶林和混交林地上。红菇依存的森林类型较稳定，群落结构较复杂，物种多样性指数较高。

(5)红菇依存的植被类型

红菇依存林主要是原生或次生的栲类林，其中以米槠林、红锥林、栲树林、格氏栲林和混交栲类树林中红菇最为多见。产量高的红菇依存林一般为原生林和 30～40 年生天然次生林，分布于自然保护区、生态公益林区、风水林及偏远地区。红菇一般都能形成群生的菇圈，但是一些次生的针阔混交林、针阔毛竹混交林甚至极少数的丘陵灌草丛也出现散生的红菇。根据红菇依存林群落中的优势乔木种类和群落演替情况可分为以下 10 种类型。

米槠林(又称为小红栲林)：分布于大田县桃源镇、尤溪县西滨镇、漳平市双洋镇、上杭县步云乡、龙岩新罗区、建阳区小湖镇、武夷山市星村镇等红菇产地。在海拔 800m 以下，常见伴生树种有狗牙锥、钩栗、甜槠、南岭栲等。米槠林内的红菇发生在夏、秋季，群生在林间疏松透气的腐殖层地带，直径 5～12cm，初扁半球形，后平展，中部下凹，大红带紫，中部暗紫黑色，边缘平滑；菇柄基部着生多条白色菌索，向下延伸与米槠树根形成外生菌根。

格氏栲林(又称为赤枝栲林或青钩栲林)：分布于三明市西南部莘口镇 250～400m 丘陵

和永安市贡川镇海拔450~1050m山地，伴生乔木树种有栲树、甜槠、米槠、青冈栎、木荷等。红菇每年有两次盛产期：5~6月生长的称乔花菇；8~9月生长的称处暑菇。其品质尤以处暑菇为上乘，纤维细密，菇盖厚，菇脚粗短，纹理不规则，味甜甘滑。

甜槠林：分布于将乐县的金溪两岸，永安天宝岩、洪田镇，建瓯市小桥镇，邵武将石，武夷山市三港，以及漳平市双洋镇溪口村等红菇产地。伴生乔木树种有狗牙锥、青冈栎、木荷、东南石栎等。

苦槠林：分布于浦城县水北，建阳区小湖、崇雒，宁化县安远，以及武夷山市洋庄等红菇产地。常见伴生树种有栲树、青冈栎、木荷、松等，其林中常散生一些温带的落叶树种如栎、栗、桦木等。苦槠林下生长的红菇可能为大朱菇，当地农民称为"朱菇"，夏、秋季单生或散生地上，也可与松、栗、水青冈等树种形成菌根。

栲树林：分布于大田县桃源镇、政和县的东平等。在300~700m的山地红壤中，常见伴生树种有狗牙锥、木荷、罗浮栲、五列木等。红菇一般长在栲树林下无杂草丛生、枯枝腐叶层较厚的林地中，往往能形成群生的菇圈。

红锥、闽粤栲林：分布于华安县金山国有林场135.2hm^{2}红锥林、马坑乡贡鸭山，处于中亚热带气候与南亚热带气候过渡带。红菇喜阴湿，在林木郁闭度0.7以上地带发生较多。一般山下阴坡产量高、长势强、朵形大，山上阳坡产量低、长势弱、朵形小。

次生栲树、红锥、米槠林：分布于莆田市国有新县林场、大洋乡瑞云山、城厢区常太镇山门村。为南亚热带季风常绿阔叶林破坏后次生而成。

次生栲类混交林：以栲属树种为主的混交林，是原生常绿阔叶林被砍伐后再次生长起来而形成，林木杂乱，优势种不明显。如位于建瓯市西部徐墩镇北津村的生态公益林区，以栲属中罗浮栲、狗牙锥、东南锥、南岭栲、米槠、苦槠等树种组成。再如安溪县福田乡丰田九十九湾，混交林中有东南锥、栲、罗浮栲、甜槠、米槠、水青冈、松等。

次生针阔混交林或针阔毛竹混交林：主要分布在海拔500~1000m的中低山地区，由于人为破坏常绿阔叶林后，人工种植的马尾松、杉木、毛竹与次生阔叶林相混交而成，主要有马尾松+毛竹+甜槠+青冈栎林、马尾松+狗牙锥林、马尾松+米槠林、马尾松+毛竹+栲树林、杉木+锥林等群系。如建阳区庵山、樟墩等地，红菇以单生或散生为主，一般不能形成群生的红菇圈，产量很少。

次生丘陵灌草丛：如建阳区水吉镇大梨村，次生丘陵灌草丛由常绿阔叶林遭砍伐或火烧后逆演替而成，常见树种有苦槠、青冈栎、石栎、木荷、石楠、冬青、杨梅、檵木、乌饭、马尾松幼树等，但是红菇产量极少，稀疏散生于苦槠、青冈栎树下。

任务实施

生产技术流程：

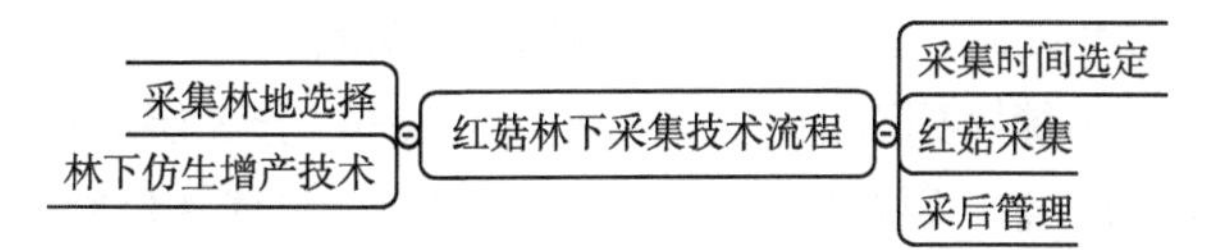

1. 采集林地选择

红菇一般发生在温带冷灰壤、红棕壤及红壤坡地上，土质多富含有机质，透气和保水性较好，质地疏松。红菇发生处土壤 pH 为 4.2~4.5，肥力中等偏低。红菇发生季节，土壤含水量要达到 40%以上。

红菇依存林主要是原生或次生的栲类林，其中以米槠林、红锥林、栲树林，格氏栲林和混交栲类树林中红菇最为多见。产量高的红菇依存林一般为原生林和 30~40 年生天然次生林，分布于自然保护区、生态公益林区、风水林及偏远地区。红菇一般都能形成群生的菇圈。但是一些次生的针阔混交林、针阔毛竹混交林甚至极少数的丘陵灌草丛也出现散生的红菇。

2. 林下仿生增产技术

选定好可以采集红菇的森林后，做进一步促进产量的准备。

(1) 原料选择

红菇属于草腐土生菌类，主要以分解粪、草等有机质作为主要营养进行繁衍。野生红菇子实体多生于林中潮湿、富含有机质的肥沃土壤上。红菇的栽培基质以富含纤维素的腐熟农作物秸秆为宜，如棉籽壳、棉花秆、甘蔗渣、黄豆秸、玉米芯、玉米秆、高粱秆及山上的芦苇、斑茅、象草、节芒等野草。

(2) 培养料配制

红菇对养分要求较高，以配制合成培养料为宜，以下几组配方可供选用。配方一：棉籽壳 86%，麦麸 8.5%，石灰 2%，碳酸钙 1%，过磷酸钙 2%，尿素 0.5%，料水比为 1∶1.3。配方二：黄豆秸 48%，花生壳 20%，棉籽壳 19%，麦麸 10%，过磷酸钙 1%，碳酸钙 2%，料水比例为 1∶1.3。配方一、配方二主要用于熟料袋栽。配方三：棉籽壳 90%，麦麸 6%，石灰 1%，过磷酸钙 1.5%，碳酸钙 1%，尿素 0.5%，料水比例为 1∶1.3。配方四：芦苇 50%，杂木屑 16%，棉籽壳 30%，石灰 1.5%，过磷酸钙 2%，硫酸镁 0.5%，料水比例为 1∶1.3。配方三、配方四适用于发酵料床栽。

熟料袋栽，按照配方一或配方二将培养料拌匀，含水量掌握在 60%左右，然后装入 17cm×(33~35)cm 聚丙烯塑料袋内，经高压灭菌，冷却后按常规要求接种。发酵料床栽，按照配方三或配方四将培养料混合拌匀，集中成堆发酵处理，料堆高 0.8m，宽 1m，长度视场地而定，堆料后盖膜保湿，发酵时间 5~7 天，料温达到 65℃时开始翻堆，发酵过程中翻堆 2~3 次。

(3) 接种培养

栽培方式不同，接种培养方法有别。

①熟料袋栽　待料袋温度降至 28℃以下时，在无菌条件下将红菇菌种接入袋内的培养基上，并做好封口。接种后移入 23~25℃、空气相对湿度 70%以下的室内发菌培养，保持空气流通，防止室内二氧化碳浓度骤增。发菌培养通常需 30 天左右。待菌丝发满袋后，将菌袋搬到野外荫棚内脱袋，采取卧式排放于事先经过消毒处理的畦床上，并覆盖腐殖土 3~5cm。畦床四周用泥土封盖，让菌筒在畦床内继续发菌。

②发酵料床栽　将发酵料铺于畦床内，料厚 15~18cm。分 3 层播种，即畦面先铺一层料，播上菌种，继续铺一层料，播一层菌种，然后再盖一层料，形成 3 层料 2 层种。一般每平方米

用干料 10kg，菌种量占料量的 10%。播种后整平料面，稍加压实，然后在畦床上方拱罩薄膜防雨。待菌丝吃料 2/3 时，覆土 3~5cm。要注意通风，使畦床空气保持新鲜，以利于菌丝发育。

(4) 出菇管理

当菌袋进入野外畦床排场后，在管理上应保持覆土的湿润。土壤含水量不低于 20%，野外地栽若土壤湿润，一般不必喷水；若气候干燥，土面发白时可喷水保湿，但水不可渗入料中，以免菌丝霉烂。覆土后一般 20 天左右即可出菇，此时温度掌握在 23~26℃范围，并进行人为改变温差，使干湿交替，促进菌丝扭结形成原基，分化成菇蕾。菇棚内要“三分阳、七分阴”，子实体发育阶段每天上午揭膜通风，并结合喷水 1 次，空间相对湿度保持 90% 为适。

3. 采集时间选定

野生红菇一般每年发生两茬，在 6 月 25 日至 7 月 25 日发生第一茬，出菇时间约为 10 天；8 月 15~30 日发生第二茬，出菇时间约为 15 天，即每年端午节(农历五月初五)前后和中元节(农历七月十五)后为野生红菇的盛产期。有的年份因天气持续干旱或者雨水的影响，红菇的出菇时间会前后推移。

4. 红菇采集

红菇子实体一般是清晨长出，要及时采集，一旦错过采集时间，红菇菌盖开过大，影响红菇的品相。采集红菇时应轻拿轻放，注意保持红菇原生形态。采集红菇时还应尽可能减少对林地土壤的扰动，保护红菇生长的原生态环境。

5. 采后管理

采后要尽量恢复红菇产地环境原有状况，因人为踩踏而裸露的土壤要用枯枝落叶重新覆盖起来。

采集后的红菇要及时晾晒，或者烘干。

思考与练习

1. 根据红菇的生物学及生态学特性拟定红菇可能出现的区域。
2. 简述红菇的经济价值和生态价值。

项目10 竹笋采集技术

学习目标

知识目标

(1)熟悉毛竹的生物学特性。
(2)掌握毛竹笋(笋芽)形成的特点。
(3)掌握毛竹笋用林高效生态培育技术。
(4)了解绿竹笋的加工与利用。
(5)掌握绿竹相关术语与定义。
(6)掌握绿竹地下和地上部分形态结构。
(7)掌握绿竹的生长特性。
(8)掌握绿竹笋采收技术。

技能目标

(1)会识别毛竹笋在出土前后的生产特点。
(2)会识别毛竹地下鞭的类型。
(3)会根据毛竹冬、春笋型笋用林的立地条件进行立地选择。
(4)能开展毛竹冬、春笋型笋用林的施肥和水分管理。
(5)能开展毛竹林地下鞭的系统管理。
(6)能进行毛竹冬、春笋采收。
(7)会识别绿竹笋竹蔸结构。
(8)会识别绿竹的笋用林和用材林。
(9)会根据绿竹笋竹林的立地条件因地制宜进行经营抚育。
(10)能开展绿竹笋的采收。

任务10.1 毛竹笋采集技术

任务目标

熟悉毛竹地上部分和地下部分的生物学特性；掌握毛竹笋(笋芽)的形成特点、毛竹笋用林高效生态培育技术；能开展毛竹冬、春笋型笋用林的施肥、水分和地下鞭管理，以及毛竹冬、春笋的采收。

知识准备

我国是世界上竹类资源最为丰富、栽培历史最为悠久的国家，是世界竹子的分布中心。毛竹是我国分布最广、面积最大的经济竹种，也是我国乃至全球开发利用最为全面、经济规模最大的经济竹种，在整个经济竹类中占据着主导地位。毛竹笋是公认的绿色天然食品之一，是传统的森林蔬菜之一，也是一种新型的保健食品。竹笋中含量最多的纤维素在现代营养保健上有着重要作用，在肠内可减少人体对脂肪的吸收，增加肠胃蠕动，润肠通便，可预防高脂血症、高血压、冠心病、肥胖病、糖尿病、肠癌及痔疮等疾病。

1. 生物学特性

毛竹由地上部分的竹秆、竹枝、竹叶和地下部分的竹蔸、地下鞭构成。竹蔸和地下鞭都有根，其中地下鞭是竹类植物在土壤中横向生长的茎。一片毛竹林就是若干“竹树”，竹秆是“竹树”的分枝，一片竹林就是竹连鞭、鞭生笋、笋长竹、竹养鞭的一个有机整体，又称为无性系种群。

(1)地上部分生物学特性

①竹笋(笋芽)的形成特点　毛竹的竹笋(笋芽)一般在夏末秋初(8~10月)经地下鞭侧芽分化而成。地下鞭上的部分壮芽，其顶端分生组织经过细胞分裂增殖，分化形成节、节隔、笋箨、侧芽和居间分生组织，并逐步膨大，与地下鞭呈20°~50°的角度向外伸长，芽尖弯曲向上，这部分地下鞭侧芽就是经分化形成的笋芽。在条件适宜的情况下，初冬笋芽膨大，笋箨呈黄色并被有绒毛，这就是冬笋；春季气温回升，笋芽继续萌发生长出土，就是春笋。

在一般情况下，笋芽分化期即7~9月的降水量直接影响笋芽分化数量。这段时间若能供应较多水分满足笋芽分化，年底冬笋和翌年春天发笋量就可大增；反之，若在此时期久晴少雨，甚至高温干旱，则笋芽分化受抑，冬笋数量少，翌年春笋也大幅度减产。生产上有“有没有竹笋看水，笋产量高低则看肥”的说法。

②竹笋在出土前后的生长特点　竹笋(笋芽)在土中生长阶段，经过顶端分生组织不断地进行细胞分裂和分化。到出土前全株的节数已经定型，出土后不会再增加新节。

竹笋出土前后生长规律不同。在竹笋出土前，竹笋的横向生长速度快，而高生长相对较慢；竹笋一旦出土(一般超过5cm左右)，横向生长则停止，而高生长速度加快。在适宜范围内，地下鞭在土壤中分布越深，横向生长时间越长，则竹笋越大。如竹鞭分布在25~36cm处，鞭深每增加5cm，单株笋增加0.25kg。因此，使竹鞭在土壤中保持一定的分布深度，是保证竹笋一定大小的基础。通过诱导和埋鞭、培土等措施来增加竹鞭分布的深度，进而达到改善竹笋和成竹大小的目的。

③笋期发笋特征与新竹留养　温度条件是影响竹笋出土的主要因素。毛竹发笋起始旬平均气温在10℃左右，春季雨后高温，大量竹笋出土，长势旺盛，即所谓“雨后春笋”。如遇久旱不雨，土壤过于干燥，即使温度适宜，竹笋也出土缓慢，数量较少，甚至出土后死亡。受气温等综合因素的影响，整个笋期的发笋数量随时间呈正态分布。初期出土的竹笋数量少，养分充裕，退笋率低；盛期出土的竹笋数量最多，笋体健壮肥大，成竹质量高；末期出土的竹笋因养分不足，笋体弱小，退笋率高，即使长成新竹，质量也较差。

毛竹笋期采取技术措施的目的在于协调竹笋采收和新竹留养之间的矛盾。早期竹笋留养，消耗竹林大量营养，虽然可以保证新竹生长的质量，但竹笋产量较低；后期竹笋留养，虽然可以取得高的竹笋产量，但因发笋而营养消耗殆尽，新竹生长势弱，退笋(竹)率高，不利于丰产的立竹结构形成。因此，在毛竹笋竹两用林中，一般留养盛期竹笋，挖掘早期竹笋和末期竹笋，以增加竹笋产量和减少竹林养分的消耗，保证新竹的质量。

(2)地下部分生物学特性

①毛竹地下鞭的生长节律　毛竹鞭梢在一年间按慢—快—慢的节律生长。一般以5~10月生长最旺，11月生长减慢，12月至翌年1月停止生长，3~5月竹林发笋长竹，如此交替进行。在大小年分明的毛竹林，大年出笋多，鞭梢生长量小；小年出笋少，鞭梢生长量大。在新竹抽枝发叶，竹林进入小年时，鞭梢开始生长，一般在4月开始萌动，7~8月最旺，11月底停止，冬季萎缩断脱。在翌年春季竹林换叶进入大年时，从断鞭附近的侧芽抽发新鞭，继续生长，6~7月最旺，到8~9月又因竹林大量孕笋而逐渐停止生长。小年竹林的鞭梢生长量是大年的4~5倍，故有“大年发笋，小年长鞭”的说法。

鞭梢生长所消耗的养分来自与其相连的母竹。竹林生长好，竹鞭有充足的养分供应，则新竹粗大、发育健全。在母竹生长期，砍竹或挖鞭会切断地下输导系统，引起大量伤流，影响鞭梢生长，甚至导致萎缩死亡。

②毛竹地下鞭的生长特点

竹鞭生长的趋性特点：地下鞭的纵横蔓延有趋肥、趋松、趋湿等趋性生长特点。在不同区域和同一区域的不同土壤空间分布上，鞭梢具有“觅食行为”特征而主动向相对疏松、养分充足和水湿条件良好的土壤环境蔓延生长。竹林采伐后枯枝落叶的堆放地如果未及时清理，则有机物腐烂，增肥、增温，在翌年6月以后可以在堆放地的土壤表层发现许多鞭梢在此蔓延生长。

抽鞭孕笋能力具有年龄性的特点：竹鞭年龄不同，抽鞭孕笋的能力也不同。一般1~2年生的幼龄竹鞭组织幼嫩，根系生长发育尚未成熟，抽鞭孕笋能力较弱；3~6年生的壮龄竹鞭内含物丰富，根系发达，生活力强，抽鞭孕笋能力强；此后随着鞭龄的增加，竹鞭的养分含量降低，逐渐失去发笋能力。

壮芽分布具有部位性的特点：一般长鞭段生长良好，根系发达，侧芽饱满，鞭体粗壮，养分贮藏丰富，但并非鞭段越长发笋数越多。根据对毛竹笋用林的调查结果，发笋比例最高的鞭段长度约2m，又称为有效鞭段。过长的竹鞭是一些徒长枝。因此，对竹鞭可采取一定控制措施调节发笋期养分的分配，以防止竹鞭徒长。相反，鞭段过短，中部芽少，则发笋也少，甚至不发笋，而且短鞭段岔鞭转折多，对营养输导、储存和供给都不利，即使能发笋，也容易退笋，经常成为无笋鞭段。

③土壤条件对竹鞭生长的影响　鞭梢生长过程中土壤条件特别是质地、肥力、水分等对竹鞭生长有明显的影响。在疏松、肥沃的土壤中，鞭梢生长快，年生长量可达5~7m，生长方向变化不大，起伏扭曲也小，形成的竹鞭鞭段长、岔鞭少、节间长、鞭径粗、侧芽饱满、鞭根粗长。在土壤板结、石砾过多、干燥瘠薄或灌木丛生的地方，土中阻力大，竹鞭分布浅，鞭梢生长缓慢，起伏度大，钻行方向变化不定，而且经常折断，分生岔鞭，形成的鞭段较短，且多畸形扭曲，节间短缩，粗细不均，侧芽瘦小。

④毛竹的跳鞭　在毛竹林地中竹鞭浮于表面不能深入土中，这是竹鞭趋肥、趋松性和经营干扰所致。跳鞭过多一般是林地土壤板结、竹蔸或竹根盘结等原因所致。竹鞭浮于表面，造成竹鞭营养不良，笋芽分化少，通常所产生竹笋也不肥大。跳鞭很少抽根。跳鞭不能随便伤断，否则会割断竹子的地下输导系统，影响抽鞭发笋。在竹林培育上可用埋鞭等经营措施加土覆盖予以保护。

⑤竹鞭的年龄和发笋能力　毛竹新生的竹鞭呈淡黄色，组织幼嫩，养分和水分含量很高，为鞭箨所包被，正在充实生长，除断鞭情况外，一般不抽鞭，也不发笋。1年生以后，鞭箨腐烂，鞭段由黄色转变为黄铜色，鞭体组织逐渐成熟，侧芽发育完全，鞭根分枝多而生长旺盛，形成强大的竹鞭根系，此时竹鞭进入壮龄时期(一般为3~6年生)。壮龄竹鞭的养分丰富，侧芽大多肥壮膨大，生活力强，抽鞭孕笋数量多、质量好，是竹林更新和繁殖的主体，竹林中的幼龄和壮龄竹绝大部分着生在壮龄竹鞭上。在毛竹林分里，出笋率随鞭龄的增加先增加后降低，而退笋率则随鞭龄的增加而先降低后增加。在竹林培育上，无论是留笋养竹、移竹造林或移鞭栽植，都必须选用幼、壮龄竹鞭。

⑥毛竹地下鞭芽的类型　毛竹地下鞭芽根据其生长发育程度的不同可以分为4类：弱芽、壮芽、笋芽、虚芽，主要依据芽向角(即地下鞭侧芽与地下鞭形成的角度)来确定。一般弱芽分布在幼龄鞭段，经过营养发育可以生长为壮芽；壮芽在笋芽分化期(8~9月)可分化为各种类型的地下鞭芽；笋芽在水肥条件适宜下，在笋季发育成笋并长成竹。虚芽是指无法生长发育成笋的鞭芽。

各种类型的地下鞭芽数量多寡是判断竹林丰产能力的重要依据。例如，长期掠夺性经营会导致竹林林分结构衰退，地下鞭系统地下空间壅塞，鞭段数量繁多，但是壮芽和笋芽的数量和比例低，而虚芽数量庞大，此种竹林丰产能力弱。因此，科学合理经营竹林，增加壮芽和笋芽的数量和比例，有利于竹林可持续丰产。

2. 毛竹笋用林培育的关键环节

毛竹笋用林培育是指以竹笋为主要目标产品的一种经营类型，按照竹笋类型的不同，又可以划分为冬笋型、鞭笋型和春笋型等。因笋用林经营产量高、效益好，近年来，在南方各主要毛竹产区得到快速发展。

毛竹笋用林培育技术是以竹笋安全生产为基础，涉及土壤、水分和竹林结构管理等技术措施的一整套技术体系。在这个技术体系中，水肥管理和竹林结构管理是冬笋和春笋丰产的基础，竹笋合理采收是实现以冬笋、春笋为主要目标产品的重要技术途径。

任务实施

生产技术流程：

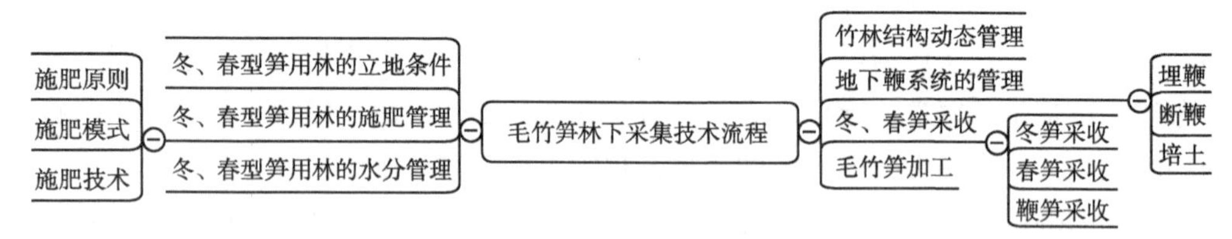

1. 冬、春笋型笋用林的立地条件

毛竹笋用林基地建设应综合考虑以下几点：

①立地　应选择在坡度平缓、土壤深厚肥沃、水湿条件良好、通气排水优良和光照条件好的山谷平地。

②交通方便　毛竹笋用林经营集约度高，无论产品生产还是销售，都需要有比较方便的交通条件，才能保证竹笋质量，降低生产成本。

③临近水源　临近水源，以便孕笋期、笋期进行灌溉。

④防止污染　竹笋作为一种蔬菜，栽培时应保证其食品卫生质量。要远离有污染的地区，避免灌溉水中重金属离子超标。

⑤规模与设施　要产生一定的经济效益，必须形成一定规模经营的笋用林。一般经营区竹林面积不少于50hm^2，才能充分发挥各种设施(道路、水分灌溉设备)的功能，降低生产成本。

2. 冬、春笋型笋用林施肥管理

从养分资源出发，针对不同土壤和肥料效应的时空变异规律，将土壤养分的供应持续调控到竹林所需要的适宜水平。将土壤养分快速检测结果作为追肥的依据，并结合施用有机肥，以达到土壤的各种养分平衡的目标。

(1)施肥原则

调控施用氮肥，监控施用磷、钾肥，配合施用有机肥。根据竹笋目标产量，通过养分平衡的计算初步确定总用肥量，并确定底肥的用量。考虑到土壤肥力的维持和提高，可利用快速简便营养诊断技术确定追肥用量。对施氮量较大的地区，可降低氮肥用量，减少污染；对施氮量不足的地区，可有效地发挥氮肥的增产效应。

(2)施肥模式

根据测土配方施肥和养分施肥调控技术，按照竹林大小年生长对养分的需求进行施肥，用肥量 N∶P∶K=6∶1∶2。按 30%有效量计算，1 度竹林施肥量为 150kg/亩，其中春笋大年施肥量占 30%~40%，冬笋小年占 60%~70%，发鞭长竹肥占总用肥量的 75%以上。

(3)施肥技术

①施肥时间　以冬笋为主的毛竹笋用林施肥主要时间是每年的 4~5 月和 8~9 月。而 4~5 月最佳时间是毛竹换叶结束，新生长叶长到 2~3cm(幼叶期)。

培育鞭笋的林地应施用发鞭肥。第一次是在 6 月中旬，每亩施入氮、磷、钾复合肥 50kg，开沟施入土中。第二次是在 7 月上旬，每亩施入人粪尿约 2500kg(50 担)，加水 1 倍，泼浇林地。第三次是在 8 月底，每亩施入复合肥或竹笋专用肥 50kg。

②施肥方法　发鞭长竹肥，应采用沟施法或伐蔸施法，严禁使用撒施法。推荐使用沟施法；笋芽分化肥，采用撒施法，结合除草松土翻入土层。采用以上方法时，要注意不能将肥料直接施用于竹鞭、竹根和竹蔸上，以免烂鞭、烂根。

③肥料组成和用肥量　毛竹春笋小年的幼竹期(4 月中旬至 6 月)，氮肥推荐量为 180~240kg/hm^2，磷肥推荐量为 30~40kg/hm^2，钾肥推荐量为 60~80kg/hm^2(模式施肥，下同)；笋芽分化期(8~9 月)，施肥 N∶P∶K 以 2∶1∶1 为好，施肥总量推荐量为 80~98kg/hm^2。

3. 冬、春笋型笋用林水分管理

(1)水分管理模式

笋芽分化期至冬笋期，山地黄红壤的中壤土，若连续干旱 15~25 天，土壤相对含水量在 55%以下，需进行 1 次灌溉。灌溉后耕作层(30cm)土壤相对含水量达到 85%以上。

(2)水分管理技术

冬、春笋型笋用林对水分的要求高，通过灌溉措施，可以弥补降水的不足和时空上的不均，保证适时、适量满足竹林生长对水分的需求，降低生产经营风险。

可以采用自然水源或建池蓄水，然后利用水的自然落差压力进行喷灌。从引水灌溉经济合理性出发，要考虑 3 点：一是实施灌溉的竹林附近具备水源；二是水质无污染，符合竹林灌溉的要求；三是通过较简便的引水措施能够到达相应的位置，满足灌溉的需要。

若采用建池蓄水，蓄水池的大小和数量主要取决于水源流量与需要灌溉的竹林面积。当水源充足时，一般灌溉 1300m^{2}的竹林配 1m^{3}的蓄水即能满足需要；若水源较小，蓄水量则应适当加大。一般要求蓄水池一次蓄水能在 48h 内完成，以便充分发挥灌溉效率。当需灌溉的竹林面积较大，需蓄水量很大时，可以按灌溉区域分别建池蓄水。要特别注意的是，应根据使用水源的类型(山涧、河流、水库、池塘等)、竹林相对位置的出水量，特别是干旱季节的供水量和水头落差，来选择使用喷灌系统或漫灌系统。

竹林灌溉是利用蓄水池中水的自然落差产生的压力进行喷灌，因此蓄水池的位置应选在地势较高的山顶或山脊上，与实施喷灌的竹林间的落差要达 10m 以上，以便产生足够的工作压力。当然，建造水池用的水泥、砖块等建筑材料需要搬运，交通因素可以一并考虑，但绝不能因为贪图方便而过多地损失水头落差，导致工作压力不够而无法进行喷灌。

4. 竹林结构动态管理

毛竹冬、春笋型笋用林立竹密度以140~180株/亩为宜，平均胸径9cm以上，年龄结构一般为1度：2度：3度=1：1：1较佳。对于原有竹林密度较小的，应通过2度竹的留养逐渐提高立竹密度。

农民通常认为密度在120株/亩发笋多、产量高，140株/亩以上的竹笋产量低。事实上，在冬、春笋型的笋用林经营上要求：适当提高密度，从现有的120株/亩逐渐提高到140~160株/亩；年龄结构型年轻化，达到1度、2度、3度竹比例在2：2：1。只有调整立竹结构，冬、春笋的产量才会进一步提高。

5. 地下鞭系统的管理

通过施肥和林地翻垦等经营措施，竹鞭生长旺盛，容易形成大量的长鞭段。此外，受竹鞭生长趋性的影响，部分竹鞭形成跳鞭，不能深入土中。因此，必须通过合理清除老化的竹鞭和断鞭、埋鞭等措施进行地下鞭管理，控制竹鞭生长，优化竹鞭系统结构。

(1) 埋鞭

竹鞭浮于表面不能深入土中，缩小了吸收营养的面积，造成营养不良，笋芽分化减少，而且严重影响竹笋单株重量和质量。用埋鞭和覆土的方法均可调整竹鞭分布，促进竹笋单株重量增加，并改善外观形状。埋鞭方法：埋鞭时先挖宽20cm的沟，将竹鞭置于其中，鞭梢向下，先覆土8~10cm，然后踩紧，再将挖起的深土埋上。埋鞭的深度一般以20~25cm较好。

(2) 断鞭

断鞭是一种鞭梢处理方法，一般可结合采挖鞭笋进行。断鞭一般在7~9月进行，10月以后断鞭不易再抽发新鞭，断鞭措施即应停止。为使地下竹鞭分布均匀，合理利用地下空间，幼、壮龄鞭段所占比例大的竹林断鞭宜短，可以迅速增加发笋鞭段；老龄鞭段所占比例大的竹林断鞭宜长，以促进生长，调节竹鞭的生长势。在新、老鞭比例适中的情况下，粗壮鞭断鞭要短，细弱鞭断鞭要长，因为粗壮鞭若断鞭长，所留部分短，新鞭长势太弱，无法形成强壮的发笋鞭。只有壮鞭短断，弱鞭长断，才能形成良好的发笋鞭段。

(3) 培土

培土是笋用竹林经营的一大特点，浙江地区的竹农把它当成一项主要培育措施来抓。培土后土壤疏松深厚，可以延长竹笋在地下生长的时间，保持竹笋的鲜嫩，同时增加竹笋的粗生长和高生长，从而提高单位面积产量。每年一次性培土厚度不宜超过10cm，一般培土约5cm。培土可结合施肥进行，尤其是施用有机肥后培土覆盖，能促进肥料分解和防止肥料的流失。培土用土最好就近取材，可利用竹林周围的土，也可利用低洼地区挖沟时的土，这样既减少了用工，又有利于竹林发展。值得注意的是，如果春笋主要用于加工清水笋，则不应培土或少培土，因为培土后春笋单株重增加且笋体变长，不利于加工。

6. 冬、春笋采收

竹笋采收应做到适时、适度和适对象，以达到提高经济收入、科学调整竹林结构和促进营养分配的目的。

(1)冬笋采收

①开穴挖冬笋　从10月中旬开始，在孕笋竹株的周围仔细观察，一般地表泥块松动或有裂缝、脚踩感到松软的地下可能有冬笋，用锄头开穴挖取。

②沿鞭翻土挖冬笋　先选择竹株枝叶浓密、叶色深绿的孕笋竹，根据与第一轮枝相垂直的方向判断去鞭方向。可以先在基部附近浅挖一下，找出黄色或棕黄色的壮鞭，再沿鞭翻土找到冬笋进行采收利用。沿鞭翻土挖笋还可参考“下山鞭，鞭长、节长、笋少，上山鞭，鞭短、节短、笋多”的经验。

③全面翻土挖笋　结合冬季松土施肥，对竹林进行抚育垦复，深翻20cm左右，切忌大块翻土，以防鞭根损失和折断。翻土时见有冬笋，则可一次性挖掘。

小贴士

可以根据以下实践经验采收冬笋：

“先看竹叶后挖鞭，碰到芽头尖，嫩鞭追后老鞭向前牵。”即在竹叶浓绿稍带黄叶的大年竹周围找竹鞭，挖到带尖笋芽，若为嫩鞭往后挖，若为老鞭向前挖，则一般能挖到冬笋。

“老鞭开杈追新鞭，追到十八步边。”即老竹鞭的末梢新发的竹鞭在第18节左右(约80cm)，一般有冬笋。

“找不到鞭，春笋洞边。”即找不到竹鞭的时候，可追挖春笋笋穴内的竹鞭，一般在往年出春笋的附近就有冬笋。

“青鞭笋两头。”即青色粗壮的跳鞭，在出土前和入土后的30cm左右，一般有冬笋生长。

采取以上方法进行冬笋采收，应注意的事项为：不伤损竹鞭、鞭芽和鞭根，并覆土，更不能挖断竹鞭；同一竹鞭可能会长出2~3个冬笋，可以全挖或挖大留小，促进小的笋芽发育成大笋；采取全垦方法挖笋之前，林地应适当补充肥料，以促进其他笋芽孕笋萌发。

(2)春笋采收

一要挖笋及时，二要注意质量和重量。一般以出土后笋高5~10cm时挖取最好，此时笋质优、笋体重。挖笋时还要注意将竹笋整体挖取，以提高竹笋重量和利用率，并注意切勿伤断竹鞭。还可以结合边挖春笋边施肥，即挖取春笋后就在笋穴中放100g左右复合肥，及时补充营养，但复合肥不要接触到竹鞭，以免竹鞭腐烂。

(3)鞭笋采收

毛竹鞭梢生长与发笋长竹交替进行，在大小年分明的毛竹林里，大年出笋多，鞭梢生长量小；小年出笋少，鞭梢生长量大。挖掘鞭笋后，竹鞭两旁侧芽会萌发成新鞭，一般3条以上，肥分充足的林地多至十几条。

①鞭笋挖掘时间　一般在6月中旬至10月上旬挖鞭笋。其中，6月下旬至7月中旬是鞭笋产量高峰期，雨水充足，气温高，竹鞭的生长速度快，月生长量达140cm以上，整个生长季节一般可达3~4m。挖鞭笋期间，一般隔天进行采挖。若遇雨天，见不到林地裂隙，可延迟1~2天。

②鞭笋采挖方法　在鞭笋挖掘季节，只要在竹林里发现地表有裂隙，就可用锄头往下挖。一般从裂隙的两边往下挖，这样可以避免伤鞭笋。发现鞭笋后，扒开鞭笋两侧的土，用锄头挖断秆基后取出即可，切不可劈裂竹鞭。

③挖鞭笋时的注意事项

A. 挖掘鞭笋的林地，必须为集约经营的笋用丰产林地，且在高标准的肥培管理前提下进行，要施好“发鞭肥”，否则不能挖掘鞭笋。在不是集约经营的笋用林挖掘鞭笋，将会造成掠夺性经营，破坏地下鞭系统，造成竹林减产。

B. 鞭梢沿山坡方向穿行不掘，横鞭要掘，俗称“关门鞭”。

C. “梅鞭”以埋鞭为主，挖掘为辅；“伏鞭”以挖为主，埋鞭为辅。

D. 鞭笋挖掘后的穴要覆浮土盖平，用脚踏实。

E. 如遇高温干旱季节(一般8月上旬)，应暂时停止挖掘鞭笋，待高温干旱季节过去后再挖。

F. 竹林空隙处少挖，土层深厚处不挖掘。

G. 鞭笋的挖掘长度不宜过长，可食用的嫩梢一般为30cm左右。若挖掘过长，一方面有一部分因纤维含量过高不能食用，另一方面造成竹鞭的自身营养损失。

7. 毛竹笋加工

毛竹的冬笋有笋衣的保护，在冬季可以贮存较长的时间，放在阴凉处即可。

春笋采收后应及时剥去笋衣，码入大锅中，上面适当压上重物，煮6h以上，取出滤干水分，放入压榨箱内压榨成扁平状，取出晾晒干即可制成笋干。春笋也可加工成各种半成品，如笋丝、笋片、清水笋等，或加工成即食成品。

思考与练习

1. 简述毛竹笋(笋芽)形成的特点。
2. 毛竹地下鞭的类型有哪些?
3. 毛竹笋用林高效生态培育技术有哪些?

任务 10.2　绿竹笋采集技术

任务目标

熟悉绿竹地上部分和地下部分的结构特性；掌握绿竹笋(笋芽)的形成特点、绿竹笋用林高效生态培育技术；能开展绿竹笋用林的施肥、水分和地下竹蔸管理，以及绿竹笋的采收。

知识准备

绿竹(*Dendrocalamopsis oldhami*)属禾本科，是亚热带优良速生的笋用丛生竹，是我国南方目前重要的栽培竹种之一。在我国南方的亚热带、热带地区，尤其是中亚热带和南亚热带地区，有着广泛的分布和栽植，并且有着悠久的栽培历史和良好的栽培习惯。从目前的种植情况看，绿竹主要分布在福建、浙江、台湾，广西、云南、广东、海南也有分布，江西、重庆、四川等省份的部分县(市)亦有引种。绿竹的经济价值很高，产笋期长，年产笋天数可达 120~180 天；产量高，每公顷产笋量可达 12~18t。绿竹笋也叫马蹄笋，因形状似马蹄而得名。绿竹笋味鲜美、质地脆嫩、清甜爽口、清凉解暑。绿竹笋还具有降压、降脂、增强消化系统功能的作用，是夏、秋季的上好菜肴。绿竹笋的食用除清炖、清炒、卤制等鲜煮外，还可加工制成笋干、罐头、即食笋丝等产品，这些加工产品丰富了人们的饮食文化。栽培绿竹还对保持水土具有生态意义。

1. 常见术语和定义

秆基：秆基指竹秆入土生根部分。秆基是由数节至数十节组成，节间短缩而粗大，上着生大型芽。秆基为秆的基部，是秆的地下部分，秆基一般不包括根系、秆柄。

秆柄(笋柄)：秆柄指竹秆与母竹相连的部分，细小、短缩，不生根。当笋尚未成长为竹秆时，这部分称为笋柄。秆柄是绿竹个体与个体之间(即一株竹与另一株竹之间)相互联系上的唯一连接点，起着不同个体之间(包括竹与竹、笋与竹之间)营养运输的通道作用和协调作用。

笋芽(笋目)：秆基两侧(沿枝条方向)互生着两列大型芽，称为笋芽。笋芽初始阶段如眼睛状，因此又叫芽眼。着生于秆基部位，可萌发为竹笋的笋芽，也称笋目。笋芽互生排列在秆基两侧，从基部自下而上，第一个笋芽(笋目)称头芽(头目)，第二个笋芽称二芽(二目)，以此类推，最上一个称尾芽(尾目)。不能发育的笋芽称虚芽或虚目。

二水笋：指早期采收竹笋后的笋蔸上当年再次萌发出的竹笋。

晒头(晒目)：指清明节前，将秆基周围的土壤扒开，即将竹丛内的土壤挖离，使秆基上的笋芽、根系暴露在空气中，以提早长笋、提高产量。晒头亦称为“晒目”“扒头”“扒头晒目”。

丛：在生理上具有相互联系的植株，其群体称为丛。

丛立竹数：竹丛所拥有的立竹数量称为丛立竹数。

丛密度：指单位面积的土地内所拥有的竹丛数量。绿竹为丛生竹，每丛为一个相对独立的单元。丛密度是反映绿竹林林分状况的指标之一，在生产实践中具有较大的指导意义。

株密度：指单位面积的土地内所拥有的竹子单株数量。绿竹林虽然以丛为单元，但单株数量是竹子生长空间的主要决定因素，因此株密度是反映竹林状况的指标之一。

2. 形态特征

绿竹的地下茎为合轴丛生型，其地下部分由秆柄、秆基、秆基上的芽(笋目)及根组成。

秆柄是竹秆的最下部分，与母竹的秆基相连。绿竹秆柄由8~18个短缩的节组成，木质化程度高，不生根，不发芽，长7~14cm，俗称“螺丝钉”。秆柄的外面，多宿存有硬脆的箨，呈鳞片状。绿竹箨的箨耳小，边缘有弯曲茸毛；箨舌高1~6mm，箨叶三角形或卵状披针形，为黄色或绿黄色，有的幼时背部生淡棕色的稀疏短毛。由于竹子的开花现象难以遇见，因此目前主要根据箨的形态来区分竹种，即箨的形态是竹子分类的重要依据之一。

秆的基部节间短缩而粗大，一般由6~10个节组成，每节长1.0~1.5cm，节倾斜，节间两侧不等长。绿竹秆基每节着生一芽，芽外包裹着鳞片。笋由笋芽萌发生长而成。不同秆基上的芽数量不一，通常为4~10个，大多数为6~7个。秆基各节密集着生许多根，每节根的数量从10余条到100余条不等。根上长有根毛，但根不着土壤时不长根毛。绿竹的根系起着吸收水分及矿物质的作用，并合成部分有机物，同时贮存地上部分的同化产物。根系还担负着地上部分庞大树冠的支持、固定作用。

绿竹的秆由数节组成，每节有2环，节内有一个饱满的芽，成竹的枝条是由此芽抽生而成的。每个节上的饱满芽是由多个芽组成的，因有的芽很小，而且是由同一个鳞片包裹的，所以看起来像只有一个芽。

绿竹的秆形圆而中空，于地上部10节左右开始出现分枝。秆高6~10m，直径大小一般4~6cm，大的有9cm。新种下的母竹长出的新竹，秆径较小，仅1~3cm。绿竹秆的节数为35~45节，每节长30~50cm，秆重7~10kg。秆的色泽随着年龄的增长而由绿色变黄绿色，一年生(当年)的秆色为青绿色，二年生的秆色为深绿色，三年生的秆色为黄绿色。

3. 生态习性

(1)气候条件

绿竹的生长需要温暖湿润的气候条件，一般要求年平均气温≥17.5℃，月平均气温≥7.5℃，极端低温>-5℃，年平均降水量>1500mm。当气温>15℃时，绿竹开始生长，在25℃左右生长最佳。当土壤温度>21℃时，绿竹的笋芽开始生长；土壤温度<21℃时，笋芽停止生长。当气温≤1℃时，绿竹发生寒害；<-3℃时，叶片受冻；<-5℃时，枝秆受冻。气温降低的幅度、速度，低温的持续时长，以及降温时空气的湿度等其他气象条件，对绿竹冻害程度产生一定影响。

不同栽培环境下的绿竹，其抗寒能力有差异。不同的绿竹年龄及不同的栽培状况，其抗寒能力亦有所差异，如一年生竹抗寒能力小于二年生竹，二年生竹抗寒能力小于三年生竹；同为一年生绿竹，更早时间的成竹比更迟时间的成竹抗寒性更好。总而言之，年龄(时间)越老越抗寒，生长健壮的植株抗寒能力大于生长较差的植株。

(2)土壤条件

绿竹喜欢疏松、肥沃、富含腐殖质的冲积土、壤土、砂壤土，要求酸性至中性土壤，即土壤酸碱度为 pH 4.5~7.0。在江河两岸、沙洲、山谷、山脚、山腹地带、房前屋后等均可生长，其中山地以南向、东向、东南向为好。绿竹具有一定的耐盐碱能力，沿海滩涂可以选择性种植。

土壤疏松与否对绿竹的生长影响程度较大。在绿竹产区，人们选择绿竹林地时，一般首先选择江河两岸，除了考虑水分因素外，主要考虑的是土壤疏松因素。早先人们栽培绿竹，经营水平粗放，很少施肥，但是种植在江河两岸的绿竹生长良好，依然植株高大、枝叶茂盛；在绿竹产区可见许多绿竹被种植在农户房屋前的堆积土上，堆积土绝大部分为建房时被废弃的土壤，这种土壤往往肥力低、结构差，但绿竹也能生长良好。上述两种现象反映了土壤的疏松度对绿竹的生长有很大的影响。

(3)引种范围

综合各地绿竹的生长表现情况，引种绿竹的最主要限制因素是气温，而气温中最关键的因子是月平均气温和极端低温。我国有许多地区不适宜发展绿竹，其最主要的原因就是月平均气温较低。绿竹在年平均气温≥18℃、月平均气温≥8℃、极端低温≥-3℃的地区种植表现良好，可以广泛引种栽培；而在年平均气温<17.5℃、月平均气温<7.5℃、极端低温<-6℃的地区，引种绿竹要通过试验观察或驯化后才能推广。

任务实施

生产技术流程：

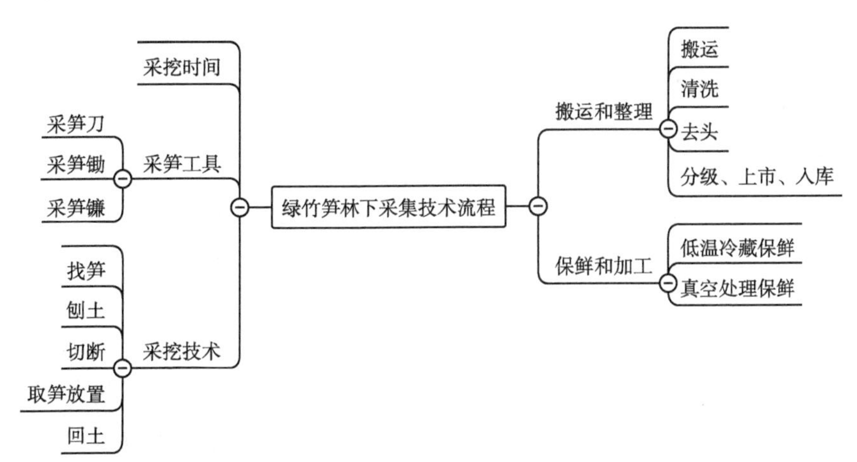

绿竹林若能科学经营，普遍产量很高。成林的绿竹，每年每株产量 0.5~3.0kg；每丛产笋量 10~20kg，高的可达 50kg；每亩一般可产笋 800~1000kg，最高可达 2000kg。采笋是经营绿竹林过程中的重要生产活动。

1. 采挖时间

绿竹笋的采收一般掌握在笋尖破土至笋尖露出土面 3~5cm 时。笋的采收要适时，采笋过早，笋体小，产量低；过迟，虽笋体大，但暴露在空气中的笋体过长(笋尖长出土面过长)，笋质差，笋头老化，笋的可食率降低。

绿竹出笋期间，对面积具有 1000m^2 以上的绿竹林，通常每天都要进行采笋；而对某一丛来说，一般每隔 3~5 天采笋一次，其中出笋初期、末期每隔 5 天采笋一次，盛期每隔 3 天采笋一次，各片(丛)绿竹轮流采挖。每日采笋时间依各地习惯而不同，或根据需要选择，有的在凌晨 3:00~5:00，这种采笋通常在采后直接进入当地早上的蔬菜市场；有的在上午 7:00~10:00，这种采收后直接被收购进入冷库保鲜，多用于加工；有的在黄昏 17:00~19:00，这种采收后夜间加工、夜间运输，次日进入外地市场销售。绿竹笋在夏季生长，很不耐贮存。7 月、8 月气温高时，采出的笋 12h 左右伤口开始变色，24~48h 开始腐变。由于当日采挖的绿竹笋刀口、箨叶、箨鞘光泽度都很好，最受欢迎，因此对用以鲜食出售的笋，最好在出售的当日采挖，即清晨采挖之后立即运输出售。采挖量大时，当日采挖很不易做到，可以在出售的前一日傍晚采挖。绿竹笋从采挖到销售的时间对价格影响很大，时间越短，价格就越高。

2. 采笋工具

绿竹采笋需要特定的工具，目前各地采笋工具有 3 类：一为采笋刀与采笋锄组合，二为采笋刀与锤组合，三为单独采笋镰。有的农户采笋时怕麻烦不用采笋刀，直接使用锄头挖取。由于锄头长、大、钝，采笋时有以下缺点：难于保留较完整的笋蔸；易损伤笋体和其他竹笋；竹丛内围的采挖笋不易操作，因此，要尽量使用采笋刀采笋。

(1)采笋刀

亦叫笋刀、采笋铲、笋铲等，主要用于凿断土壤里的绿竹笋。采笋刀由 3 个部分组成，即铲刀、木柄和顶封。铲刀为金属材质，宽 10~13cm，长 10~15cm，刀体与柄体形成约 15°的夹角；顶封为铁制环状圈，戒指状套在木柄的顶端，主要作用为增加木柄的抗击打能力。不同地方的采笋刀形式、大小有所不同，可以根据自己的习惯进行调整定制。

(2)采笋锄

亦叫小锄头、笋锄等，主要用于挖开土壤及敲打采笋刀。采笋锄由 3 个部分组成，即锄头、锤体和木柄。采笋锄的重要特点是头部带有锤体，锄头长 12~15cm，宽 5~8cm，锤体体积 5cm×5cm×5cm，木柄长 45~55cm。

(3)采笋镰

亦叫割笋刀等，主要用于采笋。采笋镰由两个部分组成，即镰刀和刀柄。采笋镰的重要特征是刀体弧形，弧形内侧为锯齿，外侧的前半部分为刀锋。刀内锯齿主要用于锯断绿竹笋，刀尖及刀背的刀锋主要用于刨土及切断笋体。采笋镰的金属部分长 25~30cm，木柄长 35~45cm。

3. 采挖技术

采收绿竹笋的流程为：找笋→刨土→切断→取笋放置→回土。

(1)找笋

由于待采收的绿竹笋处于未露出土面或露土 5m 以下，因此，在户外无论通过颜色还是大小都较难识别和发现笋体。竹林内的绿竹笋，在清晨时笋尖周围会出现直径几厘米的湿润土壤，如果笋尖尚未露出土面，其顶部土面会出现湿润的斑块，这是各地农户找笋的主要识别特征。

(2)刨土

找到绿竹笋后，由于绝大部分或全部的笋体位于土壤之内，因此采笋时必须先扒开笋体周围的土壤，才能找到笋体并进行切断动作。要根据具体情况决定刨土程度，刨土无须使笋体完全暴露出土面，只要可以判断笋体的位置、笋芽的位置及可以完成切割的动作即可。刨土过多会增加劳动量，过少则影响采笋的质量，容易出现采笋的位置不对，造成笋的机械伤增加等。目前各地刨土的方法存在较大的差异，造成采收的劳动强度、效率有较大的不同。

(3)切断

使用采笋刀沿笋基的中部割断。采笋时，还要注意不要损伤其他竹蔸、笋蔸的笋芽，同时注意保护正在生长中的笋。

由于笋蔸有再发笋能力(当年或第二年再发笋)，笋蔸保护完好对提高绿竹林的笋产量有很大意义，因此采笋时笋基要尽量多地留下作为笋蔸。但笋基保留过多会影响绿竹笋的重量和外观。切断位置以笋体最大直径处向下 1~3cm 或以保留笋蔸 2~4 个笋芽为判断标准。需要注意的是，切断时要防止笋柄与母竹连接点撕裂。

(4)取笋放置

切断绿竹笋后，首先将其放置在一个临时容器(袋)内，如编织袋、竹篮等，待笋的重量积累至 10~15kg 后，再集中到更大的容器搬运。单人采挖通常随身带 3 种物品，即采笋锄、采笋刀和小容器(袋)。小容器最好选择质地相对细腻的袋子，在竹林内移动时可减少笋体与容器、笋体与笋体之间的碰撞、摩擦，进而减少绿竹笋的机械损伤。

(5)回土

绿竹采笋后切口有少量的伤流，如果随采随覆土(或称封土)，易使切口感染腐烂，使出笋量减少。因此，采后最好不要马上覆土，而应在采笋后数天待切口自然干后再覆土，这样笋蔸会有更多的笋芽保持发笋能力。

由于前期笋的市场价格较好，因此可以将前期笋大部分采割，但对母竹生长势较弱、笋体健壮、长在空隙地块的笋应予以保留。竹林最好保留中期笋作母竹，健壮的晚期笋也可适当保留，作为中期笋留养母竹的补充，同时也可作为翌年的竹苗。在同一株母竹中，一般只能留 1~2 个笋作母竹。对中期笋采收也应做到留大去小、留健去弱、留稀去密、留深去浅，即选择较健壮、分布较深、长在立竹较稀地方的笋作为培养母竹的对象，只有这样才能保证来年的丰产。

4. 搬运和整理

(1)搬运

绿竹笋装袋后，通过农机等运输工具送至厂房。不同的绿竹产区，搬运的习惯有所不同，袋子、集中次数、搬运农具等都或多或少存在差异，其方法的科学性及生产效率有所不同。

(2)清洗

绿竹笋从土壤中挖取，因此不可避免地粘带泥土等杂物。销售鲜笋时，国内(尤其产地)的农贸市场一般没有对其进行清洗而直接进行贸易。而近年进入超市销售的绿竹鲜笋大多是经过清洗的。

清洗过程会带来(增加)一定程度的机械伤，但冷藏基本可以消除这些机械伤造成的不良影响。

绿竹笋的清洗有人工清洗和机械清洗两种方法。人工清洗是将绿竹笋置于流动的水池中，利用笋体漂浮的特性，用竹扫把进行拌动，将泥土去除。人工清洗要准备两个水池以上，一池初洗，另一池二次清洗。机械清洗机是由安装在内壁上的多个带粗硬毛刷的滚筒组成，竹笋装入清洗仓后，滚筒向统一方向转动，带动竹笋翻动，同时毛刷剐蹭笋体，在水的冲洗下达到清洗的效果。该方法清洗速度大于人工清洗。

(3)去头

绿竹笋采挖后一般带有一定长度的“老头”，这部分维管束老化，木质素形成，不能食用，必须切除，此过程称为绿竹笋的去头。

(4)分级、上市、入库

绿竹笋采挖后经过清洗、去头后，根据笋体的大小、外形、完整情况等进行分级。分级后的笋或打包上市销售，或入库等待运输、加工。

5. 保鲜和加工

绿竹笋产在夏季，保鲜一直是产区大规模发展绿竹的突出瓶颈。绿竹笋保鲜技术的有限性影响着绿竹的流通，并由此直接影响到绿竹的生产。目前已经开展的保鲜方法研究，化学方法有使用魔芋多糖、壳聚糖、竹叶汁、亚硫酸钠等保鲜剂，物理方法有低温冷藏、聚乙烯薄膜包装、微波处理等。在笋的加工方面，开展了笋干制作工艺、软包装加工、热处理加工的研究，以及超高压处理、真空处理和热处理等对绿竹笋品质的影响研究。其中，在生产销售中常采用的保鲜和加工方法是低温冷藏保鲜和真空处理保鲜。

(1)低温冷藏保鲜

指把绿竹笋放置在冷库中，通过降低冷库内的温度，利用低温抑制酶的活动，控制鲜笋的呼吸作用，保持绿竹笋生理代谢处在一个低水平状态，进而减少营养物质的消耗，达到保鲜效果。在各种食品保鲜中，低温冷藏保鲜是各种保鲜方法中最常用、效果较好的一种。当前生产上常采用温度5℃、相对湿度94%的条件保鲜绿竹笋，保鲜时间可达15天。

(2)真空处理保鲜

真空处理保鲜主要通过复合薄膜袋进行包装，主要特点是真空处理后袋内不含汤汁，便于保存。真空保鲜笋分成带箨保鲜笋与去箨保鲜笋，真空保鲜笋的工艺和要求如下所述。

①工艺流程

带箨保鲜笋工艺：原料验收→清洗→杀青→修整分级→装袋(罐)→抽气封口→灭菌→贮存。

去箨保鲜笋工艺：原料验收→去头(剥壳)→清洗→修整分级→杀青→漂洗→装袋

(罐)→抽气封口→灭菌→贮存。

②操作要点

A. 修整分级。

带箨绿竹笋修整分级：切除笋基部粗老部分，要求保持切口平整，保持绿竹笋原有的马蹄形态，按竹笋重量分级。

去箨绿竹笋修整分级：剥去笋壳，去除笋衣，切除笋基部粗老部分，整只装的要求切口平整，笋体形态完整。

B. 杀青。将清洗后的原料笋投入沸水中煮制 25~45min，后用流动冷水迅速冷却、漂洗到常温。

C. 抽气封口。0.096~0.098MPa 抽真空。

D. 灭菌。杀菌温度控制在 110~121℃，时间 18~45min，常压冷却到常温。

E. 贮存。袋装笋宜在 2~5℃冷藏保存，保质期 18 个月。铁罐装的宜在阴凉、干燥的库房常温保存。

思考与练习

1. 简述绿竹竹蔸的结构特点。
2. 简述绿竹竹蔸的发笋特点。
3. 绿竹笋采收过程当中的注意事项有哪些？

项目11 松脂采集技术

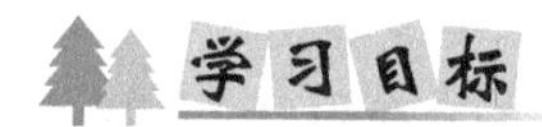

学习目标

知识目标

（1）掌握松脂采集林和采集时间的选定。

（2）掌握常见松脂的采集方法和松林的管理方法。

技能目标

（1）会选定采集林和采集时间。

（2）能根据不同情况选择不同的采集方法进行松脂的采集。

（3）会对常见松脂采集林进行管理。

任务11.1 松脂采集技术

任务目标

掌握松脂采集林和采集时间的选定，掌握松脂的采集方法、技术流程和注意事项，了解常见松脂采集林的管理方法。

知识准备

松脂是从松树上采集而得的天然树脂，是一种用途广泛的重要林产化工原料。松脂经过加工可以得到松香和松节油，它们都是重要的化工原料，每年除满足国内需要外，还有相当数量的出口。松香、松节油及其所含各成分均可以经过化学反应制成一系列再加工产品或深加工产品。用松节油合成冰片，主要用于医药及香料工业。合成樟脑，在家庭中用于防虫、防蛀、防腐；在工业上用于照相软片及赛璐珞；在无烟火药中用作爆炸稳定剂；在医药上是中枢神经兴奋剂和局部麻醉剂。用松节油及生产合成樟脑的副产品双戊烯制造萜烯树脂，具有黏度大、绝缘性及溶解性好等特点，与天然橡胶或合成橡胶混合使用时，能增加橡胶的黏性并有抗橡胶老化的作用。合成松油醇，具有紫丁香香气，常用作香精、香皂及化妆香料，其他如臭药水、烫发香油、消毒剂、洁净剂等均可用松油醇配制；用松油醇调制牲畜喷淋杀虫剂，能杀灭牛虻等害虫，对牲畜无刺激性，对皮毛没有影响，并有治疗牲畜破伤口的效能。松香在建筑材料工业上主要用作混凝土起泡剂和地板花砖黏结剂；松香也用作氯乙烯石棉瓷砖的黏结剂；松香和亚麻油、碳酸钙、木炭、颜料等在一起混合可制造地毡瓷砖。

我国是一个松脂生产大国，采脂资源丰富。主要用于采脂的树种有马尾松、黄山松、云南松、思茅松及油松等，根据第七次全国森林资源清查结果，其面积达 2106.7 万 hm^2。松脂产业已成为我国林产工业的骨干产业，也是林区林农的一项重要经济来源。

1. 常见术语和定义

采脂：松树生长期内，在树干上定期有规则地开割伤口，收集所分泌的松脂的操作过程。

采脂量：松树单株或者单位面积林分在一定时间内收获的松脂重量，单位为克(g)、千克(kg)。

长期采脂：为期 10 年或者 10 年以上的采脂。

中期采脂：为期 5~9 年的采脂。

短期采脂：为期 5 年或者 5 年以下的采脂。

强度采脂：割面负荷率大于 60%的采脂。

刮面：在开割部位预先刮去树干粗皮形成的面。

中沟：刮面上开割的与树干轴向平行、引导松脂流入受脂器的纵沟。

侧沟：刮面上开割的倾斜向下与中沟连接、分泌松脂的割沟。

割面：在刮面上开割侧沟形成的面。

割面角(侧沟角)：侧沟与中沟相交形成的锐角。

割面高度：中沟的开割点距地面的垂直高度，单位为米(m)。

割面长度：割面上首、尾两条侧沟与中沟的交点之间的距离。

割面宽度：割面在树干圆周上所占的水平宽度，单位为厘米(cm)。

割面负荷率：割面宽度总和与该部位树干圆周长度的百分比(%)。

采割步距：相邻侧沟间的垂直距离，单位为厘米(cm)。

营养带：为保障水分和养分的输送供给，在树干上保留的未经采割的纵向连续树皮带。

下降式采脂：沿树干轴向方向由上至下依次开割侧沟的采脂方法。

单向采割：由中沟向左方或右方单向开割侧沟的采割方式。

双向采割：由中沟向左方和右方同时开割侧沟的采割方式。

鱼骨式采割：相邻两次开割，侧沟间留有树皮带的采割方式。

受脂器：盛接中沟流下来的松脂的容器。

导脂器：引导松脂定向流入受脂器的器具。

采脂刺激剂：能够刺激并促进松脂形成或分泌的化学药剂。

干扰型化学采脂：使用采脂刺激剂处理割沟，干扰林木正常的物质代谢过程，刺激松脂快速分泌的采脂。

促进型化学采脂：使用采脂刺激剂处理割沟，提高林木物质代谢功能，促进松脂形成与分泌的采脂。

2. 采脂要求

(1)采脂林条件

林木生长正常，胸径≥18cm(湿地松胸径≥14cm)。纸浆材、矿柱材、人造板材等小径材林以及5年内要砍伐的林木不受此限。

凡有下列情况之一者，不准采脂：生长衰弱；有严重的病虫害；特种用途林(国防林、实验林、种质资源林、母树林、种子园、风景林以及名胜古迹、革命纪念地和自然保护区的林木等)。

(2)采脂季节

采脂季节各地可有所不同，10℃以上即可安排采脂。一般南部地区4~11月，北部地区5~10月。最佳采脂季节是昼夜平均气温高于20℃以上时，此时产脂量最高。

(3)气候

晴天，无台风，日平均温度10℃以上。

(4)割面负荷控制

采脂树木的负荷率依采脂期长短而异，割面负荷率和最大割面宽度应同时达到表11-1-1要求。

表 11-1-1 割面负荷率和最大割面宽度

计划采脂年限	割面负荷率(%)	最大割面宽度(cm)	计划采脂年限	割面负荷率(%)	最大割面宽度(cm)
10年以上	<40	≤25	3~5年	<65	≤35
6~10年	<50	≤30	1~2年	<70	≤40

(5)单株日产脂量

松树单株日产脂量应到达5g以上。

(6)采脂间隔时间

不同松树生长快慢不一致，生长快的马尾松、云南松、思茅松采脂间隔期可适当缩短；一年内计划采伐的松树可以天天采脂，4~5年内采伐的可以每间隔1~2天采脂一次，采伐期越长，采脂间隔时间越长。

3. 采脂应注意的问题

(1)开沟取脂“两注意”

正确开割中沟、侧沟是提高取脂效率和有效保护松树资源的一项不可忽视的技术性工作。因此，在开沟取脂时切莫忽视“两注意”：

一是中沟要垂直地面，中沟槽呈“V”字形，长度 25～35cm 之间，不得过长或过短。

二是侧沟要对称，比中沟略浅一些，不能撕裂树皮。

(2)看树采脂莫忽视

目前，我国主要可供采脂的松树有马尾松、云南松、思茅松、黄山松等。可供采脂的松树，一般要求胸径在 32cm 以上，或预定 10 年内要采伐的松树才可采脂。

任务实施

生产技术流程：

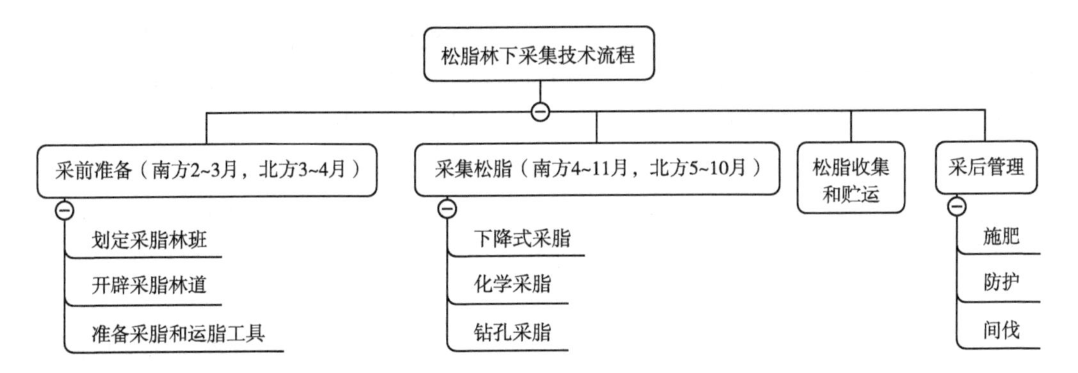

1. 采前准备

生产单位在采脂前应做好以下准备工作：

①根据当地气候环境及资源状况区划生产区域，确定采脂年限和方法。

②组织生产人员和采脂员接受岗前专业技术培训，开的新侧沟位置、角度和长度应符合技术要求。

③划分采脂林班和小班便于采脂作业。

④开辟采脂林道，一般宽 0.5m，“之”字形迂回上山，本着路线短、可采资源多、坡道平缓便于运输的原则设计；林下清杂，便于采脂作业和安全作业。

⑤准备采脂工具和松脂运送器具。采脂工具有割刀、刮刀、受器、收脂器和贮脂器等。松脂受器常用陶瓷、竹筒、塑料、葫芦等制成，容量一般在 1kg 以内。松脂收脂器常用木桶、塑料桶、金属铝桶等。

2. 采集松脂

可根据实际情况选定采脂方法，常用采脂方法有下降式采脂法、化学采脂法和钻孔采脂法 3 种。下降式采脂法操作流程多，劳动强度大，所采松脂净度低，污染林地环境，对树体伤害大，不利于森林保护；化学采脂法单刀产量高，效率高，适合中长期采脂；钻孔采脂法操作流程简单，采脂质量好，劳动强度低。

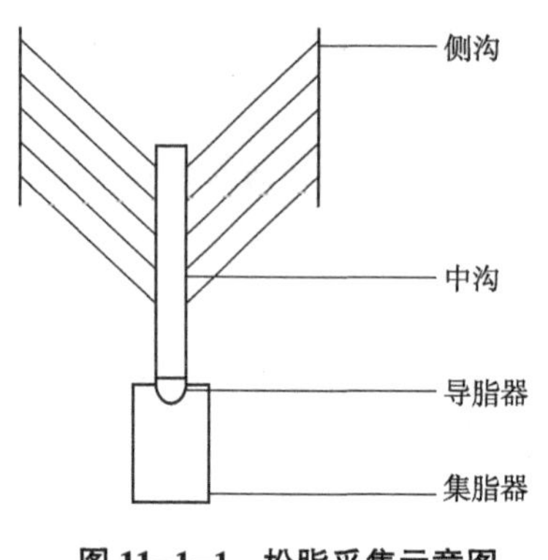

图 11-1-1 松脂采集示意图

(1)下降式采脂法

在刮面以上往下开沟，第一对侧沟开在刮面顶部，下一对侧沟开在前一对侧沟的下方，新割面位于旧割面之下，这种方法称为下降式采脂法(图 11-1-1)。下降式采脂法的步骤如下：

①准备好工具 采脂工具有割刀、刮刀、受器、收脂器和贮脂器等。松脂受器常用陶瓷、竹筒、塑料、葫芦等制成，容量一般在 1kg 以内。松脂收脂器常用木桶、塑料桶、金属铝桶等。不宜采用铁桶，因松脂与铁接触会加深色泽，降低松脂质量。

②选择刮面 用刮刀刮去树干粗皮，露出光滑无裂隙的皮面。刮面应选择在向阳、枝叶茂密、节疤较少和松脂能顺利流入受器的树干上。当坡度较陡时，应以采割方便为准。新采脂松树的刮面高度一般高于 220cm。在已采脂的松树上，要紧接上一年割面的正下方选择新刮面，直至离地面 210cm 左右。以后再在树干的另一面选择新刮面，继续用下降式采脂法。新开割面必须对正上一年的旧割面，配置端正，不能歪斜。刮面比割面每边宽约 3cm。割面宽度一般为 25~30cm，割面长度为 25~35cm。

③割中沟和侧沟 用刀在刮面的中央沿地面垂直的方向开割一条长 25~35cm 的中沟，沟深 0.8~1cm，宽 1~1.5cm。沟槽要外宽内窄、光滑平直，避免松脂流下时滞留于沟内。

在中沟的顶端开割第一对侧沟，向左、右两侧开割，夹角为 60°左右。沟深应随气温不同而异，冬季深 0.5~0.6cm，夏季深 0.4cm。侧沟应开得笔直、光滑、不撕裂发毛、互相对称，与中沟交界处勿割尖棱角状，以免松脂溢出沟外。下一对侧沟紧接上一对侧沟的下方依次开割，不留间距。实践证明：国内推广的“浅沟薄修法”可以提高工效，节约割面长度。通常在开割侧沟的同时要注意清理中沟，保证松脂畅流。

④安装导脂器与受脂器 导脂器用竹、木制成，钉入中沟下端，向下倾斜与中沟成 45°~60°角，将松脂引流入受脂器中。受脂器安装在竹、木固定物上，或挂在导脂器上。受脂器须加盖，避免树皮、树叶等凋落物掉进受器中，影响松脂质量。

(2)化学采脂法

用化学药品刺激割沟，延长松脂分泌时间，增加单刀产量，提高作业效率的方法，称为化学采脂法。化学采脂主要包括干扰型化学采脂和促进型化学采脂两种方式。

①干扰型化学采脂 主要采用硫酸软膏作为刺激剂。可将谷糠(经粉碎过 80~100 目的筛)1 份放入耐酸容器中，慢慢加入 75%的硫酸 1.2 份；经过充分搅拌，使谷糠变黑发黏，然后静置 2h，再加入 0.4 份清水，使该膏变稀稠，当稀释后硫酸浓度下降到 55%时即成硫酸软膏。此法适于短期采脂或伐前强度采脂，如 2~3 年内需采伐的松树的采脂。与常法采脂相比，侧沟要宽(3mm 左右)，沟深相同，割沟间隔天数要延长(8~

10天为宜)，割沟后要随即涂上硫酸软膏，软膏须涂在侧沟上缘木质部与韧皮部的交界处。

②促进型化学采脂　一般采用常规采割方法，采脂刺激剂有松树增脂剂、增产灵-2号和9205低温采脂剂等，按药剂使用说明的浓度和施用周期，将溶液均匀喷涂在割沟上。不得使用对人体有害的非环保型松脂刺激剂，其稀释剂不得选用易燃易爆的有机溶剂。可将增产灵-2号直接溶于60~70℃的热水中(每千克热水溶入增产灵-2号200mg)，将溶液装入塑料瓶内，用手轻捏塑料瓶，将药液喷在侧沟上方使其流布于整条侧沟，一般每割5刀施药1次。此法适用于中、长期采脂，一般比常法采脂可增20%~30%。

(3)钻孔采脂法

钻孔采脂法即先使用专用的钻孔采脂机在需采脂的树干上钻出一个供采脂的孔，并把专用溶脂剂喷洒于孔内，以确保采脂期内的松脂不凝固，能源源不断地从韧皮层中流出。随后，把用于引流的松脂导流器的一端紧紧地内扣于采脂孔内，导流器的另一端装挂松脂收集器，以收集从导流器中流出的松脂。钻孔深度一般为0.3~0.4cm，钻至松树韧皮层即可，钻孔作业时能观察到孔内飞溅出白色的木屑即表明钻孔深度已至松树韧皮层，可停止钻孔。松脂导流罩内扣于采脂孔端的外缘尺寸略大于采脂孔的内径，并采用具有较好弹性的塑料制成，以保证导流罩内扣于采脂孔后，能与孔壁形成所需强度的结合力和紧实的密封性(所需强度的结合力可以确保导流器能支撑起松脂收集器中所采集到松脂的重量，通常松脂收集到1kg左右时需更换收集器。紧实的密封性一是确保韧皮层流出的松脂能全部流经导流罩并汇集于松脂收集器；二是确保下雨天的雨水等污物不会流进导流罩一并混入松脂收集器，从而有效地保证了所采松脂的质量，实现“清洁采脂”)。

3. 松脂收集和贮运

松脂露于空气中的时间越长，松节油挥发越多，因此收脂越快越好。一般每7天收脂一次较为适宜。收脂时间过短则费工，过长会影响松脂质量并因松脂盛满受器溢出造成浪费。雨季采脂应注意经常把受器中的水分倒出。贮脂池内的松脂应及时加清水保养，以防止松脂氧化变质和减少松节油的挥发。

将松脂装入贮脂桶，置于阴凉干燥处，并加水、加盖保护，不宜与铁器直接接触长期贮放。贮运过程中应注意防火。

4. 采后管理

(1)施肥

每年早春宜对采脂树施肥一次，每株施复合肥0.5~1.0kg。在离采脂树主根部位1.5~2.0m处挖取宽20cm、深15cm的环形沟施用，施后覆土。

(2)防护

搞好林地卫生，保护林间瓢虫、蜂、鸟等害虫天敌，以减少病虫害的发生。对松材线虫、松突圆蚧、松毛虫、松毒蛾等危害较大的病虫害，要做好预测预报，及时防治。

(3) 间伐

当树冠交叉重叠时，应适当间伐。伐去被压木、枯立木，每公顷保留采脂树 450~750 株为宜。

思考与练习

1. 采集松脂的常见方式有哪些？它们之间有何优缺点？
2. 简述下降式采脂法的技术流程和注意事项。
3. 简述松脂在生活中的主要用途。

参考文献

蔡军火，魏绪英，李金峰，等，2018. 环境温度对红花石蒜生长节律的调控研究[J]. 江西农业大学学报(1)：24-31.

蔡仕珍，李西，潘远智，等，2013. 不同光照对蝴蝶花光合特性及生长发育研究[J]. 草业学报(2)：267-275.

曹德宾. 因地制宜选定食用菌菌种基质[N]. 河北科技报，2012-05-05(006).

曹建刚，2019. 五个灵芝菌株袋栽比较试验[J]. 食用菌，41(2)：37-39.

陈强，张杰，廖兴国，等，2018. 浅析林下土鸡养殖技术[J]. 农民致富之友(19)：27.

陈亚明，翁行良，黄成兵，2017. 茶叶与灵芝套栽栽培技术[J]. 农业装备技术，43(1)：34-35.

陈宇航，陈政明，林国华，1999. 红菇属真菌研究进展(上)——红菇属真菌的经济生态效益[J]. 福建农业学报(S1)：140-144.

爨翁，2016. 食以载道的黄花菜[J]. 食品与健康(9)：6-7.

邓放明，尹华，李精华，等，2003. 黄花菜应用研究现状与产业化开发对策[J]. 湖南农业大学学报：自然科学版，29(6)：76-79.

丁宝，张琼，2019. 灵芝栽培生产质量控制措施总结[J]. 现代园艺(21)：106-107.

段天权，唐世翠，田海军，2019. 武陵山区林下土鸡放养八大要点[J]. 湖南畜牧兽医(2)：5-7.

范莉，2006. 福建省红菇的地理分布及其依存的植被类型[J]. 食用菌(4)：4-6.

冯永刚，2015. 药用植物栽培过程中的方法与技术研究[M]. 北京：新华出版社.

冯云利，郭相，邰丽梅，等，2013. 食用菌种质资源菌种保藏方法研究进展[J]. 食用菌，35(4)：8-9，17.

高瑞红，2018. 林下土鸡饲养管理及疫病防控技术[J]. 今日畜牧兽医，34(8)：82.

郭永红，罗孝坤，弓明钦，等，2011. 大红菇出菇特性的研究[J]. 中国食用菌，30(5)：30-33.

韩晓娟. 怎样防治食用菌种老化[N]. 陕西科技报，2015-07-28(006).

贺谊红，2019. 栽培料水比对灵芝菌丝长满料袋的对比研究[J]. 林业科技通讯(10)：63-64.

湖南省经济作物局，1984. 怎样栽培黄花菜[M]. 上海：上海科学技术出版社.

黄福常，莫天砚，刘斌，1998. 环境因素对正红菇纯培养的影响及红菇菌剂制备研究[J]. 基因组学与应用生物学(1)：40-45.

黄显格，2016. 林下生态鸡养殖业现状与发展对策[J]. 当代畜牧(8)：75-77.

李贺，王相刚，李艳芳，等，2012. 食用菌液体菌种生产研究进展[J]. 园艺与种苗(6)：123-125.
李惠珍，黄德鑫，许旭萍，等，1998. 正红菇的化学成分的研究[J]. 菌物系统，17(1)：68-74.
李黎，2011. 中国木耳栽培种质资源的遗传多样性研究[D]. 武汉：华中农业大学.
李敏，2016. 山东省食用菌产业发展中的散户行为研究[D]. 泰安：山东农业大学.
李青雨，2006. 不同土壤养分对蝴蝶花(*Iris japonica*)的克隆生长和有性繁殖的影响[D]. 重庆：西南大学.
李岩，鲁艳华，张喜印，等，2010. 黄花菜高产栽培技术[J]. 现代农业科技(11)：107-108.
丽群. 食用菌菌种退化的原因[N]. 陕西科技报，2014-08-29(006).
连细春，2013. 福建省松树采脂管理初探[J]. 林业勘察设计(1)：139-141，144.
刘美艳，2019. 黑龙江森工林区林下经济产业贡献度研究[D]. 哈尔滨：东北农业大学.
刘仁发，1999. 浅谈栀子的栽培技术[C]//全国中药研究暨中药房管理学术研讨会.
刘文科，赵姣姣，2015. 药用植物栽培系统及其调控[M]. 北京：中国农业科学技术出版社.
刘秀明，2017. 不同食用菌栽培种质对高温胁迫的反应研究[D]. 北京：中国农业科学院.
刘远超，梁晓薇，莫伟鹏，等，2018. 食用菌菌种保藏方法的研究进展[J]. 中国食用菌，37(5)：1-6.
罗文华，黄勇，刘佳霖，2017. 林下养蜂技术[M]. 北京：中国科学技术出版社.
马冠华，肖崇刚，宿巧燕，等，2008. 蝴蝶花枯斑病菌生物学特性研究[J]. 西南大学学报：自然科学版，33(5)：117-120.
欧阳载炯，文爱云，2017. 影响松脂产量的主要因素研究初报[J]. 林业科技通讯(1)：24-26.
潘炘，2006. 黄花菜保鲜与保健功能的研究[D]. 杭州：浙江大学.
蒲莹，张敏，夏朝宗，等，2012. 我国松脂资源状况及保护发展对策[J]. 林业资源管理(3)：41-44.
祁家明，2009. 浅谈黄栀子田间管理技术[J]. 云南农业(5)：28-29.
钱建新，陈仁毅，张惠兰，2003. 正红菇的生长环境研究[J]. 福建林业科技，30(4)：52-54.
阙炳根，2017. 棘胸蛙养殖常见的病害及防治方法[J]. 农村百事通(17)：40-43.
邵玲，梁廉，梁广坚，等，2016. 广东金线莲大棚优质种植综合技术研究[J]. 广东农业科学，43(10)：34-40.
宋斌，李泰辉，吴兴亮，等，2007. 中国红菇属种类及其分布[J]. 菌物研究，5(1)：20-42.
孙洪亮，2015. 蒙城县蝴蝶花栽培技术[J]. 现代农业科技(10)：160-161.
孙鹏. 新技术助平菇爆发出菇[N]. 新疆科技报，2018-10-19(003).
涂育合，陈永聪，郑肇快，2001. 正红菇依存森林的群落学特征[J]. 植物资源与环境学报，10(2)：26-30.
汪嘉燮，余斌，黄文尚，2012. 生态猪养殖技术[M]. 上海：上海科学技术出版社.

王安纲，2000. 蟾蜍养殖及取酥技术[J]. 农村新技术(8)：28-30.
王邦富，范繁荣，黄云鹏，等，2019. 阔叶树林冠下黄花倒水莲不同栽植密度生长分析[J]. 宁夏农林科技，60(3)：21-22.
王国成，鲁庆彬，施关水，2008. 石蛙养殖中几个关键时期的饲养管理[J]. 江西水产科技(2)：46-48.
王金录，马立伟，2017. 浅谈林下生态鸡的养殖方法[J]. 农技服务，34(24)：127.
王裕霞，潘文，黎建伟，等，2019. 广东高州丛生竹林下棘托竹荪栽培试验[J]. 林业与环境科学，35(5)：23-27.
王远，郭小艳，李明，2015. 新型松脂采集技术——钻孔采脂法[J]. 林业科技通讯(10)：85-87.
王忠彬，张梅春，武晶，等，2017. 不同类型林分下仿野生栽培灵芝产量分析[J]. 辽宁林业科技(2)：14-16.
韦达，2019. 桉树栽培灵芝试验及灵芝营养成分分析[J]. 现代农业研究(3)：71-72.
文冬华，刘善红，盛立柱，等，2017. 灵芝覆盖新土的栽培效果试验[J]. 食药用菌，25(2)：125-127.
吴长江，罗弟光，2018. 林下养鸡的技术要点与管理措施[J]. 养殖与饲料(8)：36-37.
吴锦平，范丹阳，廖春民，等，2014. 不同处理对黄花远志种子发芽的影响[J]. 福建林业科技，2(41)：107-108，124.
吴松标，杜一新，雷沈英，等，2010. 浅谈栀子病虫害综合治理措施[J]. 农技服务，27(6)：742-743.
吴晓玲，2008. 松脂采割技术[J]. 现代农业科技(14)：106.
谢必武，2014. 药用植物栽培技术[M]. 重庆：重庆大学出版社.
徐鹏飞，叶再圆，2015. 石蛙高效养殖新技术与实例[M]. 北京：海洋出版社.
许雯珺，2019. 中国地红菇属新记录种[J]. 西部林业科学(3)：137-140.
许旭萍，李惠珍，黄德鑫，等，2001. 红菇生态的研究[J]. 中国食用菌，20(2)：25-27.
许旭萍，李淑冰，李惠珍，等，2003. 正红菇深层培养菌丝体与野生子实体有效成分的分析比较[J]. 菌物系统，22(1)：107-111.
阳昌明，2020. 林下野生灵芝种植分析——以桂林市兴安县为例[J]. 农业与技术，40(2)：87-88.
杨德峰. 平菇发生畸形菇、死菇的原因和防控措施[N]. 山东科技报，2017-11-10(002).
俞香顺，周茜，2010. 中国栀子审美文化探析[J]. 北京林业大学学报：社会科学版(1)：8-14.
詹常森，2018. 中华大蟾蜍养殖基地技术手册[M]. 上海：华东理工大学出版社.
张建海，2015. 药用植物栽培技术[M]. 北京：中国中医药出版社.
张婧，杜阿朋，2014. 我国林下食用菌栽培管理技术研究[J]. 桉树科技，31(4)：55-60.
张露，曹福亮，2001. 石蒜属植物栽培技术研究进展[J]. 江西农业大学学报(3)：375-378.
张瑞颖，胡丹丹，左雪梅，等，2010. 食用菌菌种保藏技术研究进展[J]. 食用菌学报，17

（4）：84-88.
张兆金，2014. 落叶人工林下石蒜引种栽培技术[J]. 安徽农业科学(12)：8221-8222.
郑国英，李志明，夏九鲜，2008. 特种野猪养殖技术[M]. 昆明：云南人民出版社.
周新萍，芦琴，等，2010. 红菇研究进展[J]. 食用菌(3)：1-2.
周运鸿，唐健民，史艳财，等，2018. 杉木套种黄花倒水莲栽培技术[J]. 农业与技术，38（18）：92-93.
朱勇，2017. 绿竹栽培与利用[M]. 厦门：厦门大学出版社.